现代测绘理论与技术丛书
测绘地理信息科技出版资金资助

海道测量实用潮汐

Practical Tide for Hydrography

肖付民　刘雁春　暴景阳　夏伟　黄辰虎　唐岩　编著

测绘出版社
·北京·

内容简介

本书较系统地论述了海道测量中潮汐和潮流现象、潮汐数据处理及潮汐参数计算的理论与方法、海道测量基准确定方法和观测手段等。本书是依据我国海道测量本科教育的要求和国际海道测量组织颁布的《国际海道测量师资格标准》要求进行编写的,涉及潮汐基础知识、潮汐水位观测的原理与方法、潮流与海流及其观测的基本原理与方法、潮汐分析与预报及其基准面传递的基本原理与方法、潮汐资料应用、非潮汐水位变化成因和一般处理方法、海道测量中潮汐特征值计算的常用基本公式等。本书根据国内外海道测量潮汐理论、观测手段与数据处理方法方面的进展,充实了大量的新技术和新方法,基本反映了当前国内外海道测量潮汐领域的最新进展。

本书可作为高等学校大地测量与测量工程专业本科教材和国际海道测量师培训教材,供海洋测绘相关专业的教学和学习之用,也可为海洋工程、水运工程、海图制图、资源开发等专业技术人员提供参考。

图书在版编目(CIP)数据

海道测量实用潮汐 / 肖付民等编著. —北京:测绘出版社,2018.8
ISBN 978-7-5030-4079-5

Ⅰ.①海…　Ⅱ.①肖…　Ⅲ.①海道—航道测量—潮汐观测　Ⅳ.①U675.4

中国版本图书馆 CIP 数据核字(2017)第 278331 号

责任编辑 巩　岩　**封面设计** 李　伟　**责任校对** 孙立新　**责任印制** 陈　超

出版发行	测绘出版社	**电　　话**	010—83543956(发行部)
地　　址	北京市西城区三里河路 50 号		010—68531609(门市部)
邮政编码	100045		010—68531363(编辑部)
电子信箱	smp@sinomaps.com	**网　　址**	www.chinasmp.com
印　　刷	北京建筑工业印刷厂	**经　　销**	新华书店
成品规格	169mm×239mm		
印　　张	16.5	**字　　数**	320 千字
版　　次	2018 年 8 月第 1 版	**印　　次**	2018 年 8 月第 1 次印刷
印　　数	001—800	**定　　价**	68.00 元

书　　号 ISBN 978-7-5030-4079-5
本书如有印装质量问题,请与我社门市部联系调换。

前　言

21 世纪是海洋的世纪，世界各国加快了海洋利用和海洋开发的步伐。在当今高新技术的推动下，海道测量作为一切海洋活动的先导和基础性工作，获取海洋几何和物理等信息的能力不断加强，也源源不断地向各行业提供呈级数增长的海道测量信息。同时，各行业也不断向海道测量提出更多更高的新需求，这又进一步推动海道测量为满足这些需求而不断向前发展。海洋潮汐与潮流在海道测量中起着极其重要的作用。其中，建立测区垂直基准和获取测区水位与水流等信息是海道测量的重要内容之一，是实施海道测量必不可少的重要组成部分。

本书是根据我国海道测量本科教育的要求及国际测量师联合会(International Federation of Surveyors，FIG)、国际海道测量组织(International Hydrographic Organization，IHO)和国际制图协会(International Cartographic Association，ICA)联合认证并由国际海道测量局(International Hydrographic Bureau，IHB)出版的《国际海道测量师资格标准》(S-5，第 11 版，2011)的要求编写而成。

本书主要是在海军大连舰艇学院孟德润、田光耀、刘雁春编著的《海洋潮汐学》的基础上，为满足现代海道测量对海道测量人员的新要求，从海道测量实际应用出发，阐述海洋潮汐基本理论、潮汐的观测原理、潮汐基准确定、潮汐参数计算方法等。本书由海军大连舰艇学院海洋测绘系肖付民、刘雁春、暴景阳、夏伟，以及海军海洋测绘研究所黄辰虎和海军出版社唐岩共同编写。在编写过程中参考并充实了大量当代新技术及其研究成果，并进行了修改、补充和完善。

全书共分 8 章，以建立测区基准、获取潮流和潮汐观测数据及进行基本参数计算为主线，以国际海道测量组织第 11 版《国际海道测量师资格标准》中“海洋潮汐”要求为基本框架，内容涵盖了潮汐基础知识、潮汐水位观测方法、潮流与海流观测方法、潮汐基准面的确定、潮汐表的使用、非潮汐水位变化、常用的潮汐特征值计算方法等与海道测量密切相关的内容，特别加强了海道测量的实际应用部分和内陆水域水位控制部分，而对潮汐与潮流分析的基础理论部分仅进行概述。最后，在附录中列出了国际海道测量组织第 11 版《国际海道测量师资格标准》中“海洋潮汐”部分的课程大纲，以及部分与潮汐相关的专业术语和缩写词。

另外，本书中引用了许多国内外海道测量的通用专业术语，为此加注了英文全拼和英文简写，以便于学习和参阅国外相关文献。

在本书即将出版之际，由于通信联络问题，引用的部分图片等资料未征得原作者的认可，深表歉意，并表示真诚地感谢。同时，本书的编写得到了海军参谋部航海保证局和海道测量同仁的指导和无私帮助，在此表示最真诚的感谢。本书的出版还要特别感谢海军参谋部航海保证局和军队2110工程的资助。

限于作者水平，书中不当之处在所难免，恳请读者批评指正。我们的邮箱地址是 xiaofum@163.com，将不胜感激。

目 录

Contents

第1章 绪 论

海洋的总面积大约有3.6亿平方千米，约占地球总面积的70.9%，为陆地面积的2.5倍。海洋是一个巨大的宝藏，拥有大量宝贵的资源。为了开发和利用海洋，首先必须认识和了解海洋，研究探索海洋的内在规律。海洋潮汐现象是海洋中较突出的自然现象之一，其与海道测量存在着密切联系。

海洋潮汐现象主要是由月球和太阳对地球上各处引力不同引起的，其运动形式为波动，属于长周期波动现象，以小时为单位计算。这种波动在铅直方向上表现为水面的不断上升和下降，而其在水平方向上表现为潮流的进退。在我国多数海区，海水涨落周期约为半日，即海水在白天一涨一落，夜间一涨一落；少数海区，海水涨落的周期约为一日，即昼夜一涨一落。据1999年王成兴的考证，“潮汐”二字连用最早出现于《管子》一书中“朝(潮)夕(汐)迎之，则遂行而上”，并论述了航海与海潮间的关系，后逐渐把白天里出现的海水涨落称为“潮”，而把夜间的海水涨落称为“汐”，合称为“潮汐”。潮汐现象不仅在海洋中有，在较大的湖泊、大气圈和地球固体部分也有。大气中的潮汐(称大气潮)振幅约为1 hPa，地球固体部分潮汐(简称固体潮)，其涨落只有十几厘米，因此，大气潮和固体潮都不如海洋潮汐那样直观、明显。现代科技飞速发展，随着研究工作的不断深入，固体潮的观测数据中必须加入海洋潮汐影响的修正，而海洋潮汐更深入的研究中也必须考虑固体潮的影响。

§1.1 国内外潮汐研究发展简史

我国古代人民对潮汐现象的了解和认识比欧洲人早，而且有较深刻的认识。我国近海沿岸地区在古代就是我国人民生活的重要区域，其潮汐现象显著而复杂，潮差较大，且这些海岸的潮汐大多是较规则的半日潮，人们较容易认识和掌握它的变化规律。如钱塘潮，早在公元前2世纪，西汉枚乘所著《七发》中就有关于潮汐的记载：“将以八月之望，与诸侯远方交游兄弟，并往观涛乎广陵之曲江……徒观水力之所到，则恤然足以骇矣。”这是钱塘江大潮最早的记载。最早提到潮汐现象与月球关系的是东汉学者王充所著的《论衡·书虚篇》，书中驳斥了当时流传的关于伍子胥“阴魂驱水为涛以溺杀人”的迷信传说，提出“天地之性，上古有之。经曰：‘江、汉朝宗于海。’……涛之起也，随月盛衰，大小满损不齐同”。这不仅提出了潮汐与月球的关系，而且还提到潮汐大小是随月相而变化的。三国时，吴国科学家杨泉在

《物理论》中写道:“月,水之精,潮有大小,月有盈亏。”他以月属水之精华,更直接地把潮汐的大小与月球的盈亏相联系。东晋葛洪在《抱朴子》中明确地指出了一天有两次潮的现象,书中写道“潮者,据朝来也;汐者,言夕至也……水从天边来,一月之中,天再东再西,故潮来再大再小也”。对于江河入海口的暴涨现象,他提出了潮汐的“力”与“势”的理论,认为潮汐起自遥远的大洋,故力盛势大,进入海口狭窄水域后,其力不衰,其势不减,于是积水高高隆起,形成怒潮,较正确地解释了钱塘江涌潮是因海潮从外海传来,经过狭浅的江口造成水势迅猛堆积而形成的。

在公元 8 世纪的中后期,唐朝的科学家窦叔蒙在其所著《海涛志》中对潮汐及其成因进行了更细致的论述和研究,是我国现存最早的潮汐学专著。其主要贡献如下:

(1)对潮汐成因的认识较前人有较大提高。他写道“潮汐作涛,必符于月”“晦明牵于日,潮汐系于月,若烟自火,若影附形”“月与海相推,海与月相期,苟非其时,不可强而致也,时至自来,不可抑而已也”,揭示了潮汐运动有其内在的客观规律性。

(2)发现了潮汐的周日不等现象。他对一个朔望月内潮汐与月球的对应变化描述道:“海之潮汐,并月而生,日异月同,盖有常数矣。盈于朔望,消于朏魄(大意为朔望后三日开始减小),虚于上下弦,息于朓朒(大意为朔望前三日开始逐渐增大),轮回辐次,周而复始。”指出了潮汐的产生是由月球运行所致,每天的涨落时间是不同的,每月的潮汐是相同的,有一定的规律性。

(3)为一天中的高低潮时推算建立了一种科学的图表法,即“涛时之法,图而列之。上致月朔、朏、上弦、盈、望、虚、下弦、魄、晦。以潮汐所生,斜而络之,以为定式,循环周始,乃见其统体焉,亦其纲领也”。以月相变化为横轴,每天的时辰为纵轴,再将某地实测的高低潮时分别标入,然后把这些标记用斜线连接起来,便构成了一个朔望月的高低潮时推算图。

(4)对潮汐运动进行了定量计算,算出的高潮至下一次高潮时的平均时间间隔为 12 小时 25 分钟 14.02 秒,后一天的高潮时约平均推迟 50 分钟 28.04 秒。这两个数字与现在用的 12 小时 25 分钟和 50 分钟是一致的。这样窦氏的一个平均太阴日为 24.841 120 7 小时(等于 24 小时 50 分钟 28.03 秒),与现代计算的 24.841 202 4小时(24 小时 50 分钟 28.33 秒)非常接近。

在 1 200 多年以前能算出如此精确的数值,说明了窦氏对潮汐观测和研究的水平非常之高。窦氏提出的每个朔望月的图表法是目前收集到的世界上最早的潮汐预报方法,它比欧洲最早的大英博物馆的“伦敦涨潮时间表”(公元 1213 年)早了大约 450 年。比窦叔蒙略晚的唐朝人封演通过对潮汐的长期观测,也精确地得出每一太阴月的高潮时的逐日变化,阐述了潮汐的时间与月相之间的密切关系,并且指出了月球与潮汐现象之间存在着相互作用的关系。

对潮汐的研究,我国在宋代达到高峰。北宋张君房进一步发展了窦叔蒙的“高低潮时推算图”，指出“月之行运者，天之十二宫分；潮之泛历者，地之十二辰位。月周于次舍，惟三百六十五度；潮凑于昼夜，乃计一百刻之间”，将“高低潮时推算图”的月相改为“布宫布度”，即月球在黄道上运动的度数（当时一周定为365.25°），纵坐标改为时刻（当时定一天为100刻），从而使潮汐与月球之间的对应关系反映得更精细。北宋科学家燕肃经过对海潮多年的观测，采用当时先进的计时工具——莲花漏，对潮时推迟现象进行了更精确的计算，得出“大尽”（一个月30天）潮迟为3.72刻（相当于53分钟34秒），“小尽”（一个月29天）潮迟为3.735刻（相当于53分钟47秒）。还值得一提的是明清之际的揭暄将西方传入的大地球形观与传统潮汐学相结合，建立了潮汐运动的椭球模型，基本正确地解释了天文潮的运动规律，将中国潮汐研究水平推到了一个新的高度。

西方各国也有不少关于潮汐的历史记载，地中海的潮差一般不到1 m，所以当时不大引起人们的关注。罗马帝国凯撒大帝在远征英格兰岛时，于低潮的时候将全部战舰停泊在沿海岸上，当高潮来临时，船只互相碰撞，几乎全军覆没，他在《高卢战争札记》中总结说：“我们的人民不懂得满月对于潮汐有如此密切的关系，使舰队蒙受了近乎毁灭性的损失。这是一桩痛心的事，这说明罗马人对潮汐的无知。”

古代中外科学家对潮汐现象有许多卓越的见解，但是第一个对潮汐现象给出科学解释和建立科学基础的是英国科学家牛顿（Newton）。17世纪，他发现了万有引力定律，并用该定律揭示了地球的潮汐现象，为后人研究潮汐铺平了道路。牛顿在《自然哲学的数学原理》中，提出了“平衡潮”理论，解释了实际潮汐的许多最基本现象，但仍有许多海洋潮汐现象与平衡潮理论并不相符，如海水的惯性导致平衡潮的变形等。在1个世纪之后，法国著名科学家拉普拉斯（Laplace）第一个用流体动力学的观点研究海洋中的潮汐，建立了潮波运动方程，它使潮汐理论向前大大地推进一步。拉普拉斯的功绩不仅在于建立了海洋动力学的基础，而且对潮汐的分析也做出了巨大的贡献。他为了求解大洋潮汐，把潮汐分为半日潮、日潮和长周期潮三部分，用余弦级数展开表示实际潮汐及有关常数由观测来确定等，这些概念与后来的调和方法所依据的观点是相同的。在拉普拉斯之后的潮汐动力学大体上可分成两个方向：一个方向是求解大洋潮汐，从根本上解决潮汐的形成问题，在这方面艾里（Airy）、杜德森（Doodson）等做了大量的工作；另一个方向是潮汐传播的研究，有开尔文（Kelvin）、庞加莱（Poincare）等研究了各海区的潮波运动，形成了潮汐动力学的经典理论。

潮汐的分析和预报与潮汐动力研究是平行发展的。我国古代潮汐学的成就，所采用的方法都是将潮汐情况与天体运动直接建立关系，属于非调和法。国外最早用非调和法的是英国卢伯克（Lubbock，1836），最早用调和法分析和预报潮汐的是英国的汤姆孙（Thomson，1868）。在调和方法出现之后，非调和法就居次要地位，但仍在航海、盐业、渔业等行业中使用。英国科学家达尔文(Darwin)在调和法完善和实践方面发挥了巨大作用，他将引潮力进一步展开，得到了主要分潮的频率，设计了一套实用的分析方法，这一方法至今仍被许多国家使用。把调和分析和潮汐预报法进一步发展的是杜德森，他引用了更精确的布朗月球运动理论(简称“布朗月理”)，在1921年将引潮力展开为纯调和展开式，计算推导了386个分潮。除了杜德森之外，还有许多学者得出了各具特色的分析方法，主要有劳舍尔巴赫(Rauschelbach)、列柯拉泽(Lecolazet)和我国学者方国洪等。

1960年，霍恩(Horn)成为最早一位利用电子计算机进行潮汐分析的潮汐学家。1959年，我国学者郑文振在《实用潮汐学》中提出了采用电子计算机进行潮汐潮流预报的设想。随着计算机技术的发展，电子计算机逐渐用于潮汐分析和潮汐预报，提高了潮汐分析和预报的效率和准确度，潮汐分析的方法也随之产生了很大的变化，出现了潮汐分析的最小二乘法、富氏方法、潮汐的波谱分析和潮汐响应分析等，进一步完善和发展了近代潮汐分析和预报理论与方法、分析预报效率。

§1.2 潮汐研究的意义

海洋潮汐与沿海各国经济、军事和人民生活之间存在密切的联系。长期以来，人们利用潮汐规律进行经济建设和军事活动，如围海造田、海洋捕捞、海洋养殖、海盐生产、海洋运输、潮汐发电、海洋工程建设、海洋工程使用与维护、登陆与抗登陆作战等。人们对海洋潮汐规律认识和了解越准确，利用和开发海洋的能力就越强，越能产生较大的经济和军事应用价值，降低潮汐带来的自然灾害影响。

海水在天体引力作用下，涨潮引起水位的升高，将动能转化为势能；落潮水位持续下降，势能又转化为动能(也包括水流动所具有的动能)。海水周期性的涨落运动中具有无限的动能和势能(潮汐能)。利用潮汐涨落和伴随的水的流动，建立堤坝蓄水(利用势能)带动水轮机发电或在流速大的区域带动双向水轮机进行潮汐发电，蕴藏着巨大的应用价值。图1.1为目前世界上功率最大的潮汐发电站示意图(位于英国北海)。我国有漫长的海岸线，一般潮差都比较大，潮汐能资源很丰富。据不完全统计，我国潮汐能蕴藏量为1.1亿千瓦，其中可供开发的约3 850万千瓦，年发电量870亿千瓦时，大约相当于40多个新安江水电站。自1955年在沿海建设潮汐发电站并相继投产以来，为沿海经济建设提供了廉价的可再生能源。特别近十几年来，世界各国为了地球的未来相继加大了对新能源、可再生能源和清洁能源的开发和利用力度，其中潮汐能源项目就是目前世界各海洋大国发展的重点项目之一。

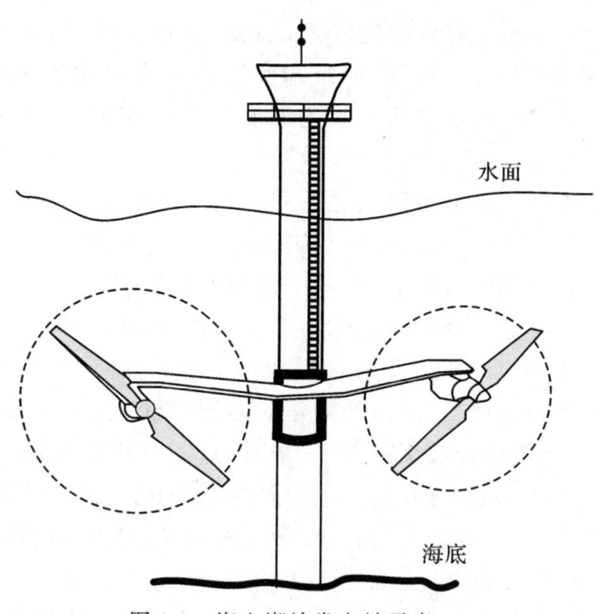

图 1.1　海上潮汐发电站示意

风暴潮及灾难性海水水位监测主要靠沿岸的验潮站进行，区域的或全球的验潮站组成的连续长期和准确的潮位资料，对灾难性海水水位变化监测及向有关部门提供早期预警信息以提高灾难性预防起到了极其重要的作用。正常情况下的实测潮位与预报的天文潮潮位基本一致，但当有较强的增水天气系统影响时，潮位就要增高许多。有的站超过本站警戒水位，甚至超过本站历史最高潮位。这些验潮站采用自记验潮仪，日夜记录潮位变化，在风暴影响期间，可根据预报部门的要求，利用有线或无线网络上报实时潮位，内容包括实时潮位值、高低潮（higher low water，HLW）潮高和潮时等。据此，预报部门将其与天文潮预报值相比较，则可随时了解这些验潮站风暴潮位的变化，采取相应对策。

航海业是支撑世界经济的主要产业，据不完全统计，世界范围内 80％以上的国际贸易是通过海上进行的。沿海航运需要随时掌握各地的潮汐规律，趁高潮或涨潮时进出港，可增加载重量大的船只的通航能力，提高航道利用率和保证航行安全。例如，塘沽等某些港口，大型船只必须在高潮时才能进港装卸货物。在沿岸浅水地带航行的船舶，不了解潮水涨落的规律几乎无法航行。在流速大的地区，船只航行速度和航向受潮流影响很大。随着现代化工业的发展，船只吨位和货物装卸量大大增加，这对港口建设要求也越来越高，不仅需要开辟深水航道，而且要提高航道的维护费用和港口码头的工作效率。因此在进行港口设计、港口洄淤及航道维护整治中，需要掌握潮流、潮差等的变化，特别关注特大高低潮和增减水对码头、仓库、航道、泊位等的影响。

潮汐学与许多学科也存在密切联系，如大地测量的高程起算面就是以平均海面(mean sea level，MSL)起算的，而平均海面则要通过潮汐观测，求得日平均海面、月平均海面、年平均海面和多年平均海面。平均海面除了用于大地测量以外，也用于地质学地壳活动情况研究和全球海面对人类经济和生活影响的研究。潮汐与海道测量关系更密切。海道测量是在涨落着的海面上进行测深的，为了实际应用，最终需要将测量水深等数据化算到统一的深度基准面上，这个面在我国是由潮汐水位观测资料算出调和常数后，推算出的理论最低潮面。

潮汐在军事上有着广泛的应用和许多精彩的战例。无论是舰艇机动，还是在登陆和抗登陆作战、布雷、扫雷及水下武器的使用等方面，都必须充分考虑当地潮汐变化和潮流进退的规律。例如，登陆作战必须慎重考虑潮汐情况，选择合适登陆日期和登陆时间，一般选择高潮前2～3小时为宜，究其原因为：①在高潮前登陆可以借助涨潮流提高登陆舰艇的航速，缩短航渡时间；②海水的不断上涨可以缩短登陆部队滩头冲击距离，减少人员伤亡；③便于观察和排除登陆点附近接近半潮面的水中障碍物；④便于第一梯队完成登陆后，登陆舰艇的迅速离滩，使后续部队能有靠岸的地方并能迅速增援。登陆前也应同时计算该地段高低潮的时刻和高度，以及潮流大小和方向。

掌握潮汐规律指挥作战，古今中外有许多战例。图1.2为郑成功军队利用有利的台湾周围潮汐规律出其不意收复台湾的要图。1661年4月30日(农历四月初二)郑成功率领士兵25 000余人，战舰百艘，进军台湾，击败盘踞在台湾的荷兰侵略军。据记载："四月初二日辰时天亮，即到鹿耳门线外，午后，大船齐进鹿耳门。先时此港颇浅，大船俱无法出入，是日水涨丈余。"郑成功依靠自己熟知水情的军士，准确掌握鹿耳门的潮汐规律，先佯攻安平，后趁大潮进入了沉船和泥沙淤阻的北航道，登陆北线尾岛，攻占台湾城，打败了侵略者，收复了台湾。

在第二次世界大战后期，美、英联军在诺曼底渡海登陆，就选在诺曼底海域大潮期间的D日(1944年6月6日)高潮前的3小时开始，盟军迅速赢得了登陆作战的胜利，图1.3为第二次世界大战诺曼底登陆示意图。1949年10月3日我军解放金塘岛的登陆作战，选择高潮前1小时登陆成功，为后续战斗胜利创造了有利条件。1950年9月15日美军考虑仁川的战略地位、有较大潮差和流速等潮汐特点，利用第一次大潮(7时5分，潮高9.0 m，满足登陆舰船至少7 m的要求)，于6时30分在月尾岛附近展开登陆，建立并控制登陆场，确保了后续部队登陆，创造了登陆作战史上著名的"仁川登陆"。在解放战争期间的金门登陆战役中，在登陆东南沿海的金门岛时，我军没有掌握当地的潮汐性质，当完成第一梯队登陆后，适逢落潮，所乘船只几乎全部搁浅，在敌方海岸火炮和军舰攻击下损失惨重，船只所剩无几，直接造成第二梯队不能增援，后续物资供应不上，加之其他原因，导致登陆作战失利。

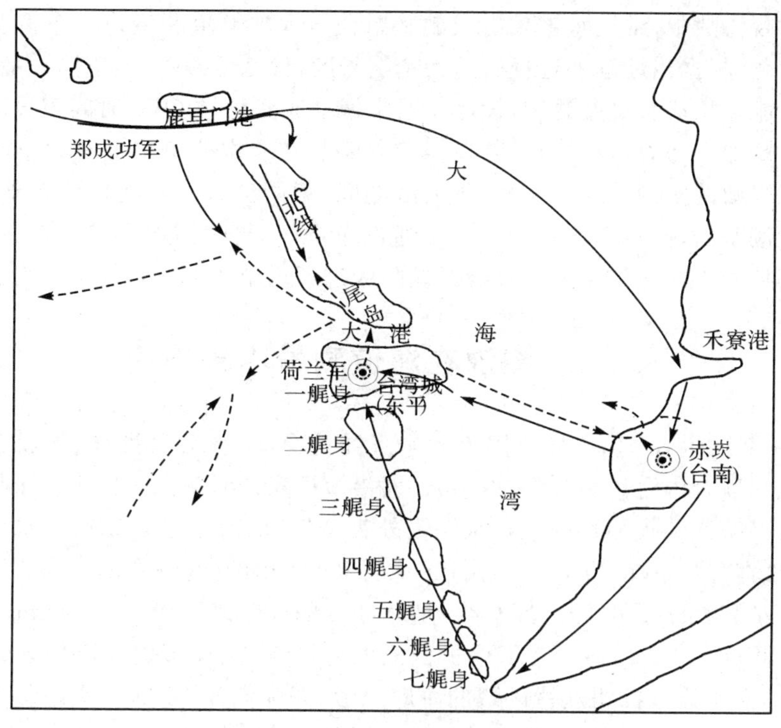

图 1.2 郑成功收复台湾示意

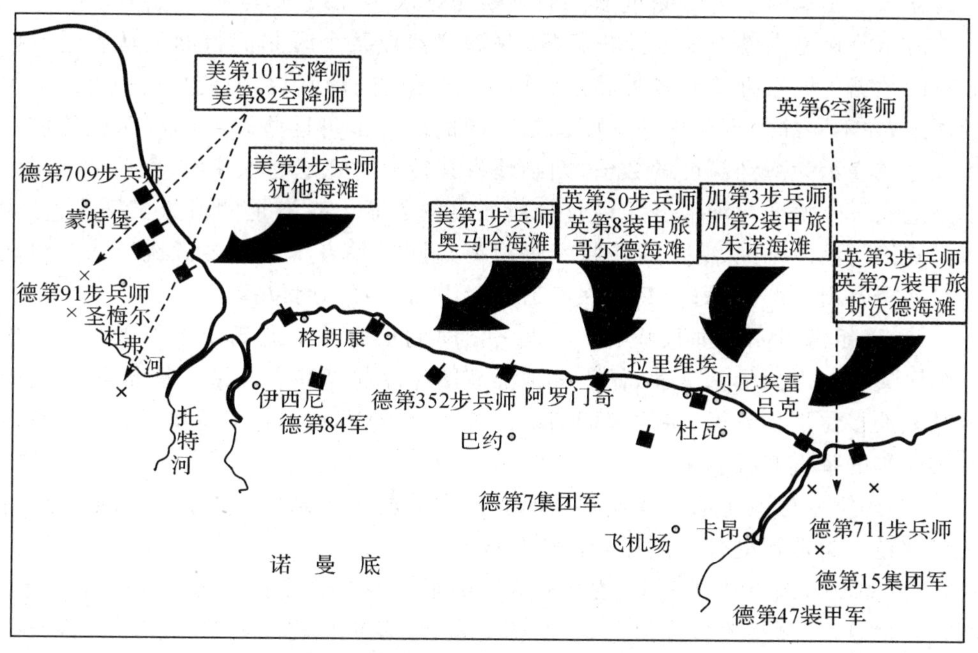

图 1.3 第二次世界大战诺曼底登陆示意

在常规海战中，常用水雷攻击敌舰和封锁敌人的航道和港口。布雷要掌握当地潮高变化，根据当地潮差选择合适的锚链长度，使之低潮不干，以防止敌方扫雷，又对过往舰船构成直接威胁；布设漂雷时掌握潮流变化，按正确时间布设漂雷阻击来犯敌方舰船于外海，或对敌方港口实施封锁。在历次战争中都有大量的水雷布设成功和失败的实例，如第二次世界大战期间，德国没有设计选择好布雷深度，以至于在低潮干出，使对方快艇利用低潮通过布雷区，清除锚雷。当然若布雷太深，则在高潮期间不能达到阻止敌方舰船登陆或进行近岸作战的目的。

§1.3 潮汐在海道测量中的作用

1996 年 5 月 15 日，八届全国人大常务委员会 19 次会议批准了《联合国海洋法公约》。《联合国海洋法公约》的生效，对沿海国家的海防影响巨大。根据公约建立的专属经济区和大陆架制度，"领海之外为公海"的时代已告结束。水域纵深由基线外 12 海里（1 海里约 1.842 km）延伸至 200 海里的"经济专属区"，我国拥有约 300 万平方千米的海洋国土，拥有约 18 000 km 的大陆海岸线、14 000 km 的海岛岸线，以及 11 000 余个岛屿。为了保护国家的海洋权益、保障国家经济建设和海上军事活动，必须详细探明这些区域的海底地形、海洋潮汐、毗邻沿岸地形及其他物理参数信息（如海水透明度、地磁、重力、浅层地质等），而对这些海域几何和物理信息的获取是国家赋予海道测量部门的重要任务，该项任务非常繁重且意义重大。

海道测量是在动态海面上进行的，测深仪器在某个时刻测得的是从瞬时水面起算的数据。该数据受到各种因素的影响，且是时间的函数，即使是同一地点测得的深度，在不同的时刻所得的深度也是不同的。为了将这些时变的测深值绘制在海图上或表示为海洋深度的数值，则必须将其转换为稳定的水深值，而其中海洋潮汐是造成瞬时海洋测深值变化最直接而显著的因素。对海道测量人员而言，认识海洋潮汐与潮流动因、时空变化特性等对海道测量具有十分重要意义。作为海道测量的重要组成部分，海洋潮汐在海道测量中的主要作用包括：

（1）确定海道测量垂直基准。根据一定时间长度的某地潮汐水位观测资料确定测区或某地水深的基准面，作为某地的海图深度起算基准或深度基准面；同时确定某地的多年平均海面、平均大潮高潮面等作为定位助航物、障碍物、海岸线、深度基准面等的垂直基准。

（2）确定水位改正值。将测得的瞬时水位数据归算到统一的水深基准面上，并提供海道测量数据处理时间序列的水位改正信息。

（3）潮汐与潮流数据采集、规律研究与表征。通过直接获取潮汐与潮流水位观测资料信息，计算相关特征值（如分潮调和常数、多年平均海面等），推算和表征各地潮汐与潮流的变化规律和变化趋势。

(4)构建海区基础信息。建立各地潮汐与潮流资料数据库或档案,为科学研究和工程建设等提供基础信息。另外,作为海道测量基础信息,潮汐与潮流观测资料质量的优劣也直接影响到海道测量数据成果的质量。

§1.4　本书的主要内容

本书是以国际海道测量组织第11版《国际海道测量师资格标准》中"海洋潮汐"要求内容而编写,同时兼顾我国海道测量本科教育基本要求,扩展并充实了潮汐理论、原理和方法,吸收了国内外海道测量潮汐方面的研究与应用方面的新成果。本书主要是面向海道测量人员介绍关于水位、基准、水流、水位改正等基础理论和确定方法。海道测量人员不仅需要关心受潮汐影响的海水面高度变化,而且也需要关注受潮汐影响很小的湖泊、河流的水位高度变化状况及其变化原因。为此,本书增加了内陆水域基准建立的相关内容。

全书共分8章,主要内容分为:第1章绪论;第2章主要解释潮汐基础知识;第3章主要介绍潮汐水位观测的原理与方法;第4章主要介绍潮流与海流及其观测的原理与方法;第5章主要介绍潮汐分析与预报及其基准面传递的基本原理与方法;第6章主要阐述潮汐资料应用;第7章简要介绍非潮汐水位变化成因和一般处理方法;第8章主要介绍海道测量中潮汐特征值计算的常用基本公式。

第 2 章　潮汐基础

海洋潮汐是海洋中存在的一种物理现象，是影响海道测量测深精度的重要因素。本章主要讲述海洋潮汐的基本概念、原理和特征，有助于了解和认识海洋潮汐现象及其规律，为海道测量垂直基准控制和水位改正奠定知识基础。

海水受月球和太阳的吸引力作用，产生一种周期性交替进行的升降运动，这种海面升降现象，称为海洋潮汐，以下简称潮汐。潮汐是海水的一种周期性运动。在大多数情形下，潮汐运动的平均周期为 0.5 天左右，1 昼夜内约有 2 次海面涨落运动。产生潮汐现象的主要原因是地球上各点距离月球和太阳的相对位置不同，所受到的引力也不同，这种不同导致地球上的海水做相对运动，引起海面升降现象。另外，太阳辐射强度的周期性变化也引起气象条件的周期性变化，从而间接地引起海面的周期性升降现象，称为辐射潮，而辐射潮的变化幅度要远小于引力产生的幅度。气象条件的非周期性变化也引起海面的非周期性升降，如强风引起的海面升降称为增减水现象。实际上，地球上的潮汐现象不但存在于海洋和部分入海河段，也存在于大地地壳和大气中，后两者又分别称为固体潮和大气潮，而本书主要介绍海洋潮汐现象及其一般规律。

§2.1　潮汐现象

通过在海边水中竖立一个固定标尺并按一定的时间间隔连续观测数天的海面高度变化，将观测数值展绘到海面高与时间坐标的平面上，并连接成一条平滑的曲线，就会得到类似图 2.1 的曲线。此曲线就称为海面潮汐变化曲线，其形态可以用下面的一些术语进行概略描述。

(1)潮高。从某一基准面量至海面的高度称为潮高，是随时间变化的连续函数。

(2)月中天。如图 2.2 所示，月球绕地球公转，将月球经过地球表面某地所在子午圈(经度)的时刻称为月中天(或太阴中天)。其中，月球每天经过子午圈 2 次，离观测者天顶较近的 1 次(A)称为月上中天，离天顶较远的 1 次(B)称为月下中天。地球绕太阳公转 1 周为 1 年，地球自转 1 周为 1 天，月球绕地球公转 1 周约为 1 个月。如图 2.3 所示，月球每天同向经过地球上任意点所在的子半圈或午半圈 1 次，但每次经过的时间都不同，这主要是因为月球绕地球的旋转周期大约为 1 个月，而地球自转周期为 1 天；对应 A 为观测者、B 为月球，B 为 A 的月上中天；经过地球自转 1 周到 A'

点，月球不在 B' 点，而是在 B'' 点，而 A' 只有再转一定角度到 A''，才是第 2 次月上中天，从 A' 到 A'' 大约需要 50 分钟（以每月 29 天计，可推算之），所以从第 1 次月上中天时到第 2 次月上中天时就是一太阴日，约为 24 小时 50 分钟。这就是观测到的半日潮地区的高潮或低潮总比前 1 天推迟大约 50 分钟的原因。

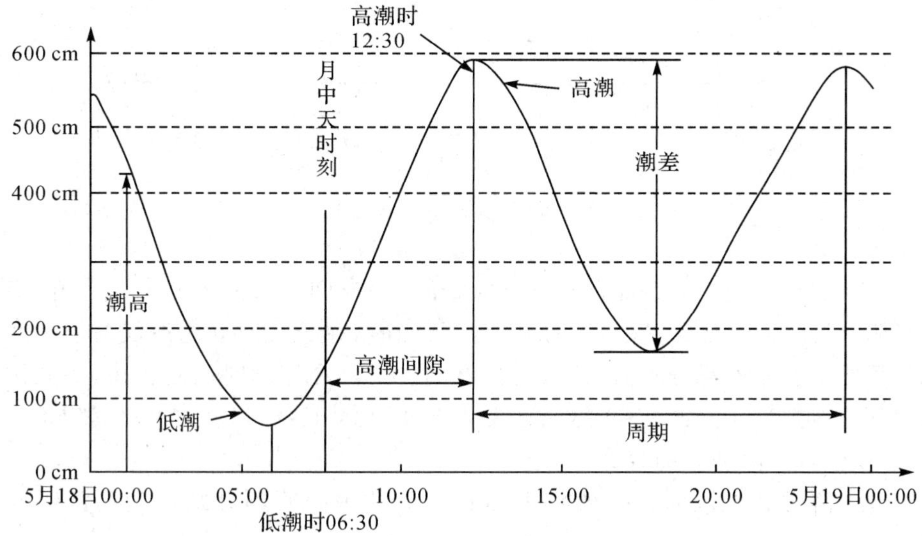

图 2.1　潮汐变化曲线

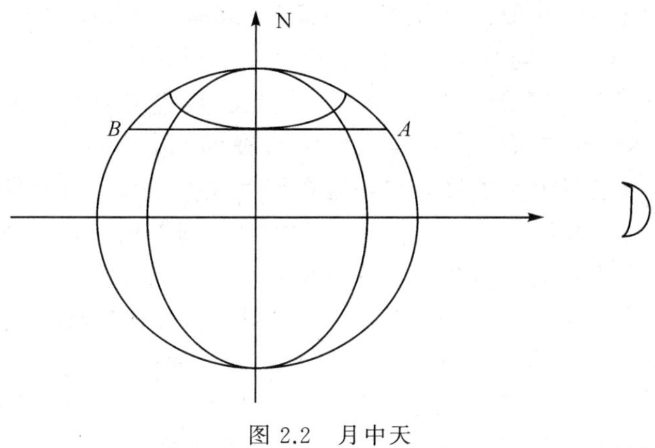

图 2.2　月中天

（3）高潮和低潮。在海面升降的每一个周期中，海面上涨到一定高度的状态概略称为高潮或满潮，海面下降到一定高度的状态概略称为低潮或干潮。

（4）涨潮和落潮。海面从低潮上升到高潮的过程中，海面逐渐上升，称为涨潮；自高潮至低潮的过程中，海面逐渐下降，称为落潮。

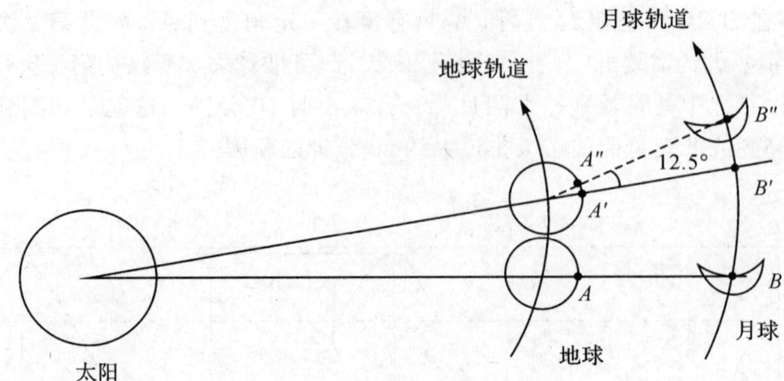

图 2.3 地月运动示意

(5)平潮和停潮。当海面达到高潮时，在一段时间内海面暂时停止上升，海面处于暂时平衡状态，称为平潮；当海面达到低潮时，在一段时间内海面暂时停止下降，海面处于另一种暂时平衡状态，称为停潮。平潮和停潮时间的长短，一般因地而异，有的地方为几分钟，而有的地方为几十分钟，最长的可达 1～2 小时以上。在有的文献中将平潮和停潮合称为平潮。

(6)高潮时和低潮时。一般将平潮和停潮的中间时刻分别称为高潮时和低潮时。

(7)潮差和周期。两个相邻的高潮和低潮之间的水位高度差，称为潮差。潮差的大小因地因时而异，一般沿岸潮差比大洋中潮差大，大洋中的潮差一般小于 2 m。半日潮潮差的大小与月相和太阳位置存在密切关系(见 2.3.1 节)，而最大半日潮潮差在半封闭的海湾最为显著。有关记载表明：我国最大的潮差发生在杭州湾，最大潮差可达 8 m 左右(著名的钱塘潮)；在韩国仁川港的大潮潮差记录为 8.4 m；据有关记录世界上发生最大潮差地在加拿大芬迪(Fundy)湾的迈纳斯内湾(Minas Basin)，最大可达 18 m 之多。一段时间内潮差的平均值称为平均潮差。两个相邻高潮或两个相邻低潮之间的时间间隔称为周期。有的地区的潮汐周期约为0.5 天，其平均值约为 12 小时 25 分钟，称为半日潮；而有的地区约为 1 天，其平均值约为 24 小时 50 分钟，称为日潮；还有的地区潮汐的周期在一个月内既有0.5 天的，也有 1 天的，属于混合潮地区。全球海洋大部分地点的潮汐周期约为 0.5 天。

(8)涨潮时间和落潮时间。从低潮时至下一个高潮时所经过的时间间隔，称为涨潮时间；从高潮时至下一个低潮时所经过的时间间隔，称为落潮时间。

(9)大、小潮。经过长时间观测发现潮差是随日期变化的，半个月内潮差最大的一天的潮汐称为大潮。每月有两次大潮，一般在朔(农历初一)、望(农历十五)后 2～3 日出现。潮差最小的一天的潮汐称为小潮。每月有两次小潮，一般在上弦、下弦(农历初七、二十二左右)后 2～3 日出现。值得注意的是：大潮时，一般海面涨得最高，落得也最低，大潮时的潮差称为大潮差；小潮时，海面涨得不是很高，且落得也不是很低，小潮时的潮差称为小潮差。小潮潮差一般比平均潮差小10%～30%。大、小潮随月球相对地球的位置变化存在着月变化，随地球与太阳相对位置的变化存在着年变化。

众所周知，月球不是发光体，在地球上看到的月球是月球对太阳光的反射光显示的形状。地球、月球和太阳位置的不断变化，使地球上观测者观测到的月球出现不同的形状。月球这种明暗变化的形状称为月相。如图 2.4 所示，当月球沿轨道运行到太阳和地球之间时，地球上看不到月球反射太阳光的一面，也就看不到月球，此时的月相称为朔（又称新月），即农历初一；朔以后，月球沿轨道运行，太阳逐渐照亮月球面向地球的部分，月相逐渐向右凸出，当转过 1/4 周时，月球右半部分被照亮，呈半月形，此时月相叫上弦（农历初八左右）；再转 1/4 周，整个月球表面被照亮，且直接面向地球，在地球上看到一个圆形的月球，此时月相叫望（又称满月），即农历十五；满月以后，随着月球继续公转，月球开始逐渐“亏缺”，即逐渐减小；继续再转 1/4 周，在地球上又看到一个半月形，但这半月形是左半月明亮，此时月相叫下弦（农历二十二、三）；下弦以后，在地球上看到月球继续向左突出，呈镰刀状，最后完全看不见，即又回到朔，周而复始。值得注意的是：图 2.4 是将地球、月球和太阳投影在一个平面上，地球上的观测者实际上观测到的月球和太阳的运动与位置是在立体空间中的运动和位置，月球的运行轨道和太阳的视运行轨道与地球赤道不是平行的，都存在一个倾角，将在 2.2.1 节进行详细介绍。

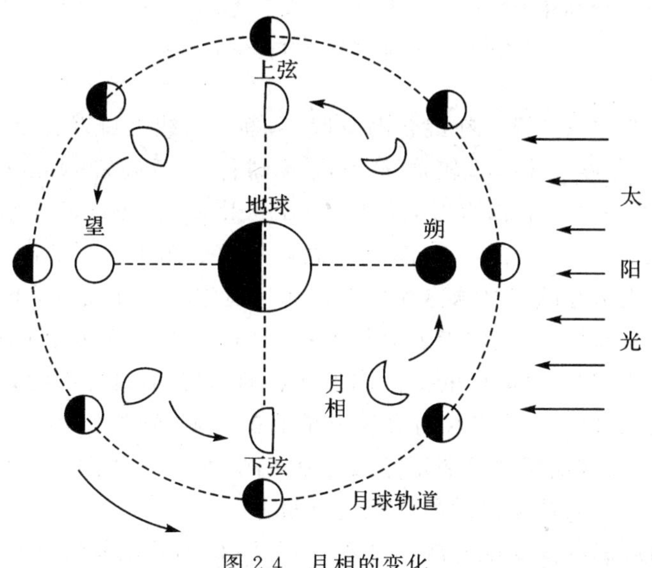

图 2.4　月相的变化

（10）高、低潮间隙。从月中天至下一次高潮时或低潮时之间的时间间隔，分别称为高潮间隙(high water interval, HWI)和低潮间隙(low water interval, LWI),取其平均值为平均高(低)潮间隙(mean high water interval, MHWI/mean low water interval, MLWI)(该值在没有大的海底和海岸地形及特殊气象影响下也是一个相对稳定的值,因此在《潮汐表》中列出,用于概略推算潮汐参数)。潮汐主要是由月球引力产生的,而月中天时刻应该是发生在高潮时刻,但受海水的惯性、海底地形、地转偏向力、摩擦力及海岸地形等因素影响,某地月中天时刻未达到高潮,总要经过一段时间后才发生高潮,这一延迟时间就是高潮间隙。高潮间隙因地而异,而且同一地点的高潮间隙随月相不同而存在差异,低潮间隙也是如此。对半日潮海区,平均高潮间隙在0时至12时25分之间变化。图2.5为月相与潮高变化示意。

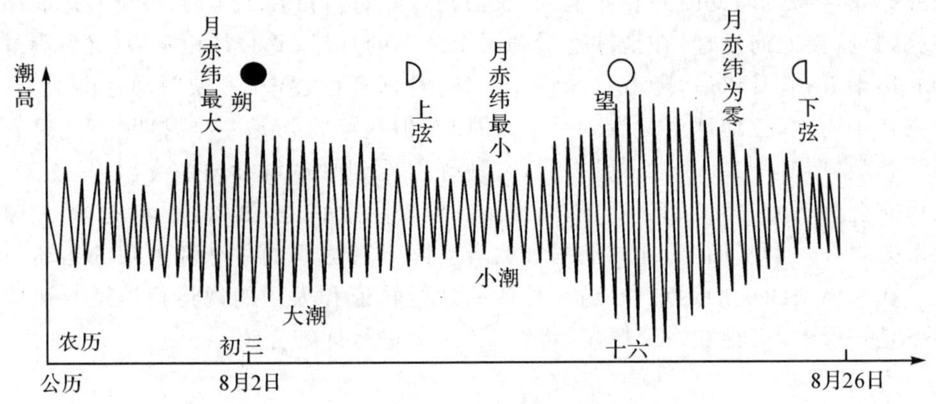

图2.5 某港1个月潮高变化曲线图

(11)分点潮和回归潮。在混合潮海域,从潮汐曲线上可以看出,同一天的两次高潮(低潮)的高度不相等,较高的一次高潮称为高高潮(higher high water, HHW),较低的一次高潮称为低高潮(lower high water, LHW),较低的一次低潮称为低低潮(lower low water, LLW),较高的一次低潮称为高低潮,这种现象是由月球赤纬的变化引起的。月球赤纬是指月球与地球中心连线与地球赤道面之间的夹角(即月球运行轨道与地球赤道面是不平行的)。当月球在赤道附近时,两高潮(低潮)的潮高约相等,这时候的潮汐称为分点潮,因此时月球大约处在春秋分点附近而得名,如图2.6所示。在农历春秋分前后的大潮特别大,因为期间太阳、月球都在赤道附近,故这期间的大潮正好又是分点潮,潮差比通常大潮约大10%,如我国农历八月十八日为钱塘江的最佳观潮时间。

一天内两次高潮潮高或低潮潮高不等现象,称为日潮不等现象。日潮不等主要是由月球赤纬变化产生的,当月球在最北或最南附近(月赤纬最大)时,产生的日潮不等为最大,此时潮汐称为回归潮,如图2.7所示。因回归潮与分点潮都是随着赤纬变化而变化的，所以又称回归不等，其周期为半个回归月（一回归月约等于27.321 582平太阳日）。在不正规日潮和日潮地区，当月球赤纬在达到最大前的某段时间，两个小的潮高（高低潮和低高潮）差异很小，有的甚至完全消失，则每天仅有一次高潮和一次低潮；在月球赤纬最大后的某日潮差达到最大，以后逐日变小；在月赤纬较小时，出现每天两次高潮和两次低潮的半日潮性质，但潮差较小，有的潮差几乎为零，典型曲线参见 2.4.3 节。

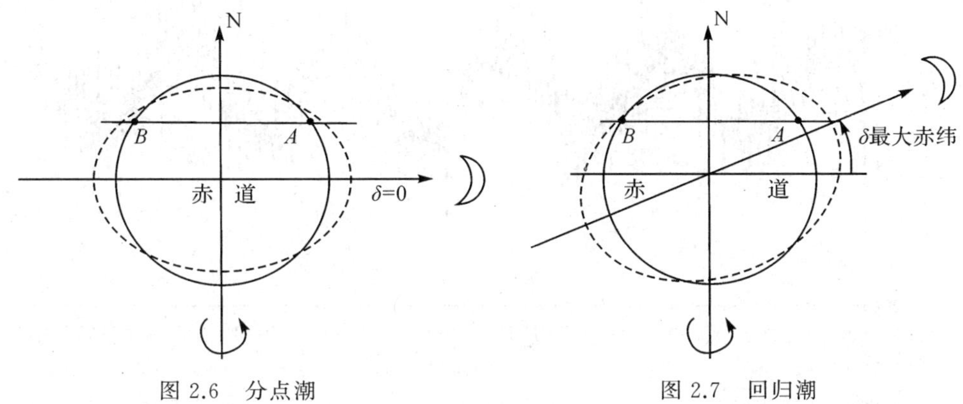

图 2.6　分点潮　　　图 2.7　回归潮

(12)潮龄。月的最大潮差发生在朔望附近，从朔望至发生大潮的时间间隔，称为半日潮龄，我国大多数港口的半日潮龄为 2～3 天。从月球最大赤纬至发生回归潮的时间间隔，称为日潮龄，我国港口的日潮龄为 2 天。由月球近地点到发生最大潮差的时间间隔，称为视差潮龄，我国港口的视差潮龄为 2～3 天。

(13)月不等。由于月球绕地球公转的轨道为椭圆，故当月球位于近地点时，产生的潮差最大，当月球位于远地点时，产生的潮差最小，以一朔望月为周期，此现象称为潮汐月不等现象。

(14)视差不等。潮差的大小是随着地月距离不同而变化的，地月距离近时，潮差较大，通常在月球经过近地点 2 天后，其潮差为最大，而在月球经过远地点 2 天后，其潮差为最小，此种潮汐不等现象称为视差不等。视差不等的周期为一个近点月（一个近点月等于 27.554 55 平太阳日）。

(15)年不等。潮汐年周期变化起因于气候的季节性变化。例如，我国的渤海、黄海和东海是一个半封闭海区，夏季季风和冬季季风的作用造成夏季平均海面较高、冬季平均海面较低的年周期变化，这种变化称为年不等现象。同样，太阳赤纬也存在年周期的变化，引起地日距离的年变化，导致潮汐产生微弱的潮汐年不等现象。

(16)潮汐 18.61 年周期和 8.85 年周期。黄道与白道（参见 2.2.1 节）的升交点和降交点沿黄道向西移动，其周期为 18.61 年（移动速度约每年 19.34°），使潮汐产生了 18.61 年的长周期变化(图 2.8 为西雅图验潮站的多年水位变化曲线)。月球近地点和远地点沿月球运动方向移动,周期约为 8.85 年(移动速度约每年 40°),导致潮汐可能有 8.85 年的周期的多年变化。另外,地球近日点的移动也导致潮汐有约每2 万余年一周的长周期变化,由于变化非常缓慢,故一般忽略该项影响。

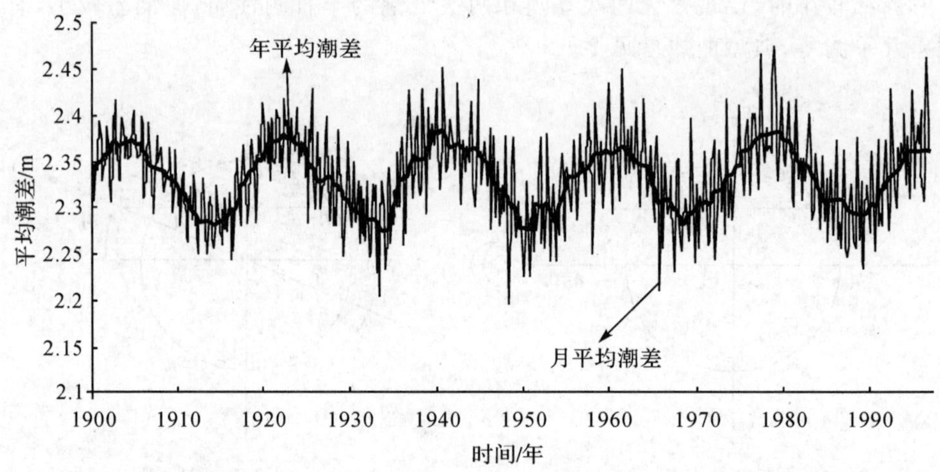

图 2.8　西雅图 1900—1996 年水位资料年平均潮差显示的 18.61 年周期曲线

(17)钱塘潮。钱塘潮是发生在我国杭州湾内的一种壮观奇特的涌潮现象。一般发生在太阳、月球都在赤道附近发生分点潮期间(大约在农历八月十八日前后),此时潮差比一般大潮的潮差约大 10%;其产生的外部因素是从外海太平洋传播来的潮波运动能量作用,而内部因素是杭州湾特殊的海岸和海底地形(进入杭州湾海水深度急剧变浅)影响。如图 2.9 所示,杭州湾是一个喇叭形的浅水海湾,口大里小,从海上传来的潮波,穿过舟山群岛后,迅速向湾内传播;由于两岸越来越窄,加之河水下泄,导致潮波极度变形增高,一直向湾内推移,越往里速度越快,浪越高,至海宁附近(大尖山下)则形成一条连接两岸的直线,横过江面,形成壮观的钱塘潮,伴随着低沉的浪吼声,又称为钱塘龙。1953 年 9 月的秋分大潮曾冲上高出海面 8 m 多的海堤顶,将堤顶约 1 500 kg 的“镇海铁牛”冲出 10 余米。因此,农历八月十八日前后为钱塘潮的最佳观测时间。

此类潮汐现象称为涌潮(或怒潮),是发生在拥有类似杭州湾地区的海底和海岸地形的河口区域。世界上除南极洲外的各洲都有此类潮汐现象发生,如索尔韦湾(Solway Firth,位于英国苏格兰西南岸与英格兰西北岸之间一个海湾)、巴西亚马孙(Amazon)河和阿拉瓜亚(Araguaia)河、加拿大的芬迪湾、印度恒河支流胡格利河(Hooghly)等,都是每年定期出现此类潮汐现象。有的地区由于人类的航道开发等原因,这些地区的涌潮现象逐步减小甚至消失。

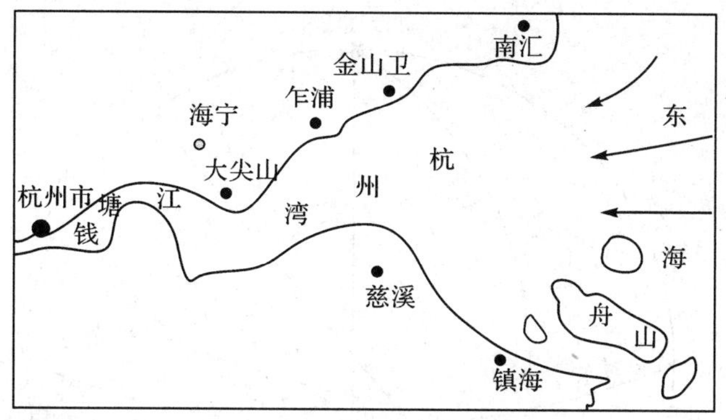

图 2.9　杭州湾地理略图

§2.2　基本天文知识

随着自然科学的发展，人们认识到潮汐现象与天体引力密切相关，且主要是随着地球、月球、太阳的相对位置变化而变化的。要了解潮汐的成因及其变化规律，就必须首先掌握和了解一些与潮汐相关的基本天文知识。

2.2.1　天球

在晴朗的夜晚，当人们仰望无边无际的天空时，看见“天空”好像是一个巨大的半球体，其上点缀着无数的星星，这个以观察者或以地球为中心、任意长为半径的假想球体称为天球。宇宙间的各种星体，如恒星、行星、卫星、彗星等统称为天体。所观察到的日、月、星、辰等在天球上的位置，称为天体视位置。实际上，各天体与地球距离远近不一，并无真正“天球”存在。由于天球具有几何上圆球的一切性质，所以天文学保留这个假想的天球来表示天体的运动。我们理解的天体视位置，也只有方向而无距离的概念。以地球为中心，观测者所观测到的天体在“天球”上的运动称为天体的视运动。

如图 2.10 所示，由地球的自转轴线向外无限延长与天球相交的点称为天极，分别称北天极和南天极。将地球赤道无限扩大至天球上的大圆称为天赤道。以地球上观察者所在点为基准，铅直向上延伸至天球的点称为天顶，铅直向下延伸至天球的点称为天底。以地心为圆心，通过天极和天顶(天底)的大圆叫子午圈。子午圈通过天顶的半圆圈称为午半圈，而通过天底的半圆圈称为子半圈，合称子午圈。通过天极和天体视位置的大圆叫时圈。通过天顶(底)和天体视位置的大圆叫天体方位圈。在天体方位圈上，天体与天顶之间所张开的角度，叫天顶距；从天顶算起，天顶距范围为 0°～180°。

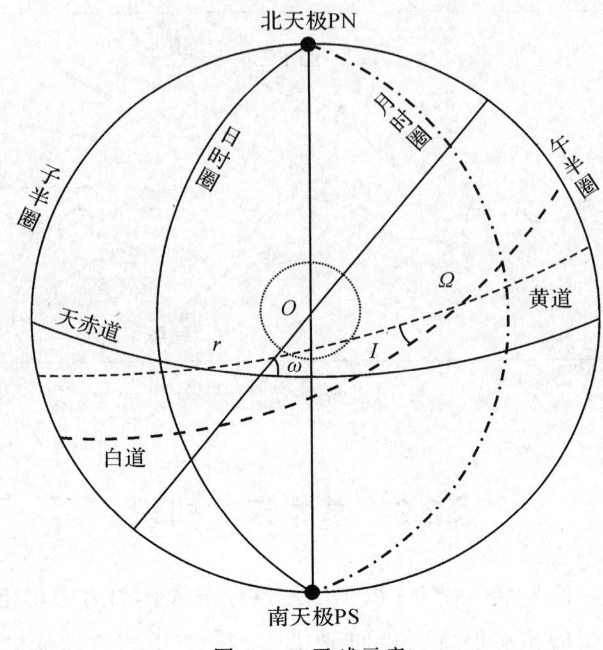

图 2.10 天球示意

在天球上，地球公转使观测者观测到的太阳运动是自西向东运动，每年运行一周，称太阳在天球上周年视运动的轨迹为黄道。太阳在黄道上运动，从南向北穿过天赤道的交点，称为春分点（用 r 表示，它是天文坐标的原点）；另一个相对应从北向南穿过天赤道的交点，称为秋分点。太阳在黄道上最北（北赤纬最大，23°27′）和最南（南赤纬最大，－23°27′）位置对应的点分别称为夏至点和冬至点。

在天球上，月球的视运动轨迹称为白道。它与黄道的交角在 4°57′～5°18′之间变化，其变化的平均值约为 5°09′。月球从南向北穿过黄道的交点称为升交点（用 Ω 表示），另一个相对应的从北向南穿过黄道的交点称为降交点。由于太阳引力的作用，故升交点 Ω 沿月球运动相反方向，即自东向西运动，每年大约移动 19.34°，因此，移动 1 周需 18.612 9 年。

地球公转是沿椭圆轨道运动，太阳在椭圆的其中一个焦点上。当太阳离地球最近时，它在天球上的位置称为太阳近地点，最远时称为远地点。由开普勒第三定律知，太阳在近地点的视运动速度最快，在远地点的视运动速度最慢。近地点和远地点相对于春分点是移动的，且移动相当缓慢，自西向东移动 1 周大约 2 万多年。

2.2.2 天球坐标系

要描述天体的位置和运动，离不开坐标系。在天文学中，常用的天球坐标系很多，这里介绍与海洋潮汐密切相关的天球坐标系。如图 2.10 所示，首先介绍几个天文坐标术语。

(1)赤经是从原点(春分点 r)起算,沿天赤道逆时针量至天体的弧距,其值从 0°～360°划分。赤纬是从天赤道起算,沿时圈向北(或向南)量至天体的弧距,其值从±(0°～90°)划分,向北量为正,向南量为负。时角是观测者所在子午圈与天体时圈在天赤道上所截的一段弧距,其度量是从子午圈起算,沿天赤道顺时针量至天体时圈,其值从 0°～360°划分。

(2)黄经是从春分点 r 起算沿黄道逆时针量至天体的弧距,其值从 0°～360°划分。黄纬是从黄道起算,沿黄经圈(过天球中心做垂直于黄道的直线,交天球的两点为黄极——分为北黄极和南黄极,而过黄极的大圆称为黄经圈)向北(或向南)量至天体的弧距,其值从±(0°～90°)划分,向北量为正,向南量为负。

(3)在天球上,采用赤纬与时角表示天体或某点位置的坐标系称为时角赤道坐标系,或称为第一赤道坐标系。在天球上,采用赤经与赤纬表示天体或某点位置的坐标系称为赤经赤道坐标系,或称为第二赤道坐标系。例如,月球赤纬在一个月内的变化约为北纬 28°36′至南纬 28°36′,这是以天赤道为基准。在天球上,采用黄经与黄纬来表示天体或某点位置的坐标系称为黄道坐标系。

2.2.3　时间系统

在潮汐水位观测和潮汐计算中,时间是必不可少的参数。古人云:上下四方谓之宇,古往今来谓之宙。这里的“宇”是指空间,“宙”是指时间。物质的运动是一个连续不断的过程,这个过程就是时间。简单地讲,时间表现了物质运动的连续性,是物质运动过程连续性的表现。因此,选择测量时间单位的基本原则是选取一种物质(或物体)的运动,作为度量时间的基本单位。由于时间是连续的、均匀的,所以被选取的物质运动也必须是连续的、均匀的。在天文学中,通常就是利用周期性的、连续不断的天文现象作为测量时间的单位。

天文学中,一般常采用地球的运动度量时间。年与地球的公转有关,日与地球的自转有关。从时角的概念描述上中天和下中天概念为:天体到达测站(观测地点)所在的午半圈时,称为上中天,时角为 0°;天体到达测站所在的子半圈时,称为下中天,时角为 180°;且定义天体中心连续 2 次上(或下)中天的时间间隔称为日。由于测量地球公转和自转周期时所取的起算点(或起始点)不同,便出现了不同的测时系统。

1. 恒星日、恒星时

所谓恒星日就是以春分点作为地球自转的参考点描述地球自转所经历的时间段。换句话说,春分点连续两次经过某地午半圈(即上中天)的时间间隔称为 1 恒星日。将 1 恒星日分成 24 等份,每 1 等份称为 1 恒星时。这种以春分点来测量地球自转周期的时间系统称为恒星时系统。

2. 太阳时系统

若选择太阳作为参考点来描述地球自转所经历的时间段,则构成太阳时系统。

1) 真太阳日、真太阳时

1 真太阳日就是真太阳连续两次上(或下)中天所经历的时间间隔(这里所谓的"真太阳"是为了区别于后面提到的"假想太阳"或"平太阳")。1 真太阳日等分为 24 个真太阳时,1 真太阳时则等分为 60 真太阳分,1 真太阳分又等分为 60 真太阳秒。

根据开普勒定律,由于地球绕太阳的公转轨道为椭圆,太阳位于该椭圆的一个焦点上,故太阳在黄道上的运动是非匀速的。在夏至过后 10 多天前后,太阳每天移动约 57′,而在冬至过后 10 多天前后,太阳每天移动约 1°1′;每年 7 月 4 日地球经过远日点,而 1 月 3 日地球经过近日点,且前者运动速度慢,后者运动速度快。也正因为如此,春分到秋分的半年约为 186 天,从秋分至春分的半年约为 179 天。

由此,若以真太阳的连续两次上中天为一日的真太阳日计时,则导致每天的时间长度是不相等的。真太阳日在近地点时为最长,在远地点时为最短,两者之差约 51 s。用这种长短不一的真太阳日计时显然很不方便,也不符合测时连续性和均匀性的基本原则。但真太阳与人们的工作和生活密切相关,为此就需要建立一个更完善的,但仍以太阳作为度量时间参考点的测时系统。

2) 平太阳日、平太阳时

为了弥补真太阳时不均匀的不足,人们设想一个"假太阳",这个假太阳和真太阳有着同样周期的周年视运动,与真太阳不同之处在于:周年视运动的轨道在赤道上,而不是在黄道上。当在赤道上所做匀速周年视运动的速度等于真太阳在一年中运动速度的平均值时,称这个假太阳为平太阳。

平太阳连续两次上(或下)中天所经历的时间间隔称为 1 平太阳日。1 平太阳日等分为 24 平太阳时,1 平太阳时等分为 60 平太阳分,1 平太阳分再进一步等分为 60 平太阳秒。当平太阳在上中天时,其时角为 0°,为 1 平太阳日的开始。

3) 民用日、民用时

平太阳时比真太阳时要完善得多,但还有一点不便,就是平太阳日是从太阳上中天开始起算的,对应于太阳中午时刻,而人们都习惯于将下中天(午夜)作为一天的开始。为与人们习惯统一起来,约定平太阳在下中天时作为一天的开始,这种平太阳日和平太阳时被称为民用日和民用时,即通常所说的日和时。

平太阳时角 T 与(民用)时间 t 的关系式为

$$T = 15°t + 180° \tag{2.1}$$

4) 地方时、区时、世界时

以上定义的各种时间系统(如平太阳时、民用时)均与观测者所在位置有关,具有地方性,使用时都须加上"地方"两字。

地方时都是从当地(即测站)的子午圈起算的。在同一时刻,地球上不同经度的地方,它们的地方时都是不相同的,而且在东面的地方时要比西面的地方时大。如果各地都采用自己的地方时表示时间,那么时间的混乱会给人们的工作和生活带来许多不便。例如,大连与北京两地的经度相差 5.1°,相当于相差20 分钟,若在大连用大连的地方时,则从大连到达北京后再改用北京的地方时,这时就需要把钟拨慢 20 分钟。为了解决这一问题,国际上从 1884 年起,决定采用时区制度。就是将全球(360°)按经度划分为 24 个标准时区,每 1 个时区的经度差为 15°,划分次序是:从格林尼治(Greenwich)午半圈(经度 0°)起算,向东、向西各取 7.5°的这个范围称为零时区,以后每隔 15°为 1 区,共分为 24 个时区。按东经、西经各分东12 区和西 12 区。各区以中央子午线的民用时作为该区共用的标准时刻,称为该区的区时,区时也称为标准时。我国领土辽阔,西起东经 72°,东至东经 135°,跨5 个时区,现在全国各地都统一采用东 8 区的区时,即采用经度为 120°的地方民用时作为全国统一的标准时刻,这个时区的区时,称为北京时间。

以格林尼治子午线零时区的区时为基准的时间称为世界时(universal time, UT)。它是世界各地时间的统一时间标准,在电信、科学计时、航海及潮汐计算中经常用到。

3. 月球和太阳运动的主要周期

潮汐现象有复杂的周期变化,主要是由地球、月球和太阳复杂的运动规律所决定的。

(1)恒星月。以无限远的恒星为标准,月球中心连续两次经过恒星方向所经历的时间间隔定义为 1 恒星月。1 恒星月等于 27.321 66 平太阳日,1 恒星时等于 0.997 27平太阳时。

(2)朔望月。以月球圆缺变化周期所经历的时间间隔定义为 1 朔望月。1 朔望月等于 29.530 59 平太阳日。朔是月球位于地球和太阳之间、太阳与月球黄经相合的时刻,该天定义为初一(农历)。望是地球位于月球和太阳之间、太阳与月球黄经相差 180°的某一时刻,它可能出现在十五、十六或十七(农历)。

(3)回归月。月球连续两次通过春分点所经历的时间间隔称为 1 回归月。1 回归月等于 27.321 58 平太阳日。

(4)交点月。月球连续两次通过升交点所经历的时间间隔称为 1 交点月。1 交点月等于 27.212 2 平太阳日。

(5)近点月。月球绕地球运动的轨道为一个椭圆,月球连续两次通过近地点所经历的时间间隔称为 1 近点月。1 近点月等于 27.554 55 平太阳日。

(6)平太阴日。月球连续两次上中天的时间间隔为 1 太阴日。与真太阳日一样,月球绕地球公转的速度也是不匀速的,因此也假想在天赤道上有一匀速运动的“平太阴”,其连续两次上中天的时间间隔称为 1 平太阴日,其 1/24 为 1 平太阴时。

1平太阴日要比1平太阳日要长，其关系为

$$1\text{平太阴日}=24.841\,2\text{平太阳时}\approx 24\text{小时}50\text{分钟}28\text{秒}$$

需说明的是，以上几种关于月运行的周期长度，一般均指其平均值。

(7)恒星年。参考点选择黄道上某一定点(恒星)，则太阳在黄道上运动，其中心连续两次经过这一定点(恒星方向)所经历的时间间隔称为1恒星年。恒星年是地球绕太阳运动的真正周期。1恒星年等于365.256 4平太阳日。

(8)回归年。参考点选择春分点，则太阳在黄道上运动，其中心连续两次经过春分点所经历的时间间隔称为1回归年，等于365.242 2平太阳日。它是现代历法的基础，是季节变化的周期。

(9)近点年。地球绕太阳运动的真正轨道为一个椭圆，太阳在周年视运动中，连续两次通过近地点所经历的时间间隔称为1近点年，其周期为365.259 6平太阳日。

上述时间概念主要用于描述天体运动，在后面潮汐理论中用于描述天体的变化周期。

4. 世界时与历法简介

1)格林尼治时间与世界时

格林尼治平均时间是历史上的说法，严格说已经过时了，尽管它还常常被用作协调世界时(coordinated universal time，UTC)的同义词。1972年开始采用国际原子时标，从此以后，经过格林尼治老天文台的本初子午线上的时间便被称作世界时。

世界时是依据地球自转进行定义并通过天文观测确定的。这一时标存在着少许不规则的地方。关于世界时有若干不同的定义，但各种定义之间的时差不超过0.03秒。通常所说的世界时是指UT2，即针对地极飘移及地球转速的周期性差异进行校正的世界时。

目前，协调世界时并不是依据地球的运动，而是由世界各地的一大批原子钟协调确定的。如今几乎世界上所有国家的民用时间都是相对于协调世界时确定的，相互之间的时差为1小时(有时为0.5小时或0.25小时)的整倍数。

2)公历

公历又称格里高利历，是目前采用的公元年历法。以太阳的周年视运动作为天文依据，采用的基本周期是回归年。一般取回归年的整数(365天)为历法的长度，并称为平年，且约定每隔4年设1闰年，闰年比平年增加1天，为366天，但每隔1闰年所增加的1天，比去掉的零头0.968 8平太阳日的数值大，因此，又约定每隔400年少闰3闰年。对非世纪年，年份能被4整除的年是闰年，不能被4整除的都是平年，但遇到世纪年且能被400整除的年才是闰年，而不能被400整除的年仍是平年。该历法起源于儒略历，是由凯撒大帝于公元前45年引入的，后经奥古斯都(Augustus)改进,其 1 年为 365 天(即平年),每 4 年为 1 闰年,即 366 天,平均 1 年为 365.25 天,但比回归年要长 0.007 8 天。但因 16 世纪后期其累积误差较大,后于 1582 年经罗马教皇格里高利命人修订而成公历或格里高利历,很快被天主教国家采用,并沿用至今,成为世界各国普遍采用的历法。

3)阴历

阴历是以月球运动作为天文依据,采用朔望月为基本周期。阴历的历年定为 12 个月,其中 6 个大月(30 天)、6 个小月(29 天),共计 354 天。每过 3 年设 1 闰年(12 月的 29 天改为 30 天,即 7 个大月、5 个小月),共计 355 天。虽然阴历的基本周期是朔望月,但阴历每年的长度比阳历少 11 天,如每年的“春节”都比上一年提前 11 天,这样过了 16 个阴历年以后,“春节”就会提前到烈日炎炎的夏季了,所以,当今除了几个伊斯兰国家因为宗教的原因仍使用外,其他国家一般已经废弃使用了。

4)农历(阴阳历)

农历和阴历是两种不同的历法(注:在我国日常生活中所讲的“阴历”实际上指的是“农历”,是一种习惯用语)。农历同时考虑了太阳和月球的运动而确立。把回归年和朔望月并列作为制定立法的基本周期,其独创之处在于历月的日期代表:一是月相,如初一必为朔,满月则正当月中,为十五;另一方面它又与春夏秋冬四季相协调,农历采用“十九年七闰法”,即 19 年中设置 7 个闰年(闰年为 13 个月),闰年安排在第 3、5、8、11、14、16、19 年,农历也有大小月之分,6 个大月(30 天)、6 个小月(29 天),但农历的大小月不是相间排列,而是通过严密的计算确定的。以朔作为每月的初一,连续两个朔之间的天数即这个月的天数,按照这个规则农历的月就会出现连续两个或三个大月及两个小月的情况。

§2.3　引潮力及其展开式

任一给定地点的潮位观测值是众多因素共同作用的结果,这些因素包括海水对引潮力的响应、海岸地形和浅海海底地形的影响,以及区域气象因素作用等,本节仅从静力学观点对潮汐成因进行简要论述。

2.3.1　地球表面各点受力与潮汐

众所周知,地球的引力作用使海水聚集于地球表面,同时月球和太阳的周期性引力(作为外力)作用于海水引起海面周期性涨落,因此天体(特别是太阳和月球)的引力是产生此运动的主要动力。尽管太空中的其他天体也对地球产生引力作用,但根据万有引力定律,这些天体或者距离地球太远,或者质量太小,因此它们导致地球水体的变形非常小,可忽略不计。这里仅讨论月球和太阳对地球的引潮作用。

根据牛顿万有引力定律知,天体引力公式为

$$F = G\frac{m_1 m_2}{r^2} \tag{2.2}$$

式中，G 为万有引力常数，在国际单位制中为 $6.672\ 598\ 5 \times 10^{-11}\ \mathrm{m^3 kg^{-1} s^{-2}}$；$F$ 为两质量 m_1 和 m_2 之间的引力；r 为两物体之间的距离。

众所周知，月球作为地球的卫星绕地球公转，地球和月球又作为一个整体绕太阳公转。在研究地球因这些天体引力而产生的形变作用时，主要关注这些天体的视运动和地球本身的自转及其与海洋潮汐的联系，在此将月球和太阳视为“引潮天体”。

地球海洋潮汐是一种复杂的自然现象，是地球与引潮天体之间相互作用形成的一种动态平衡系统的表现形式。从力学原理知，任一物体的运动都可分解为平动和转动。所谓平动就是物体上的任一直线段在运动过程中始终保持一定的方向，因而物体上各个位置的质点在同一时刻具有相同加速度（大小相同，方向平行）。所谓转动（或公转）实际是指相对两个天体的公共质心（两个天体视为一个天体时的质量中心）的一种运动状态。由于地月系统、地月日系统的两两天体的质量比相差悬殊，故公共质心更接近质量较大的天体质心，如地月系统的公共质心位于距地球质心约0.74倍的地球半径处。如图 2.11、图 2.12 所示，地月系统公共质心绕太阳做周年转动，同时地月系统绕公共质心转动的轴指向固定，因而地月系统公共质心又是在做平动。

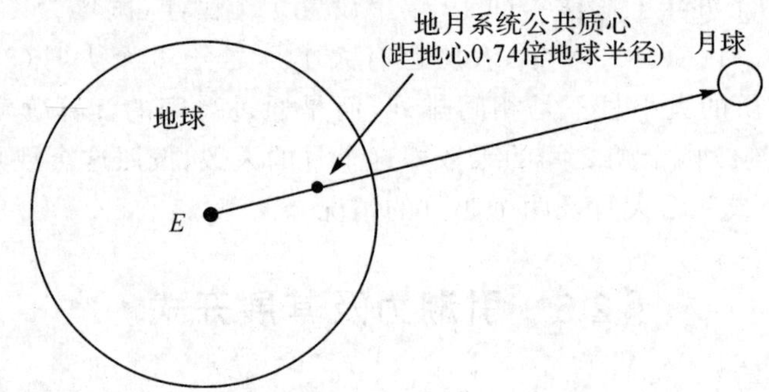

图 2.11　地月系统公共质心示意

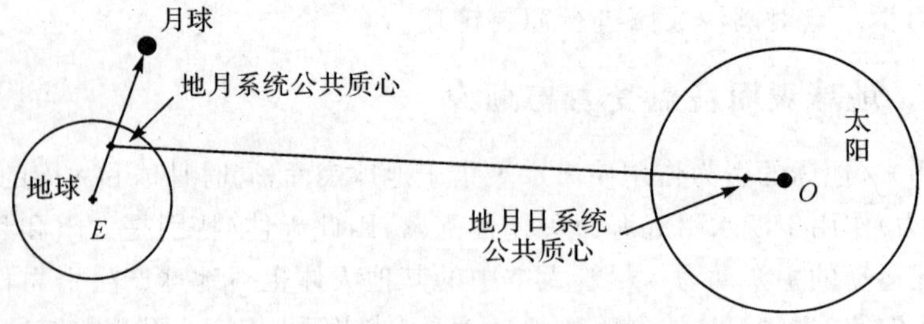

图 2.12　地月日系统公共质心公转示意

如图 2.13 所示，以月球为例，由于地球做平动，当地心 E 绕公共质心做圆周运动时，地球上任一点 X 也做相应的圆周运动，其运动半径（即地心至公共质心的距离）及惯性离心力 $\boldsymbol{F}_c$ 与地心处相同。

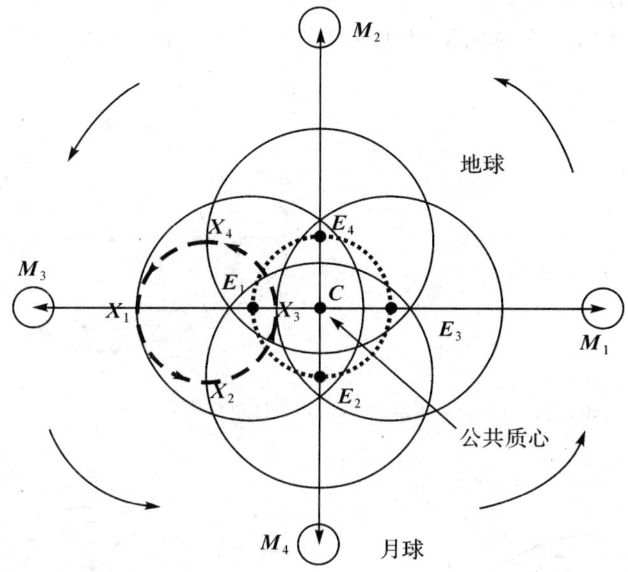

图 2.13　绕公共质心运动示意

图 2.14 为过地心、地球南北极和月球质心的剖面，地球上的各点受到的惯性离心力大小相等、方向平行，而月球对地球各点的引力却因距离的不同而不等。在地心 E 处惯性离心力 $\boldsymbol{F}_c$ 与月球的引力 $\boldsymbol{F}_g$ 大小相等、方向相反，合力为零，因而地球和月球之间保持着既不远离又不靠近的平衡状态；而在地球其他各点 $\boldsymbol{F}_g$ 和 $\boldsymbol{F}_c$ 合力，因 $\boldsymbol{F}_g$ 的不同而产生的合力不为零，在水平方向上存在着一切向力，此力作用造成了水质点的水平流动，该力称为引潮力，即产生潮汐的引潮力为某质点所受到的天体引力与其绕公共质点旋转产生的惯性离心力的合力。在地球各点某时刻引潮力的分布如图 2.15、图 2.16 所示。在月下点 A（月上中天）和对称点 B（月下中天）处产生高潮，在垂直于地球和月球连线的 C、D 处产生低潮，从而产生潮汐椭球，如图 2.14 中的虚线椭球（为说明方便，对部分天体和椭球进行了放大，但彼此之间不成比例，仅为示意之用）。

值得注意的是，地球自转所产生的离心力和地球自身的引力都不是引潮力的组成部分，究其原因是地球任一点的地球自转离心力和地球各处的引力都不随时间而变化，属于内力，其作用总使海水保持着平衡状态，因此在潮汐理论中没有考虑该力的影响。

考虑地球自转，地球上某点两次月上中天的时间间隔为 24 小时 50 分钟，则在此时间间隔内产生两次低潮和两次高潮，相邻两次低潮或相邻两次高潮之间的时间间隔大约为 12 小时 25 分钟。又由于月球的运行轨道与地赤道之间夹角不为 0°（约 5°），故当月球在地赤道平面上时，地球上任一点相邻两次高潮高和低潮高约相等；当月球在南半球或北半球时，除赤道上各点，地球上其他点的相邻两次高潮高和低潮高不再相等，这种现象即潮汐日不等现象，如图 2.16 所示。

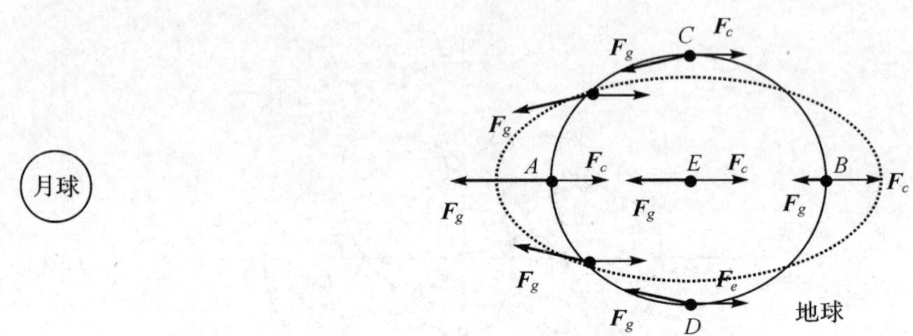

图 2.14 地球表面点地球、月球引力与惯性离心力关系

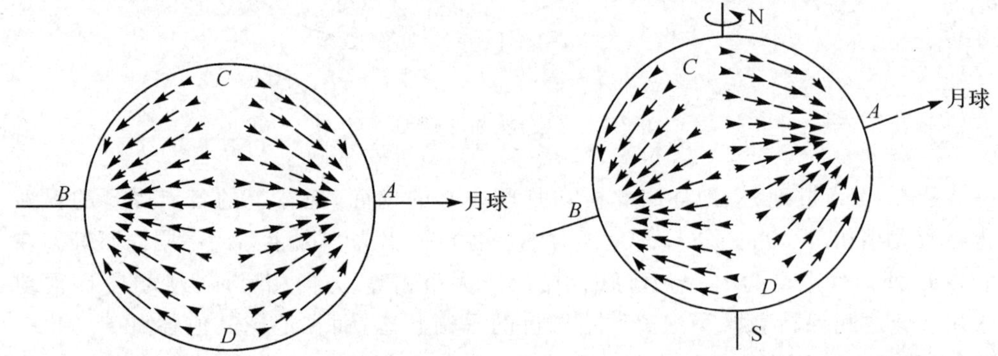

图 2.15 某时刻地球各点引潮力分布示意

图 2.16 月球在北纬时地球各点引潮力分布示意

上述介绍仅以月球为例，实际上地球潮汐取决于地球、月球、太阳三者之间相互作用的系统，特别是相互之间不同的几何空间位置。月球绕地球以椭圆运行轨道运行一周大约需要一个月，地球位于椭圆的一个焦点，当月球运行至距地球最近处（即近地点）时，月球对地球各点的引力最大，产生的潮差也比平均潮差大；经大约两周后，月球运行到距地球最远处（远地点）时，月球对地球各点的引力最小，产生的潮差要小于平均潮差。同样，在地日系统中，当地球运行至距太阳最近处（近日点，大约每年 1 月 2 日前后）时，太阳对地球各点的引力最大，使潮差增大；反之，当地球运行至距太阳最远处（远日点，大约每年 7 月 2 日前后）时，使潮差减小。图 2.17 给出了一个月内大潮和小潮时的地球、月球、太阳的立体空间位置图，结合

2.1 节的定义可以更容易理解大潮和小潮的定义。

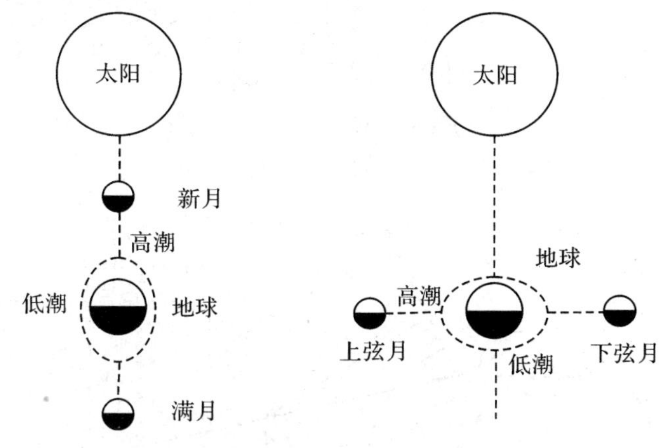

图 2.17　大潮(左)和小潮(右)示意

2.3.2　引潮力与引潮力势

1. 引潮力

以月球为例,对于任意地面点 X,天体之间的万有引力是维持公转的向心力。就一个天体整体而言,旋转运动产生的离心力必然与向心力平衡,即地心处的离心力和向心力必然大小相等、方向相反,合力为零。平动使地球各点所受离心力相等,但各点相对引潮天体中心的距离和方向不同,所受万有引力各异,因而除地心之外,单位质点在各点所受合力是不同的,则将地球表面各点所受的引力与离心力的合力称为引潮力。月球绕地球做周期性的运动,其产生的引潮力也相应地产生周期性的变化,从而引起弹性地球形变和海洋水体的周期性运动与涨落。

如图 2.18 所示,假定地球和月球都为球体,令地球质心与月球质心的距离为 r,地球表面某点 X 至月球质心 M 的距离为 ρ,m_M 为月球质量,地球某点 X 的月球天顶距为 θ,E 为地心,XE 为 X 点的铅垂线,过 M 点做 XE 延长线的垂线交于 D 点,X、D 点连线与 X、M 点连线的夹角为 Ψ,X 与地心 E 之间的距离为 R(地球平均半径),G 为万有引力常数。

将引力 $\boldsymbol{fM}$ 和惯性离心力 $\boldsymbol{fN}$ 沿地球表面某点 X 的水平和垂直方向进行分解,分别为 fM_V、fM_H、fN_V 和 fN_H,则水平引潮力 F_H 和垂直引潮力 F_V 可表示为

$$\left.\begin{aligned} fM_V &= G\frac{m_M}{\rho^2}\cos\Psi \\ fM_H &= G\frac{m_M}{\rho^2}\sin\Psi \end{aligned}\right\} \tag{2.3}$$

$$\left.\begin{aligned} fN_{\mathrm{V}} &= G\frac{m_{\mathrm{M}}}{r^2}\cos\theta \\ fN_{\mathrm{H}} &= G\frac{m_{\mathrm{M}}}{r^2}\sin\theta \end{aligned}\right\} \tag{2.4}$$

$$\left.\begin{aligned} F_{\mathrm{V}} &= fM_{\mathrm{V}} - fN_{\mathrm{V}} \\ F_{\mathrm{H}} &= fM_{\mathrm{H}} - fN_{\mathrm{H}} \end{aligned}\right\} \tag{2.5}$$

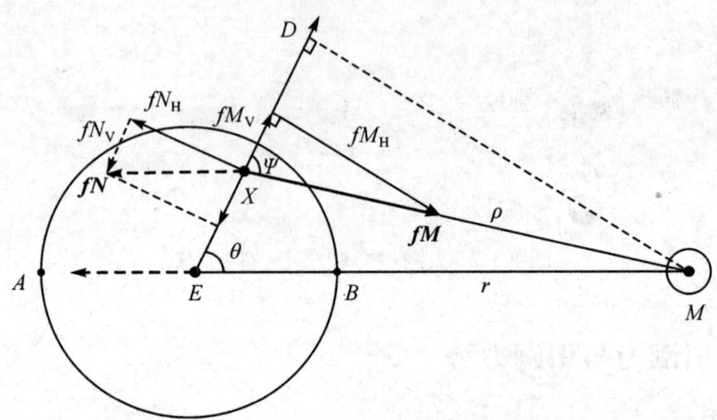

图 2.18 引潮力分解示意

将式(2.3)和式(2.4)代入式(2.5),得

$$\left.\begin{aligned} F_{\mathrm{V}} &= G\frac{m_{\mathrm{M}}}{\rho^2}\cos\Psi - G\frac{m_{\mathrm{M}}}{r^2}\cos\theta \\ F_{\mathrm{H}} &= G\frac{m_{\mathrm{M}}}{\rho^2}\sin\Psi - G\frac{m_{\mathrm{M}}}{r^2}\sin\theta \end{aligned}\right\} \tag{2.6}$$

由$\triangle EMD$和$\triangle XMD$,得

$$\left.\begin{aligned} \cos\Psi &= \frac{1}{\rho}(r\cos\theta - R) \\ \sin\Psi &= \frac{r}{\rho}\sin\theta \end{aligned}\right\} \tag{2.7}$$

将式(2.7)代入式(2.6),化简可得

$$\left.\begin{aligned} F_{\mathrm{V}} &= G\frac{m_{\mathrm{M}}}{r^2}\left[\left(\frac{r}{\rho}\right)^3\left(\cos\theta - \frac{R}{r}\right) - \cos\theta\right] \\ F_{\mathrm{H}} &= G\frac{m_{\mathrm{M}}}{r^2}\left[\left(\frac{r}{\rho}\right)^3 - 1\right]\sin\theta \end{aligned}\right\} \tag{2.8}$$

将$\left(\frac{r}{\rho}\right)^3$写成$R$和$r$的函数,针对$\triangle EMX$,由余弦定理可得

$$\rho^2 = r^2 - 2Rr\cos\theta + R^2$$

则有$\left(\frac{r}{\rho}\right)^3=\left[\left(\frac{\rho}{r}\right)^2\right]^{-\frac{3}{2}}=\left[1-2\frac{R}{r}\cos\theta+\left(\frac{R}{r}\right)^2\right]^{-\frac{3}{2}}$。

由于 R/r 实际上是微小量，约为 0.017，又由泰勒（Taylor）级数知

$$(1+X)^m=1+mX+\frac{m(m-1)}{2!}X^2+\frac{m(m-1)(m-2)}{3!}X^3+\cdots$$

则

$$\begin{aligned}\left(\frac{r}{\rho}\right)^3&=1+\left(-\frac{3}{2}\right)\left[-2\frac{R}{r}\cos\theta+\left(\frac{R}{r}\right)^2\right]+\frac{1}{2}\left(-\frac{3}{2}\right)\left(-\frac{5}{2}\right)\left[-2\frac{R}{r}\cos\theta+\left(\frac{R}{r}\right)^2\right]^2+\cdots\\&=1+3\frac{R}{r}\cos\theta+\frac{3}{2}\left(\frac{R}{r}\right)^2(5\cos^2\theta-1)+\cdots\end{aligned}$$

将上式代入式(2.8)，化简得

$$\left.\begin{aligned}F_V&=\frac{Gm_MR}{r^3}(3\cos^2\theta-1)+\frac{3}{2}\frac{Gm_MR^2}{r^4}(5\cos^2\theta-3)\cos\theta+\cdots\\F_H&=\frac{3}{2}\frac{Gm_MR}{r^3}\sin2\theta+\frac{3}{2}\frac{Gm_MR^2}{r^4}(5\cos^2\theta-1)\sin\theta+\cdots\end{aligned}\right\}\tag{2.9}$$

从上式右边第一项（主要影响项）可以概略地看出，引潮力的大小与地月距离的 3 次方近似成反比。

如图 2.18 所示，概略地推算 M、E 的连线与地球的交点 A、B 处的引潮力，可得 B 点引潮力的大小为

$$F_B=G\frac{m_M}{(r-R)^2}-G\frac{m_M}{r^2}=Gm_M\frac{R(2r-R)}{(r-R)^2r^2}\approx\frac{2Gm_MR}{r^3}\tag{2.10}$$

同样，A 点的引潮力只是与 B 点大小相等、方向相反，且都与各点的重力方向相反。

同理，可以推出太阳垂直引潮力 F'_V 和水平引潮力 F'_H 公式分别为

$$\left.\begin{aligned}F'_V&=\frac{Gm_SR}{r_1^3}(3\cos^2\theta_1-1)+\frac{3}{2}\frac{Gm_SR^2}{r_1^4}(5\cos^2\theta_1-3)\cos\theta_1+\cdots\\F'_H&=\frac{3}{2}\frac{Gm_SR}{r_1^3}\sin2\theta_1+\frac{3}{2}\frac{Gm_SR^2}{r_1^4}(5\cos^2\theta_1-1)\sin\theta_1+\cdots\end{aligned}\right\}\tag{2.11}$$

式中，地心与太阳质心的距离为 r_1，X、E 点连线与 E、S 点连线的夹角为太阳天顶距 θ_1，S 为太阳质心，m_S 为太阳质量，其他符号意义与式(2.9)相同。

因 R/r、R/r_1 比值较小，在式(2.9)和式(2.11)中略去第二项，并参照表 2.1，通过计算得知：太阳质量是月球的 2 700 万倍，而离地球的距离大约是地月距离的 389 倍，又因引潮力与质量成正比而与距离的 3 次方成反比，故太阳引潮力要比月球引潮力小得多，月球引潮力大约为太阳引潮力的 2.17 倍。另外，引潮力量值很小，月球引潮力只是重力的 0.56‰～1.12‰，太阳引潮力更小。月球的水平引潮力比垂直引潮力小（$F_H=3F_V/4$），但是垂直引潮力被重力平衡，而水平引潮力却没

有其他的力与之“抗衡”。因此,月球水平引潮力是导致海水流动和涨落的主要原因,太阳引潮力也是如此。

表 2.1 天体基本参数

天体	半径/m	质量/kg
地球	6.38×10^{6}	5.98×10^{24}
月球	1.74×10^{6}	7.35×10^{22}
太阳	6.96×10^{8}	1.99×10^{30}
地月距离	0.38×10^{9}	
地日距离	1.49×10^{11}	

2. 引潮力势

引潮力是矢量(上面的论述大多是局限在某一方向上,因而可以在数值上进行讨论),最为简单的原因是其无法直接建立数学模型进行数值计算。引力场是一种保守力场,故引潮力也是有势的,称为引潮力势或引潮势。为此,在海洋潮汐中进一步引入引潮力势。引潮力势是标量,可以用数学方法直接进行计算,并且由场论知,引潮力可以表示为引潮力势函数的梯度,引潮力的位函数即引潮力位(或引潮力势)。

引潮力势是天体引力势和离心力势之和。这里直接给出地面点 X 处相对地心的引力势 Ω_F 和地面点 X 处相对地心的惯性离心力势 Ω_C,分别为

$$\Omega_F = G m_{\mathrm{M}}\left(\frac{1}{\rho}-\frac{1}{r}\right) \tag{2.12}$$

$$\Omega_C = G\,\frac{m_{\mathrm{M}}}{r^2}R\cos\theta \tag{2.13}$$

则地面点 X 所受月球引潮力势则表示为

$$\Omega_{\mathrm{M}} = \Omega_F + \Omega_C = G m_{\mathrm{M}}\left(\frac{1}{\rho}-\frac{1}{r}-\frac{R}{r^2}\cos\theta\right) \tag{2.14}$$

而由物理大地测量基本知识知

$$\frac{1}{\rho} = \frac{1}{r}\sum_{j=0}^{\infty}\left(\frac{R}{r}\right)^j P_j(\cos\theta) \tag{2.15}$$

式中,$P_j(\cos\theta)$是勒让德(Legendre)级数。将式(2.15)代入月球引潮力势表达式为

$$\Omega_{\mathrm{M}} = G\,\frac{m_{\mathrm{M}}}{r}\sum_{j=2}^{\infty}\left(\frac{R}{r}\right)^j P_j(\cos\theta) \tag{2.16}$$

同理,可推得太阳引潮力势为

$$\Omega_{\mathrm{S}} = G\,\frac{m_{\mathrm{S}}}{r_1}\sum_{j=2}^{\infty}\left(\frac{R}{r_1}\right)^j P_j(\cos\theta_1) \tag{2.17}$$

上述各式中符号意义同上。

地面点 X 处的总引潮力势为月球和太阳共同作用的结果，即

$$\Omega=\Omega_{\mathrm{M}}+\Omega_{\mathrm{S}} \tag{2.18}$$

2.3.3　引潮力势展开

因为引潮力势中变量的变化很难用一个准确的数学模型表示，所以有必要将其展开为便于计算的模型，这一点在计算机时代显得非常重要，即获得有利于计算机编程计算的数学模型；同时，这也是人类认识、掌握和预测潮汐变化规律的需要。为此，海洋潮汐学家对此进行了广泛的研究，对引潮力势（或力）进行进一步展开，取得了丰硕的研究成果。综合前人的研究成果可以看出，引潮力势展开的基本思想是：①引入均匀变化的天文变量代替非均匀变化的天文变量；②利用级数展开原理，展开成便于计算的形式。

1. 拉普拉斯展开式

拉普拉斯展开式是最早的引潮力势展开式。此展开式是由拉普拉斯提出并推导。考虑地面点和引潮天体天顶距 θ 分别随时间和地面观测点位置变化而变化，1799 年拉普拉斯将月球引起的引潮力势引入地理纬度 φ、月球赤纬 δ、月球时角 T_1，替代天顶距 θ。如图 2.19 所示，P 为北天极，X 为地面观测点天顶，M 为月球位置。

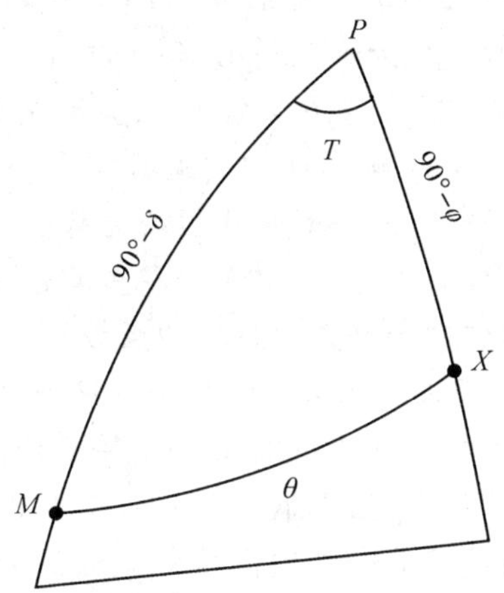

图 2.19　引潮力势展开示意

根据球面三角知识，将 θ 表示为地面点、引潮天体（中心）的地理坐标及时间（或时角）变化的函数，即

$$\cos\theta=\sin\varphi\sin\delta+\cos\varphi\cos\delta\cos T_1 \tag{2.19}$$

将式(2.19)代入式(2.16)，展开得

$$\Omega=2G_0\left(\frac{\bar{r}}{r}\right)^3\left\{\left[\frac{3}{2}\left(\sin^2\varphi-\frac{1}{3}\right)\left(\sin^2\delta-\frac{1}{3}\right)\right]+\frac{1}{2}\sin2\varphi\sin2\delta\cos T_1+\frac{1}{2}\cos^2\varphi\cos^2\delta\cos2T_1\right\}+\cdots \tag{2.20}$$

式中，$G_0=\frac{3}{4}g\frac{m_M}{m_E}\left(\frac{R}{\bar{r}}\right)^3R$（称为杜德森常数），$m_E$ 为地球质量，$\bar{r}$ 为地心到月心平均距离。

从式(2.20)给出的部分展开式的主要项可以看出，第一项与月球时角 T_1 无关，主要取决于月球赤纬 δ，δ 的变化周期为一回归月，$\sin^2\delta$ 周期为半回归月，因此此项表现为长周期变化部分；第二项与 δ 和 T_1 均有关，其中 T_1 的变化周期为一太阴日，变化比 δ 快得多，因而此项表现为日周期变化部分；第三项与 2 倍 T_1 有关，与第二项类似，其主要表现为半日周期变化部分。另外，上述展开式中还包括其他更高的周期变化项，因作用很小而忽略。至此，拉普拉斯将月球引潮力势展开为长周期潮族、日潮族和半日潮族。

2. 达尔文展开式

引潮力势的初步展开是上述拉普拉斯展开，其月球引潮力势展开式可简写为

$$\Omega_M=f(r,\varphi,\delta,T_1) \tag{2.21}$$

由于式(2.21)中的 r、φ、δ、T_1 仍为非均匀的天文变量，不便于分析潮汐现象的实质和进行实际计算，故必须进一步展开。1883 年，达尔文利用当时的月球运动理论，引入平衡潮理论和 7 个天文变量（月球平黄经 s、月球近地点平黄经 p、平太阳时角 T、太阳平黄经 h'、白道赤道交角 I、白赤道交点在赤道和白道上的经度 ξ 和 ν，后 3 个变量取决于 18.61 年周期的白道升交点经度）后，代换式(2.21)中随时间变化的因子（如 δ、T_1 等），进一步展开引潮力势公式，利用平衡潮理论，转化为潮高展开式（参见 2.4 节）。至此，达尔文的一个突出贡献是将展开式中的每一项定义为“分潮”。由于达尔文展开式中各项的系数部分及相角部分中还包含着随时间变化的因子 I、ξ、ν，并且采用的天文常数仍不够准确，以及在展开过程中引入了一些近似假设，因而得到的展开式中的每一项并不是调和项，而是准调和项，且仅有几十项。达尔文的另一个突出贡献是对展开式的主要项用确定的符号进行命名，且符号命名独一无二；而其他次要项仍然称为分潮，但没有一个明确的符号表示。此后，对分潮的命名逐渐被推广应用，在 20 世纪初被国际组织认证，且被世界各国广泛接受为对同一个分潮的命名，一直沿用至今。杜德森、卡特赖特(Cartwright)等也均采用此命名。我国也采用了同样的约定方法，如 M_2、K_1、O_1、MS_4、M_6、M_a、M_{sa} 等，分潮符号的下标 a、sa、m、f、1、2、3 等分别表示该分潮的大概周期为 1 年、1/2 年、1 月、1/2 月、1 天、1/2 天和 1/3 天等。

如图 2.20 所示，以 M_2 分潮为例，给出了达尔文展开式中的 M_2 分潮的表达式

和结构形式。其中，G_0 为分潮的公共因子，其他符号意义同上。

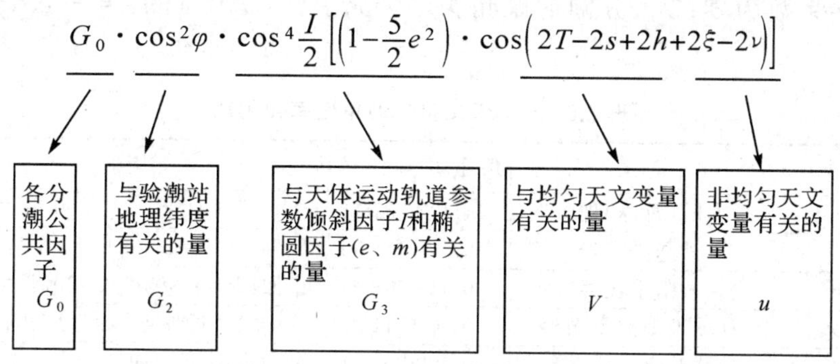

图 2.20　分潮分解示意

3. 杜德森展开式

由于达尔文展开式中依据的是当时的布朗月球运动轨道参数，不够准确，故杜德森于 1921 年利用最新的布朗月球运动理论（1905 年）和达尔文展开的基本思想，直接从拉普拉斯展开式开始，引入了 6 个均匀变化的天文变量（该 6 个天文变量在黄道上是等速变化的）进行完全调和展开，展开至 386 项（后进一步扩展至 508 项），其中每一项也称为一个分潮（继承了达尔文的命名法）。杜德森引入的 6 个天文变量为：τ，平太阴（月球）地方时，$\tau = T - s + h' + \pi$；s，月球平黄经；h'，太阳平黄经；p，月球近地点平黄经；$N' = -N$，N 为月球升交点平黄经（为了与其他量一样为随时间增加的量，故而采用 N'）；p'，太阳近地点平黄经。

这 6 个天文变量都是时间 t 的线性函数，通过它们可以计算任意时刻 t 月球和太阳的平均位置，然后通过对平均位置的修正，得到天体的真位置。杜德森将此 6 个天文变量作为时间的均匀变化变量（各变量参数的中文意义、角速率和周期如表 2.2 所示），使展开式中各分潮的振幅不显含时间变量，各分潮的相角为该 6 个天文变量的线性组合。这样，杜德森按照布朗月球运动理论给出了调和展开式，得到的是纯调和项，共展开了 386 个分潮，并相应地给出了各分潮相角由 6 个天文变量线性组合的系数 n_1、n_2、n_3、n_4、n_5、n_6（称为杜德森数），每个分潮都对应各自不同的杜德森数，表 2.3 给出几个主要分潮的杜德森数。杜德森展开式的分潮表达式是与达尔文展开式类似的余弦函数形式，其分潮系数（振幅）是倾斜因子 I（该量具有 18.61 年的变化周期）、椭圆因子（e、m）、地理纬度 φ 等的函数，不显含时间变量；而分潮相角 V 的通式则表示为

$$V = n_1\tau + n_2 s + n_3 h' + n_4 p + n_5 N' + n_6 p' \tag{2.22}$$

式中，n_1、n_2、…、n_6 为杜德森数，一般等于 0、±1、±2、±3、±4。例如，S_2 分潮的幅角为 $2\tau + 2s - 2h'$，其中，$n_1 = 2$，$n_2 = 2$，$n_3 = -2$，其余系数为零；O_1 分潮的幅角

为 $\tau - s$，其中，$n_1=1$，$n_2=-1$，其余系数为零；S_a 分潮的幅角为 $-p'$，其中，$n_6=-1$，其余系数为零；M_m 分潮的幅角为 $s-p$，其中，$n_2=1$，$n_4=-1$，其余系数为零。

表 2.2　6 个天文参数的角速率和周期

参数	意义	角速率/(度/时)	周期
τ	平太阴(月球)地方时	14.492 052 11	1 平太阴日=1.035 050 平太阳日
s	月球平黄经	0.549 016 53	1 回归月=27.321 582 平太阳日
h'	太阳平黄经	0.041 068 64	1 回归年=365.242 199 平太阳日
p	月球近地点平黄经	0.004 641 83	月球平近地点周期为 8.847 年
N'	月球升交点平黄经	0.002 206 41	月球升交点周期为 18.613 年
p'	太阳近地点平黄经	0.000 001 96	太阳近地点周期为 20 940 年

表 2.3　部分天文分潮杜德森数一览

杜德森代码	振幅(系数平均值)	τ	s	h'	p	N'	p'	角速率/(度/平太阳时)	周期	名称
056.554.55	0.011 56	0	0	1	0	0	−1	0.041 066 68	365.259 639(平太阳日)	S_a
057.555.55	0.072 81	0	0	2	0	0	0	0.082 137 28	182.621 099(平太阳日)	S_{sa}
065.455.55	0.082 54	0	1	0	−1	0	0	0.544 374 69	27.554 550(平太阳日)	M_m
075.555.55	0.156 47	0	2	0	0	0	0	1.098 033 06	13.660 790(平太阳日)	M_f
085.455.55	0.029 96	0	3	0	−1	0	0	1.642 407 75	9.132 933(平太阳时)	M_3
135.655.55	0.072 17	1	−2	0	1	0	0	13.398 660 88	1.119 514(平太阳日)	Q_1
137.455.55	0.013 71	1	1	−2	0	0	0	13.471 514 51	1.113 460(平太阳日)	P_1
145.555.55	0.376 94	1	−1	0	0	0	0	13.943 035 59	1.075 805(平太阳日)	O_1
165.555.55	−0.530 11	1	1	0	0	0	0	15.041 068 64	23.934 469(平太阳时)	K_1
245.655.55	0.173 86	2	−1	0	1	0	0	28.439 729 54	12.658 348(平太阳时)	N_2
255.555.55	0.908 09	2	0	0	0	0	0	28.984 104 24	12.420 601(平太阳时)	M_2
272.556.55	0.024 76	2	2	−3	0	0	1	29.958 933 32	12.016 449(平太阳时)	T_2
273.555.55	0.422 48	2	2	−2	0	0	0	30.000 000 00	12.000 000(平太阳时)	S_2
275.555.55	0.114 98	2	2	0	0	0	0	30.082 137 28	11.967 234(平太阳时)	K_2
⋮	⋮	⋮	⋮	⋮	⋮	⋮	⋮	⋮	⋮	⋮

其他分潮的杜德森数可查阅相关书籍(方国洪 等，1986)。不同的杜德森数对应或表示不同的分潮，据此也可以对分潮进行分组(群)，如长周期、半日周期和日周期等，如图 2.21 所示。

从上面达尔文展开式中的相角与杜德森线性组合相角比较可以看出，由于引入的参数不同，故两者存在一定的差异。

作为引潮力势的调和展开式，可以将每一个分潮(项)看作是一个以一定角速率绕地球做匀速圆周运动的假想天体独立作用引起的一种海洋的简谐振动，也即每一个这样周期的潮汐都对应一个假想天体。各假想天体之间不存在相互作用，其运动是相互独立的，各自仅对海洋上的各点产生一个响应，即一个分振动（或分潮）。分潮作为一种分振动有别于一般泰勒级数展开项，每个分潮都赋予一定的物理意义。把这些分潮叠加起来，形成太阳和月球引潮力引起的复杂周期运动的海洋潮汐，也就是实际的潮汐变化。

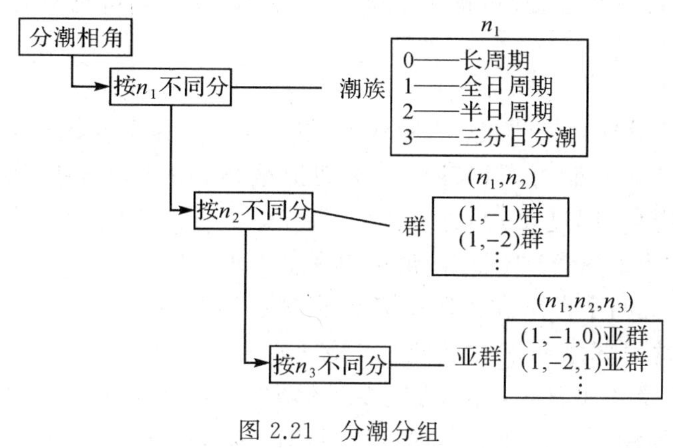

图 2.21　分潮分组

§2.4　平衡潮理论

2.4.1　平衡潮及其主要结论

17 世纪，牛顿利用万有引力理论解释了海洋潮汐现象，创立了潮汐的平衡潮理论，后为伯努利(Bernoulli)完善，所以又称为潮汐静力学理论。其成立的三个重要理论假设为：①假定地球表面为等深海水所包围；②不考虑海水惯性、黏性、海底摩擦；③忽略地球自转产生的偏向力。在此假设下，假定任一瞬时海面处处与重力和引潮力的合力相垂直，这样的海面状态称为平衡潮。实际上，由于引潮力随时间的周期性变化，即重力和引潮力的合力随时间不断变化，所以很难形成真正的平衡状态，因而平衡潮也仅是一种假想的海水状态。引潮力铅直分量对海水运动几乎没有影响，产生海洋潮汐的真正原动力是引潮力的水平分量，因此根据平衡潮概念，某一瞬间地球表面海水在引潮力水平分量和重力作用下达到相对平衡。显然，这是一种动态平衡，随着天体（如月球）的周期性运动，新的平衡不断取代旧的平衡，在新旧平衡的转换过程中海水产生流动（即潮流）及各地海水发生聚散（即潮汐）。而海底地形、海水惯性、海水黏性、摩擦和海岸地形等因素直接影响着海水的这种运动。以月球为例，在某一瞬间，在月球引潮力水平分量作用下，海面相对于原静止的水面发生倾斜，产生的压强梯度力使海水发生运动，导致海面的升降。

根据平衡潮理论，在自由表面上满足

$$\Psi+\frac{1}{2}\omega^2 l^2+\Omega=\text{恒量} \tag{2.23}$$

该式为海面的平衡方程式。式中，Ψ 为地球引力势，$\omega^2 l^2/2$ 为离心力势（ω 为地转角速率，l 为地表任一点至地轴的垂直距离），Ω 为天体引潮力势。以静止海面为准，对式(2.23)进行化简，则可推得引潮力势 Ω 与潮高$\bar{\zeta}$之间的关系为

$$\bar{\zeta}=\frac{\Omega}{g} \tag{2.24}$$

将 2.3 节的引潮力势公式(2.18)代入式(2.24)，计算得到的地球上任一点由月球和太阳引起的潮差最大为 0.79 m。即使把地月和地日中心距离的变化均考虑在内，最大潮差也不超过 0.92 m（方国洪 等，1986）。这个结论在大洋中符合得很好，如太平洋的火奴鲁鲁（檀香山）最大潮差为 0.9～1 m、大西洋古巴海岸最大潮差为0.9 m。这说明了月球和太阳引潮力直接作用产生的潮汐很小。虽然平衡潮理论能够很好地解释某些潮汐变化的成因（如大洋潮汐），但其不足也非常明显。例如，在大洋边缘的浅海区，实际潮差要远远大于这个理论值。杭州湾的潮差可达 8 m，朝鲜仁川的潮差可达 8.1 m，印度坎贝湾的潮差可达 10.8 m，而更甚者北美洲芬迪湾的潮差可达18 m。对这样大的潮差及其他一些潮汐现象，根据平衡潮理论不能得到合理的解释。这主要是平衡潮理论的假设前提条件与实际海洋形态不符，如海洋被错综复杂的陆地进行了分割，海水的黏性和惯性、海底及海岸与海面的摩擦作用等，使海水不能立即响应并达到平衡状态，因而导致许多潮汐现象得不到更合理的解释。

图 2.22 为杭州湾内四个不同地点的验潮站同步观测一段时间的水位曲线。在地理位置上，大戢山在杭州湾湾口，乍浦、海宁两站依次从外向杭州湾内分布，杭州站在杭州湾湾顶。从平衡潮理论可以得知，理论上四站的潮汐变化应差异很小（纬度相差很小），但从图中可以看出，实际水位曲线形态相差很大。大戢山基本上是对称的曲线，乍浦发生变形，海宁变形更大，到杭州站则呈现畸形。该现象从平衡潮理论或单纯利用引潮力解释已无法得到满意的结果，而从潮汐动力学理论则可以得到较为满意的解释。各分潮潮波进入浅水海区后，受自然地理条件（如海区形状、海水深度、海底摩擦等）的影响，当潮差和深度相比不能忽视时，高潮和低潮时刻的水深不同，会造成高潮时刻潮波传播速度比低潮时刻来得快，因而造成潮波变形；而浅海海区海水与海底的摩擦力会对海水潮波运动产生阻尼效应而造成变形（潮高变大、涨潮与落潮时间差变大），这些变形实际上是在天文潮波上附加了其他的振动，这些产生变形的振动称为浅水分潮，这也是造成沿岸潮汐比大洋潮汐潮差大的原因。这些浅水分潮不是由天体引潮力直接作用产生的，因而不是天文潮

波。事实上，浅水分潮与天文分潮存在紧密联系，其相角、频率等参数可以从天文潮参数求得，详见相关书籍。另外，由太阳辐射直接或间接作用于海洋引起的周期性振动，称为辐射潮。因此，实际的沿岸潮汐主要由三部分组成，即天文分潮、浅水分潮和辐射潮。

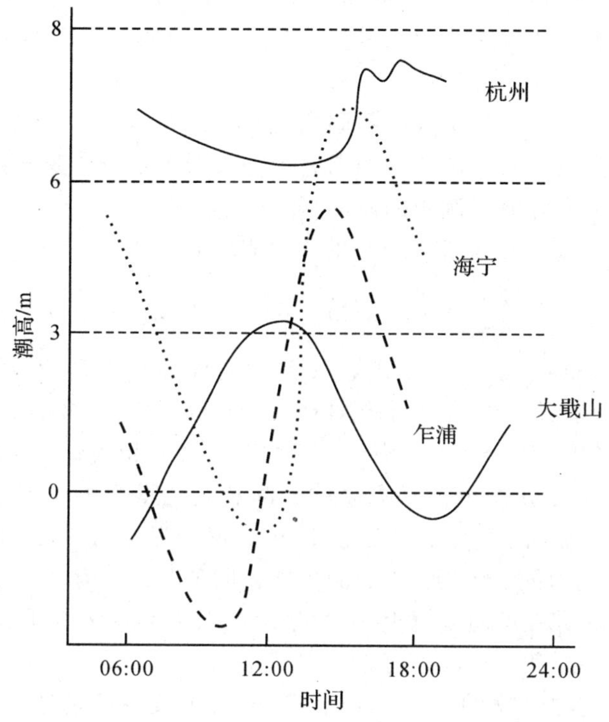

图 2.22　某日杭州湾各验潮站同步水位观测曲线对比

2.4.2　实际海洋潮汐的潮高表示

平衡潮理论虽然可以解释实际海洋中的一些潮汐现象，但是由于其假定前提与实际海洋相差甚远，并将原本为动力学的问题当成静力学问题处理，因而用有关的理论公式不可能计算出任一点的实际海洋潮汐。事实上，实际海洋潮波是天体引潮力作用下的一种强迫波动，由于地球上存在陆地和海底地形起伏变化、海底摩擦力及地球自转等影响，故潮波呈现更复杂的形态。在某一特定地点的实际潮汐水位观测（或验潮）是对这一复杂潮波系统在该点振动的采样。

虽然在单个验潮站实际观测的潮高变化与平衡潮理论给出的理论潮高变化存在很大差别，各种频率成分（分潮）的贡献与这些频率成分之间的理论值不同，但实际海洋仍然会在天文引潮力为源动力的牵引下做出与分潮相同频率的振动，或海水系统对引潮力各分量做出与频率成分相对应的响应。从数学和物理知识可知，仍可以将实际潮汐分解成许多有规律的分振动，这些分离出来的具有一定周期、一定振幅的分振动即为分潮，只不过各分潮的幅度因地点的不同而存在差异。实际上，就某一分潮而言，世界上统一采用某一符号来表示，其含义是指该分潮的频率在世界各地是同一固定频率，但其振动的振幅是不同的。在近海和沿岸，气象、摩擦作用和海岸限制在浅水区域明显增强，实际潮汐中还包含了浅海分潮和分潮叠加产生的复合分潮等振动。

实际海水的涨落总可表示为一些固定频率的振动及非潮汐因素的扰动之和，如达尔文和杜德森展开式中所表达的潮高为一系列正弦或余弦函数和的形式。要将理论潮高表示为实际海洋潮汐的潮高，则必须经过一些订正。这里直接给出订正后的某地任意时刻 t 实际潮高 $h(t)$ 的一般表达式为

$$h(t)=S_0+\sum_{i}^{m}(fH)_i\cos(q_i t+G(\nu_{0i}+u_i)-g_i)+\gamma(t) \tag{2.25}$$

式中，S_0 为平均海面高度；i 代表 M_2、S_2、N_2、K_2、K_1、O_1、MS_4 等分潮；f_i 为分潮 i 的交点因子，对月球而言 f_i 是一个与月球升交点经度 N 相关的长周期变化量；q_i 为分潮 i 的角速率；ν_{0i} 为分潮 i 的格林尼治零时天文初相角；u_i 为分潮 i 的交点订正角；γ 为扰动项，取 m 个分潮后剩余的分潮和其他噪声影响项；H_i 为分潮 i 的平均振幅，g_i 为分潮 i 的区时专用迟角，即格林尼治迟角，H_i、g_i 统称为分潮 i 的分潮调和常数；t 为时间。针对式(2.25)需要说明的是，g_i 为基于平衡潮理论的潮高与实际潮高之间存在的时间延迟，静力学理论无法解释该项延迟，而是直接对各个分潮强制加入一个相角或时间延迟。

每个分潮的调和常数 H_i、g_i 因地而异，但对于某一固定地点而言，在没有较大的海底、海岸地形变化状况下，其在相当长时间内是相对稳定的值。实际上，在潮汐分析基本原理中将进一步说明：每个分潮的调和常数随着水位观测长度的不同，其求解的结果也不同；水位观测长度越长，计算的调和常数也越稳定。另外，对不同地点的某一个分潮(如 M_2)，相同的是同一分潮的角速率，而同一分潮的调和常数却是不同的。在潮汐分析过程中，h_t 为 t 时刻的观测潮高，f_i、q_i、ν_{0i}、u_i 可预先求得(详细可参阅《潮汐和潮流的分析和预报》相关内容)，H_i、g_i 为分析所要求解的结果；在潮汐预报过程中，f_i、q_i、ν_{0i}、u_i 同样可预先求得，某预报地点的各分潮调和常数 H_i、g_i 为已知量，h_t 则为未来某时刻 t 所要推算的潮高。表 2.4 列出 15 个常用的主要分潮的基本参数，供参考。

2.4.3　潮汐类型

传统描述的潮汐类型主要是依据沿岸港口的验潮站观测的累积统计信息确定。不同地点的潮汐变化曲线是不同的，最明显的特点是其变化周期是不同的，从

表 2.4　15 个主要分潮及其周期和相对振幅

分潮符号（假想天体符号）		名称	周期/平太阳时	相对振幅（取 M_2=100）
半日分潮	M_2	太阴主要半日分潮	12.421	100.0
	S_2	太阳主要半日分潮	12.000	46.5
	N_2	太阴椭率主要半日分潮	12.658	19.1
	K_2	太阴—太阳赤纬半日分潮	11.967	12.7
日分潮	K_1	太阴—太阳赤纬日分潮	23.934	58.4
	O_1	太阴主要日分潮	25.819	41.5
	P_1	太阳主要日分潮	26.723	19.3
	Q_1	太阴椭率主要日分潮	26.868	7.9
长周期分潮	M_f	太阴半月分潮	327.859	17.2
	M_m	太阴月分潮	661.309	9.1
	S_{sa}	太阳半年分潮	4 382.906	8.0
	S_a	太阳年分潮	8 766.231	1.3
浅海分潮	M_4	太阴浅水 1/4 日分潮	6.210	
	M_6	太阳浅水 1/6 日分潮	4.140	
	MS_4	太阴、太阳浅水 1/4 日分潮	6.103	

而构成不同的潮汐类型。实际上，任何一个沿海港口的潮汐变化中均含有日周期的分潮和半日周期的分潮两部分，此两部分是决定潮汐变化的主要组成部分，其不同的振动幅度相对大小决定了其不同的潮汐类型。这些分潮中主要是日分潮中的 K_1、O_1 分潮和半日分潮中的 M_2、S_2 分潮。为了实际应用方便和统一，国际上一般利用日分潮和半日分潮的振幅比作为划分潮汐类型的依据，推出了近似估计模型。目前一般有两种不同的判断模型，即

$$F_1=\frac{H_{K_1}+H_{O_1}}{H_{M_2}} \tag{2.26}$$

$$F_2=\frac{H_{K_1}+H_{O_1}}{H_{M_2}+H_{S_2}} \tag{2.27}$$

式中，H_i 为某分潮 i 的平均振幅（分潮调和常数之一），F_1、F_2 分别为分潮平均振幅的比值。根据当地潮汐变化情况，各国潮汐类型的分类方法也有所不同。在我国一般采用 F_1 计算方法将潮汐类型分为四类，即半日潮（正规半日潮）、日潮（正规日潮或全日潮）、不正规半日潮和不正规日潮，后两者又合称为混合潮，如表 2.5 所示。下面将简要叙述各类型潮汐的特点。

（1）半日潮（又称正规半日潮），$0<F_1\leqslant 0.5$。此类型的港口（地点）在一个太阴日（约 24 小时 50 分钟）内，有 2 次高潮和 2 次低潮，即 1 太阴日内有 2 个周期，相邻的高潮或低潮的潮高大致相等，此类型潮汐称为半日潮。例如，厦门（0.24）、大

连(0.48)、青岛(0.39)等就属于该类型潮汐,如图 2.23、图 2.24 所示。

表 2.5 潮汐类型的分类方法

比值		类型			
		半日潮（正规半日潮）	混合潮		日潮（正规日潮）
国家	俄罗斯	$0<F_1\leqslant0.5$	$0.5<F_1\leqslant1.5$		$F_1>1.5$
	法国	$0<F_2\leqslant0.25$	日潮不等的半日潮 $0.25<F_2\leqslant1.5$	混合潮 $1.5<F_2\leqslant3.0$	$F_2>3.0$
	美国	$0<F_2\leqslant0.25$	不正规半日潮 $0.25<F_2\leqslant1.5$	不正规日潮 $1.5<F_2\leqslant3.0$	$F_2>3.0$
	中国	$0<F_1\leqslant0.5$	不正规半日潮 $0.5<F_1\leqslant2.0$	不正规日潮 $2.0<F_1\leqslant4.0$	$F_1>4.0$

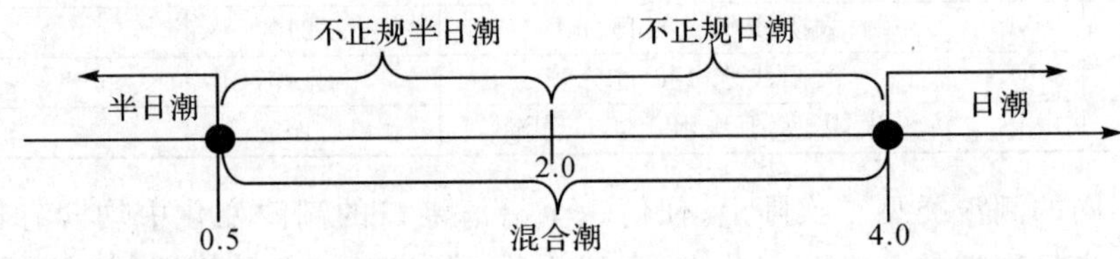

图 2.23 潮汐类型划分

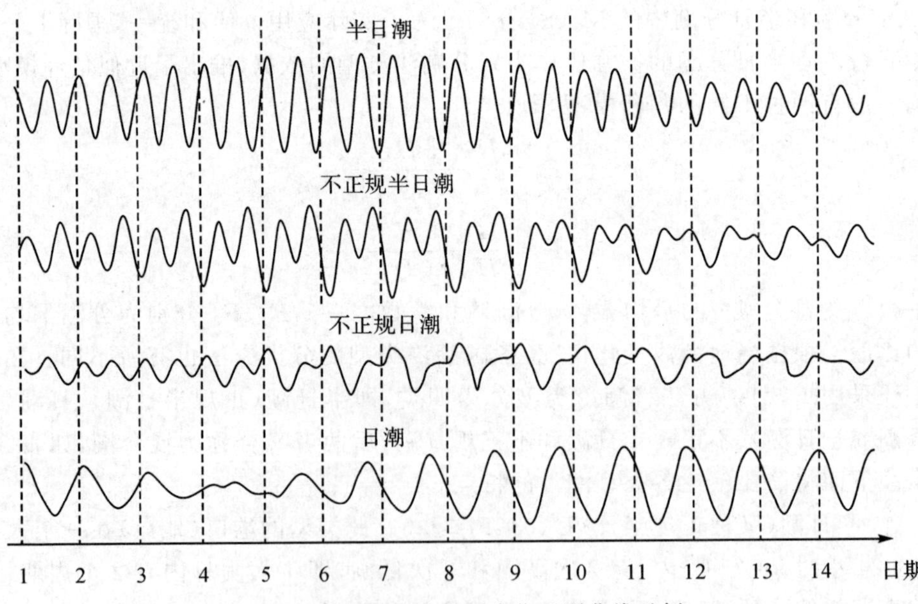

图 2.24 不同潮汐类型水位观测曲线示例

（2）混合潮，又细分为不正规半日潮和不正规日潮。$0.5<F_1\leqslant 2.0$ 时，此类型的港口（地点）在一个太阴日内有 2 次高潮和 2 次低潮，但相邻的高低潮之间的潮差不等，涨落潮时间也不等，且不等是变化的。例如，福建诏安（0.84）、香港（1.4）、台湾马公（0.52）等就属于该类型潮汐。$2.0<F_1\leqslant 4.0$ 时，此类型的港口（地点）在 1 朔望月内大多数天是不正规半日潮，但有几天会出现 1 天 1 次高潮和 1 次低潮的日潮现象，潮汐曲线一般不如正规日潮曲线规则。但发生日潮的天数在半个月内少于 7 天，一般是随 F_1 的增大而增加。例如，榆林（2.7）、碣石（2.82）和陵水（3.36）等就属于该类型潮汐，如图 2.23、图 2.24 所示。

（3）日潮（又称正规日潮），$F_1>4.0$。在半个月内大多数天（大于 7 天）是日潮的性质，少数天发生不正规半日潮，且 F_1 越大发生日潮的天数越多。例如，北黎、北海、涠洲岛等就属于该类型潮汐，如图 2.23、图 2.24 所示。北部湾是世界历史上记录日潮潮差最大的海域，也是世界上著名的日潮海区，我国北海港的日潮差最高记录是 6.3 m。

从平衡潮理论可推得天体引力作用导致的地球上潮汐似乎是一致的，但是实际上由于海水被陆地分割、海水并不是等深的等原因，使平衡潮理论的假设前提与实际相差甚远，因而造成了上述多种类型的潮汐。附录 B 给出了我国沿岸的潮汐类型的大致分布状况。

在海道测量中，若两地点的潮汐类型相同，尽管潮差或时间上存在差异，但可以利用简单的函数关系建立联系。根据潮汐类型相同这一特征，海道测量人员可利用短时间的水位观测数据拓展测深基准（sounding datum，SD）及获得高精度的水位改正数，建立满足测量要求的测区垂直控制，详细参阅第 4 章相关内容。实际测量中特别需要注意的是，若两地点的潮汐类型不同，即使某段时间的潮时和潮差相等，也不能利用简单的函数关系建立联系，因为本质上产生两地点潮汐的机制存在较大差异。为了建立有效的测量垂直控制，必须在不同潮汐性质区域内独立建立各自的垂直基准。

§2.5　潮汐动力学理论

2.4 节对潮汐静力学理论（平衡潮理论）进行了简要论述，可知，虽然潮汐静力学理论能够解释一些潮汐现象，如大洋潮汐等，但由于平衡潮理论的假设前提与实际相差甚远，特别在沿岸和内海等区域，其将原本为动力学的问题当成纯粹的静力学问题处理，因此潮汐静力学理论不可避免地存在许多不足，有许多潮汐现象无法得到合理解释。例如，根据平衡潮理论，赤道上根本不会出现日潮，而实际上却存在；无法解释为什么有的地方潮差特别大（如有关资料记载杭州湾可达 8 m 左右，而加拿大的芬迪湾潮差可达 18 m 以上），可地中海的潮差又特别小；还有无潮点

（某分潮的潮高为 0 的区域，或某区域潮高远小于理论上的潮高值的区域）问题等。值得注意的是，引潮力固然是形成潮汐现象的一个主要方面，但海洋形态对引潮力的响应则是应该考虑的另一个重要方面。

实际上，海水并不是处于一种平衡状态，总是在力（重力和引潮力）的作用下从一种平衡状态达到另一种平衡状态，循环往复。为弥补潮汐静力学理论的不足，1775 年拉普拉斯提出了利用流体动力学研究海洋潮汐，建立了潮汐动力学方程。其基本思想是，认为潮汐是海水质点在水平引潮力作用下的长波运动，大洋中的潮汐是月、日引潮力引起的强迫潮波，而大洋附属海的潮汐可看作大洋潮波传播影响的结果，即后者的能量来源主要是由毗邻大洋维持的，而不是引潮力直接作用在该海区的结果，如我国的东海、黄海和渤海潮汐。此后，开尔文、霍夫（Hough）、普劳德曼（Proundman）、泰勒、艾里、德范特（Defant）、斯威德尔斯基（Schwiderski）、汉森（Hansen）、庞加莱等从海水运动观点出发，相继研究了多种典型海区的潮波运动，讨论在引潮力作用下潮汐的形成问题和潮汐数值解算方法，建立并不断发展了潮汐动力理论，并论述了地转效应、海区形状和深度分布三者对海区的潮波运动起的重要作用。潮汐动力学理论是一个比静力学理论更复杂、更符合实际潮汐的理论，虽然海洋学家很早就开展了一系列的研究，但受计算手段、海洋形态复杂性及其相关信息不足等制约，其发展和应用也只是从 20 世纪中叶才真正开始。随着现代计算技术的发展，更多、更长时间的潮汐水位观测资料信息和更精确的海岸与海底地形资料用于更准确的海洋潮汐模型构建，将进一步完善潮汐动力学理论。

2.5.1 潮汐动力学理论的基本思想

潮汐动力理论是从动力学观点出发研究海水在引潮力作用下产生潮汐过程。该理论认为，对于海水运动来说，引起海洋潮汐的原动力是水平引潮力，而铅直引潮力和重力与其相比作用非常小。潮汐动力学理论还认为，海洋潮汐实际上指的是海水在月球和太阳水平引潮力作用下的一种长波运动，即潮波内无数水质点以一定相位差相继运动构成潮波传播，水质点运动在水平方向表现为潮流涨落，在铅直方向上表现为海面起伏的传播。海洋潮波在传播过程中，除了受引潮力作用外，还受到海陆分布与海岸形状、海底地形、地转效应及摩擦力等因素的影响。因此，人们通过建立各种海区的潮波运动方程和连续方程，进行相应的潮波数值求解，获得区域分潮和潮流信息，从而更准确地解释一些平衡潮无法解释的潮汐现象。例如，为什么大洋潮差较小而沿岸潮差较大，同纬度的两地点为什么潮汐类型不一样，为什么某海区存在无潮点及潮波旋转系统等。

针对潮汐平衡潮理论的局限性，人类早就开始了潮汐动力学理论的研究。在拉普拉斯之后，特别是艾里、开尔文、普劳德曼、德范特、庞加莱、陈宗墉和方国洪等，主要是针对某些理想条件下的潮波运动状况，利用潮波运动方程和连续方程进行研究，推导了相应的数学模型，得出与实际基本符合的结论，并对相应海区的潮汐现象和潮汐规律进行解释说明。下面给出潮波运动基本模型，即运动方程和连续方程。

在 XYZ 直角坐标系（X 轴正向指向东，Y 轴正向指向北，Z 轴正向指向垂向反方向，原点取平均海面或海底）中，潮波运动方程的分量形式可表示为

$$\left.\begin{aligned}&\frac{\partial u}{\partial t}+u\frac{\partial u}{\partial x}+v\frac{\partial u}{\partial y}+w\frac{\partial u}{\partial z}-2\omega v\sin\varphi+2\omega w\cos\varphi=F_x-\frac{1}{\rho}\frac{\partial p}{\partial x}\\&\frac{\partial v}{\partial t}+u\frac{\partial v}{\partial x}+v\frac{\partial v}{\partial y}+w\frac{\partial v}{\partial z}+2\omega u\sin\varphi=F_y-\frac{1}{\rho}\frac{\partial p}{\partial y}\\&\frac{\partial w}{\partial t}+u\frac{\partial w}{\partial x}+v\frac{\partial w}{\partial y}+w\frac{\partial w}{\partial z}-2\omega u\cos\varphi=F_z-\frac{1}{\rho}\frac{\partial p}{\partial z}\end{aligned}\right\}\tag{2.28}$$

式中，u、v、w 为流速的三个分量，ω 为地球自转角速率，φ 为地理纬度，ρ 为流体密度，p 为海水压力。等式左第一项为流速随时间的局部变化的三分量，第二、三、四项为流速的对流微商三分量，又称为非线性加速度项，第五、六项为科氏加速度项；等式右第一项为外力（重力、引潮力、摩擦力等），第二项为单位质量流体所受的压强梯度力。

潮波运动方程是牛顿第二定律在潮波运动中的特定形式，运动方程左边各项是加速度项，右边是单位质量海水所受到的一切力的合力，包括外力和压强梯度力，描述海水受力运动状况。

由于式(2.28)中包含了 u、v、w、p 四个未知数（其中，p 是分潮潮高 ζ 的函数），即存在 u、v、w、ζ 四个未知数，为此还必须引入另一个方程，即连续方程。连续方程为质量守恒定律在流体运动过程中的表达式，即某区域净流入量和净流出量相等，表示为

$$\frac{\partial\zeta}{\partial t}+\frac{\partial(hu)}{\partial x}+\frac{\partial(hv)}{\partial y}=0\tag{2.29}$$

式中，h 为水深，ζ 为分潮潮高，其他符号意义同上。式(2.29)基于 u、v 不随深度变化或取其从海底至海面的平均流速才成立。通过式(2.28)和式(2.29)可求解流速三分量和分潮潮高（或分潮的调和常数）。

另外，潮波波速 $c=\sqrt{gh}$，波长为 λ，周期为 τ，g 为重力加速度，h 为水深，则 λ、c 和 τ 三者的关系为

$$c=\frac{\lambda}{\tau}\tag{2.30}$$

如以 M_2 分潮为例，其潮波为长波，周期 τ 等于 12.42 小时，则 M_2 分潮波的波长与水深的关系为

$$\lambda=c\tau=12.42\times3\,600\times\sqrt{gh}$$

取 g 为 9.80 m/s^2，计算结果如表 2.6 所示。

表 2.6 水深、波速和波长关系计算结果

深度 h/m	10	50	100	500	1 000	5 000
波速 c/(m/s)	9.9	22.1	31.3	70.0	99.0	221.4
波长 λ/km	443	988	1 399	3 130	4 426	9 899

从表 2.6 可以看出，潮波波长远比深度大，且潮波振幅很少超过几米（个别复杂海区除外，如海湾），与波长相比，潮波面的倾斜度很小，这是潮波的一个特点；同样，潮波内水质点在水平方向上的移动距离必然要比垂直方向的移动距离大得多，所以水平方向的速度远大于垂直方向的速度。

解算潮汐动力理论的运动方程和连续方程是一个复杂的推导和计算过程，以下简要说明利用潮汐动力理论的运动方程和连续方程得出的在几种特殊海区中海洋潮波传播一般结论，详细求解过程参考相关书籍。

2.5.2 狭长沟渠潮波运动

1879 年，开尔文研究了自由潮波在无限狭长的沟渠（狭长海峡）中顾及地转偏向力（科氏力）作用下的潮波运动，创立了狭长沟渠潮波运动理论。如图 2.25 所示，取 X 轴为沿沟渠长轴，且以自由潮波传播方向为正，不计横向流速。

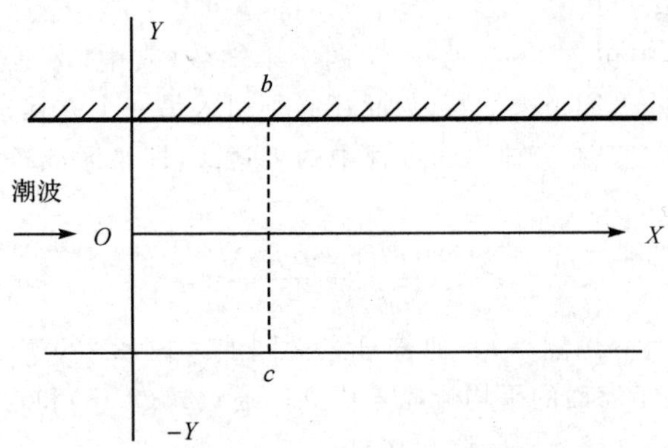

图 2.25 狭长沟渠潮波运动

当潮波传入狭长沟渠时，这个潮波是沿着海峡轴线 X 方向以$\sqrt{gh}$的速度传播的前进波。当波峰到达时，发生高潮，当波谷到达时，发生低潮。根据前进波的性质，波峰处水质点的运动方向与传播方向相同，波谷处水质点的运动方向与传播方向相反。因此，当潮波波峰传到海峡中的任意断面时，bc 断面皆为高潮，潮流流向与潮波传播方向相同。但在科氏力作用下，向潮波前进方向看，波峰自右向左倾斜，使右岸的水位高于左岸。当潮波波谷到达时，bc 断面皆出现低潮，而流向与潮波传播方向相反。同样在科氏力作用下，左岸的水位高于右岸。由此可引申出狭长沟渠中潮汐的普遍

性质，即在北半球的狭长沟渠中，沿潮波传播方向看，右岸的潮差大于左岸，而在南半球则右岸的潮差小于左岸。由此可以解释辽东半岛和朝鲜半岛面向黄海一侧的潮差大，沿海峭壁多，多石砾滩；而山东半岛面向黄海一侧的潮差小，多沙滩。

2.5.3　自由潮波在变形海湾中的传播

当一个前进潮波自外海传入海湾（称为入射波）时，其运动方程可表示为（横向流速为 0）

$$\frac{g}{b}\cdot\frac{\partial}{\partial x}\left(hb\,\frac{\partial\zeta}{\partial x}\right)+\sigma^2\zeta=0 \tag{2.31}$$

若海湾深度 h 为恒量，宽度 $b=b_0X/l$，如图 2.26 所示，经计算得知，随着潮波的向里传播，越向湾里潮差越大。

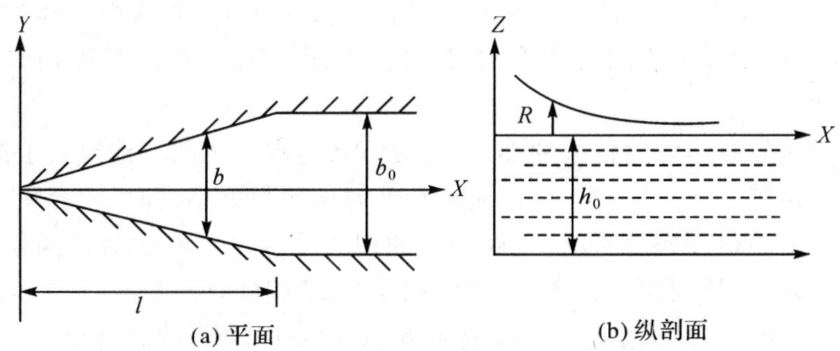

(a) 平面　(b) 纵剖面

图 2.26　海湾深度为恒量时海湾形状平面和纵剖面

若海湾深度 $h=h_0X/l$，宽度 $b=b_0X/l$，如图 2.27 所示，则随着潮波的向里传播，振幅向湾里增大比前一种情况更大，湾顶比湾口增大 0.5 倍以上。

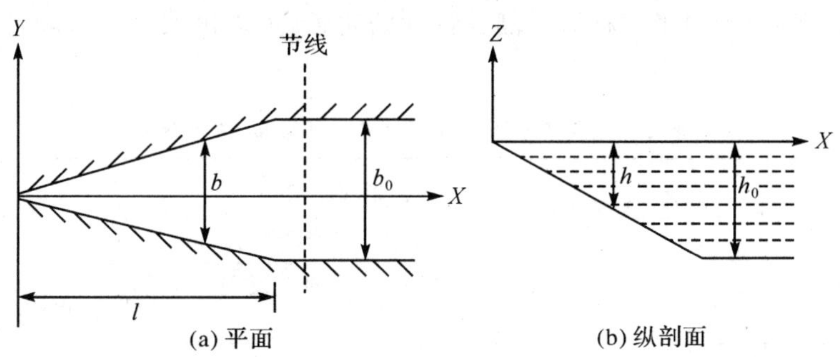

(a) 平面　(b) 纵剖面

图 2.27　海湾深度为 h_0X/l 时海湾形状平面和纵剖面

另一种解释为：当一个前进波（或称某一分潮潮波）自外海转入海湾时，在湾顶发生全反射，而产生一个反射波，这两个波叠加形成驻波，而构成驻波占优的海湾潮波，湾内潮高变化很大，实际潮波为一个波形不传播的驻波。另外，海湾有一定的宽度，地转偏向力会使运动海水发生偏转(北半球偏右，南半球偏左)。考虑只有一条节线，当 $t=0$ 时，海面达到半潮面，此时潮流最大，海水在地转偏向力的作用下将向海水流动的右方堆积(北半球)，使海面发生倾斜；1/2 周期后，潮流方向相反，则倾斜也相反。这样在顺海湾轴线垂直的方向上就产生了另一个振动，周期相等但相位相差 $\pi/2$，因而在两振动的节线交点处，不发生升降，出现了无潮点。在无潮点附近，后一种振动总是落后潮波方向，如我国的黄海、渤海均有无潮点存在，又具有驻波的性质。因此，在北半球，地球自转效应使分潮的同潮时线(将同时发生高潮的点连接而成的曲线)一般绕无潮点进行逆时针方向旋转，而南半球则是顺时针方向旋转。

在较大海湾及较大湖泊等半封闭和封闭水域中，风的作用还可能会产生一种驻波振动，此类振动一旦发生可以维持相当长的时间(几小时至几天不等)，影响当地潮汐，这种振动称为假潮，其取决于湖泊、海区的长度、深度、风作用时间及海底地形等条件。

从大洋或外海向海湾传来的潮波，迫使海湾的水体协同一致地发生振动，这种振动称为协振潮。当海湾的容积与大洋和外海相比是一小量时，因容积小，引潮力直接引起的振动很小而忽略不计，故协振潮占主要地位。既然协振潮是由传入潮波引起的，那么它的周期与大洋或外海的潮波周期相同，即都与相应天文分潮波的周期一致；由于其海区受陆地和岛屿的限制及其大小不同，故波动形态主要表现为前进波、驻波和旋转潮波三种。

2.5.4 海区中三种形态潮波基本特征

表 2.7 仅列举了海区中三种形态潮波基本特征，而海洋中情形要复杂得多。冯士筰等(1999)给出了三种海区潮波特性的比较，可以供大家较直观地认识和了解其特性。

表 2.7 各种形态中潮波特性的比较(λ 为波长)

	长海峡(北半球)	窄长半封闭海湾(长度$\leqslant\lambda/4$，宽度$\leqslant\lambda$)	半封闭宽海湾(北半球)
潮波	前进波	驻波(因湾顶全反射形成)	两驻波叠加
潮流	往复流：高潮，流向与潮波传向相同；低潮，流向与潮波传向相反；高、低潮时流速最大；半潮面时流速为 0	往复流：涨潮向里，高潮时流速为 0；退潮向外，低潮时流速为 0；半潮面对流速最大，湾顶处潮流始终为 0	旋转流：潮流矢量反时针偏转，矢量末端连线为椭圆，无潮点潮流始终为最大，各地潮流始终不为 0

续表

	长海峡(北半球)	窄长半封闭海湾(长度≤λ/4,宽度≤λ)	半封闭宽海湾(北半球)
等潮时线	一组与潮波传播方向垂直的直线,各地高潮的发生时刻取决于潮波的波速和波向	一条与潮波传播方向相同的直线,各地同时达到高潮	绕无潮点反时针偏转
潮差	沿潮波传播方向看,右岸大于左岸,不存在无潮线	湾顶大,湾口小,存在无潮线	岸边大,中间小,存在无潮点

§2.6　中国海的潮汐特征

潮汐理论揭示了潮汐的成因和内在变化基本规律,它是受天文、气象、地球自转、海洋形态(海陆分布、海底形状、海岸形状)及摩擦力等因素影响的一种复杂的周期性变化的自然现象。中国海的潮汐现象,就是一个例证。中国海以其独特的海洋形态与太平洋构成协调的振动系统,使潮汐现象复杂多样。显然,了解我国沿海潮汐现象,掌握其变化规律,能更好地为科学研究、经济建设及军事活动等服务,对海道测量实践而言也具有极其重要的作用和意义。为此,在介绍中国海的潮波运动形态后,分别对东海、黄海、渤海和南海的潮汐特征进行概述,最后综述海湾、海峡、岛屿、浅滩和河口附近的潮汐现象。

2.6.1　中国海的潮波

我国大陆南临爪哇海,东接太平洋,西南还有很浅的几条通道与印度洋连接,因此太平洋是产生中国海潮汐的主因。太平洋的海水在引潮力的作用下形成潮波,其中一部分从太平洋西部岛礁之间的海峡传播进入中国海区,于是,中国海的潮波主要是与太平洋潮波的协同振动,而间接地仍取决于地、月、日的相对运动。由于渤海、黄海、东海的面积较小,所以其潮汐可认为是协振潮,南海因面积较大、海水深、海水质量大,要考虑天文潮响应,但仍认为其主要是协振潮。

如图 2.28 所示,太平洋潮波主要分两支进入我国近海:一支从巴士海峡进入,主支向南海传播,其中一小部分进入台湾海峡;另一支从琉球群岛北侧通道进入东海,其中一小部分由该岛南侧通道进入台湾海峡,进而进入南海,主支向北经东海进入南黄海,形成以海州湾外为中心的南黄海左旋潮波系统,再往北绕朝鲜湾形成以山东高角外为中心的北海左旋潮波系统,潮波传入渤海后,又分两支,一支向北经辽东湾形成以秦皇岛外为中心的左旋北渤海潮波系统,另一支向西经渤海湾形成以黄河口外为中心的左旋南渤海潮波系统。

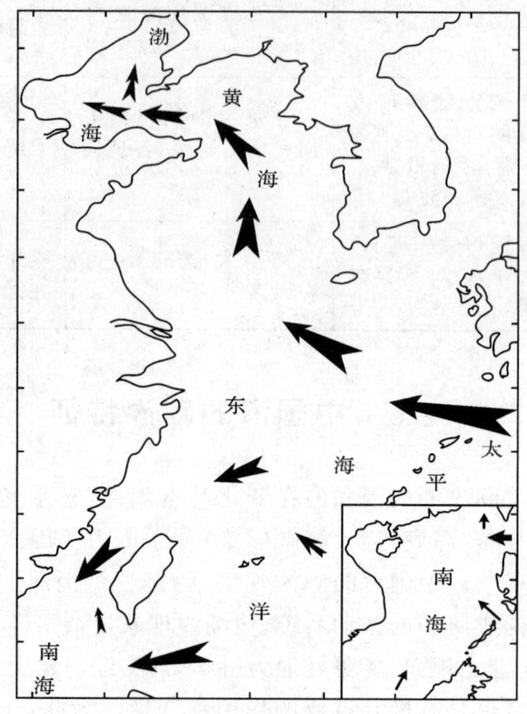

图 2.28 中国海潮波传播示意

2.6.2 东海、黄海和渤海的潮汐特征

太平洋潮波传入东海，因东海水域辽阔，大部分海区显示前进波的性质，同潮时线逐渐由东海向黄海推进。潮波传到浙江海岸，由于水深不断变浅及海岸犬牙交错，潮波能量聚集，故潮差迅速增大。在东海东侧的琉球群岛附近潮差不大于 2 m；而西侧的中国沿岸，等潮差线（潮差相等的各点连接而成的光滑曲线）几乎与海岸线平行，越靠近大陆潮差越大，一般为 3～4 m，而闻名中外的钱塘江怒潮，潮差达 8 m 左右。

潮波传入黄海和渤海，受到海岸的反射，形成驻波，在地转作用下形成旋转潮波系统，水体和海底摩擦作用的影响使无潮点偏向大陆。潮差由无潮点向四周增大，因此黄海西侧的我国沿岸潮差小，而黄海东侧的朝鲜沿岸潮差大。例如，就平均潮差而言，青岛为 3.3 m，而仁川为 8.1 m。渤海的潮差亦如此，秦皇岛附近潮差小（因其附近存在 M_2 分潮的无潮点），而远离无潮点的辽宁营口一带潮差大，秦皇岛的平均潮差为 0.9 m，营口的平均潮差为 3.0 m。

总的来说，东海外侧潮差小，内侧潮差大；黄海中心潮差小，沿岸潮差大，而且东侧潮差大，西侧潮差小；渤海中央潮差小，湾顶潮差大，湾口潮差小。秦皇岛、黄河口、成山头附近和海州湾外侧，都是潮差小的地区。

东海、黄海和渤海的潮汐性质，以鸭绿江口沿辽宁海岸到老铁山为正规半日潮；从老铁山向北，经长兴岛、营口、葫芦岛至团山角为不正规半日潮；团山角西南很短的一段海岸为不正规日潮；随即转入日潮，一直扩展到秦皇岛以南；从留守营至滦河口以北，又为不正规日潮；滦河口、大清河至南堡以东为不正规半日潮；从南堡以西，经塘沽向西南到埕口以北为正规半日潮；从埕口沿山东北岸，经莱州湾到屺母角为不正规半日潮；从屺母角到威海，包括渤海海峡都是正规半日潮；从威海以东，经成山头、石岛至靖海卫以东为不正规半日潮；从靖海卫沿山东南岸，经江苏海岸，直至杭州湾为正规半日潮；宁波、定海附近有一个小范围的地区为不正规半日潮；从宁波、定海的地区向南至厦门浮头湾以北，都是正规半日潮；而澎湖列岛北面及台湾岛西岸东石以北，直至淡水也是正规半日潮；澎湖列岛南面和台湾岛东岸、北岸、西南岸及钓鱼岛都是不正规半日潮。

渤海、黄海和东海的潮汐类型主要是由半日潮波和日潮波地理分布不同造成的。例如，渤海海峡为 M_2 的波腹和 K_1 的波节(无潮点)所在地，故呈现半日潮类型；秦皇岛附近为 M_2 的波节和 K_1 的波腹所在地，故呈现日潮类型；浙江、福建沿岸 M_2、S_2 潮波占优势，K_1、O_1 潮波比较小，所以呈现半日潮类型。至于台湾海峡的潮汐，由于东海分支潮波与南海分支潮波在厦门一带汇合，且前者强于后者，M_2 潮波占优势，所以呈现半日潮类型；就平均大潮差而言，福建沿岸为 4～7 m，台湾淡水为 2.6 m，后龙为 4.2 m。

2.6.3　南海的潮汐特征

南海潮汐主要是由太平洋潮波经巴士海峡传入，其次是月球和太阳的引潮力引起的潮汐振动，构成南海独自的潮波系统。两者相比，前者远比后者大。此外，邻近的苏拉威西海、爪哇海传来的潮波，对南海南部的潮汐现象有一定的影响。

半日潮波主要是由巴士海峡传入的谐振潮波；南海半日潮波有小部分传进台湾海峡，但止于诏安与澎湖列岛连线；半日潮波经巴拉望岛南北水道与苏鲁潮波相汇。在北部湾，半日潮波由北部湾输入，在湾内未形成明显的旋转无潮系统。

日潮波主要是由巴士海峡传入的潮波，进入南海后沿西南方向传播至各海湾、水域。在北部湾口的左侧，约在顺化近海，K_1 分潮波有一左旋的无潮系统，中心位置为 16°42′N、107°45′E，因浅水摩擦效应无潮点左偏，靠近海岸。

关于潮汐类型的分布，自福建厦门西南面的浮头湾直到广东汕头南面的海门湾，为不正规半日潮；靖海、神泉很小的一片地区为不正规日潮；甲子附近为日潮；广东的碣石湾、汕尾至平海为不正规日潮；再往西南，一直到广州湾、雷州湾和琼州海峡东口为不正规半日潮；海南岛东南为不正规日潮，海南岛西北和北部湾为日潮;越南顺化河口、印度尼西亚大苏比岛与加里曼丹岛西北角的达翁之间、吕宋岛东北部海区为半日潮;湄公河口、马来西亚东海岸南部、新加坡、马六甲海峡东部为不正规半日潮。不规则日潮占南海的大部分,如东沙、西沙、南沙群岛等;日潮海区仅次于不正规日潮,分布在北部湾、曾母暗沙、吕宋岛西岸等海区。

南海潮汐拥有日潮、半日潮、混合潮 3 种类型,但以不正规日潮和日潮为主,这主要是由南海的海洋形态所致。例如,北部湾近似于长方形,纵轴 $l=460$ km,平均水深 $h=50$ m,若按固有振动周期 $T=4l/\sqrt{gh}$ 近似估算,T 为 23.1 小时。它与日分潮 K_1 的周期 23.9 小时比较接近,有可能发生共振。因此,虽然半日潮波传入南海的能量要比日潮为大,但是日分潮振幅要比半日分潮的振幅大,因此北部湾为典型的日潮海区之一。南海中央部分亦有类似现象,故日潮占优势。

就平均潮差而言,南海不如东海、黄海大。在广东沿岸,自汕头至珠江口附近的大鹏湾平均大潮差在 1.0～1.5 m,自大鹏至湛江为 2～3 m,自琼州海峡向西到北部湾湾内最大潮差可达 3～4 m。

以上介绍了中国海四个海区的潮汐特征概况,下面简要介绍海湾、海峡、岛屿、浅滩及与海连接河口地区的潮汐特征。

2.6.4 海湾地区潮汐特征

根据潮汐动力学理论知,当海湾长度达到 1/4 波长时,可产生波节;长度小于 1/4 波长的小海湾即使可能产生驻波,也不能形成波节,因而具有独特的潮汐现象。

(1)岸边陡深的小海湾。当海湾的深度及幅度一致时,湾外潮汐诱发的湾内潮汐与湾外潮汐相同。若越向湾底水深越浅,则湾内潮汐是越向湾底潮差越大。

(2)岸边线水域宽大或流入的河川与小且短的湾较多的海湾。自湾口进入湾内的潮波,因岸边浅水域宽大或流入的河川与小的湾较多,故仅有一部分被反射,这时湾内潮汐是驻波与进入波叠加而成。潮汐的高低潮时是自湾口向湾底逐渐推迟,潮差是向湾底逐渐增大的;特别是湾底幅度狭小时,潮差于湾底显著增大。湾口不十分小且湾的面积不过大的海湾,潮汐多数是属于这一类。

(3)口小肚大的带状海湾。此类海湾,湾内潮差小。因其口小腹大,故外海进入的潮波被湾口阻挡,起到对湾内海水的阻尼作用。当涨潮时,湾内的高潮尚未达到湾外的高度,而湾外已经落潮;当落潮时,湾内低潮尚未落至湾外的高度,湾外已经涨潮,形成湾内的潮差明显小于湾外。

(4)口大肚小的漏斗状海湾。浙江杭州湾就是此类典型海湾。外海传来的潮波进入湾口后,其能量越来越集中,水深越来越浅,使潮水迅速聚集而向前运动形成著名的钱塘潮。辽宁金州湾也是漏斗状,其湾底到湾口的潮差大约为 60 cm。

(5)海角。海角地区的最大特点是水流速度比较大,如大连老铁山及山东高角。

基于海湾地区的潮汐特征，海道测量人员为有效地实施测区的垂直控制，必须合理地布设验潮站，如湾口和湾底必须布设验潮站，而在湾内需根据测前同步观测信息，根据我国国家标准《海道测量规范》(GB 12327—1998)限差要求及布设验潮站原则和条件判断是否增设验潮站。

2.6.5 海峡地区潮汐特征

我国的琼州海峡把北部湾与雷州湾连接起来，且细长。因此，日潮波在琼州海峡中自东向西传播，而半日潮波传播方向自西向东。由于除海峡的东口外，整个海峡的日分潮的振幅远大于半日分潮的振幅，所以海峡中部、西部为日潮区，半日潮影响甚小。于是，涨潮流向西流，落潮流向东流。

台湾海峡沟通东海与南海，水面较宽阔。由东海一支潮波向南传入台湾海峡，与经由巴士海峡传入南海的分支潮波在厦门一带汇合，形成了台湾海峡地区的潮汐。台湾海峡地区西侧的潮汐属于不正规半日潮类型，东侧为正规半日潮。其潮差是西侧大东侧小，福建沿岸平均大潮差 4～7 m，而台湾岛沿岸平均大潮差只有 2～4 m。例如，福建三都澳为 6.7 m，闽江口为5.2 m，厦门为 4.9 m，台湾的淡水为 2.6 m，后龙为 4.2 m。在台湾海峡区域实施海道测量，由于存在潮汐性质的变化，故需要增设验潮站才能实现对测区的有效控制。

2.6.6 岛屿地区潮汐特征

海洋中的孤立小岛，如大连南部海域的圆岛，其长度不大，潮波经过时仅产生很小的形变。若多岛屿地区，则不然。例如，我国的舟山群岛，岛屿之间构成海峡，具有海峡地区的潮汐特征。特别值得注意的是，同一岛屿两头的潮汐差异可能较大，使潮汐更复杂多样。整个群岛地区的水深较外海海水变浅，再加上岛屿分布杂乱，因此对外海传来的潮汐影响很大。例如，庙岛列岛致使 K_1 分潮波在砣矶岛附近形成无潮点。因此，在岛屿区域实施海道测量，岛屿地区的验潮站要布设得更密集，以便更准确地反映测区潮汐的变化信息。

2.6.7 浅滩地区潮汐特征

苏北海区具有浅滩大而坡度小、浅滩密布的特点。夸套河口至长江口北岸暗滩较小，水深较深，尤其是小洋口及其附近岸滩长达 30 余千米，水深由外海向内变浅，使小洋口的潮差竟达 9 m 之多，并不亚于闻名世界的杭州湾的潮差。另外，北分支潮波折向海州湾向南传播，而南分支潮波由东海经长江口向北传播，到小洋口附近汇合，能量增大，从而促使该地区潮差急剧增大。

此外，在实施海道测量过程中，应认真分析包含浅滩的测区潮汐变化。有的浅滩的内外潮汐性质可能不一致，有的因海底地形的急剧变化可能导致潮汐发生急剧变化(如鸭绿江口),使区域深度基准面在短距离上发生较大变化。若没有详细了解其独特的变化特征,可能会给水深测量带来较大的系统误差,降低测量成果的精度。

2.6.8 河口地区潮汐特征

海洋中的潮波传到河口时,引起河口水位的升降,因此河口地区潮汐特征除具有海洋潮汐的一般变化规律外,还受河口形态、河床变化、河中淡水流入海洋,特别是下泄径流的影响。这种径流与海洋潮汐的相互影响,使河口地区潮汐特征更复杂。

潮波传入浅海或河口时,水深变浅,潮差与深度相比不能忽略,此时潮波发生变形,波峰与波谷传播速度差别较大。因此,对于河流而言,潮波传播速度应为

$$c=\sqrt{g\left(H\pm\frac{A}{2}\right)}-U \tag{2.32}$$

式中,c 为潮波传播速度,H 为河道平均深度,A 为潮差,U 为河流的固有流速,g 为重力加速度。

例如,假定潮波进入河口后,河道平均深度为 10 m,潮差为 3.5 m,则波峰和波谷的传播速度分别为

$$c_1=\sqrt{g\left(10+\frac{3.5}{2}\right)}-2.5=8.22(\mathrm{m/s})$$

$$c_2=\sqrt{g\left(10-\frac{3.5}{2}\right)}-2.5=6.49(\mathrm{m/s})$$

式中,取 $g=9.8\ \mathrm{m/s^2}$,$U=2.5\ \mathrm{m/s}$。可见,波峰比波谷传播快 1.73 m/s。

潮波向河口推进,波高逐渐增大,潮差亦增大,但因河底摩擦增大,潮波能量不断地被损耗,使潮波的波高和速度随着时间的推移而逐渐减小,越向河上游潮汐呈阻尼变化,结果使河平均水面抬升。当大潮与洪峰相遇时,就会发生危险,这对于防洪和安全航行具有重要意义。流的特性可用于分析水污染、入侵盐度、沉积等。例如,黄河于 130 余年内河床改道 50 余次,其附近清水沟海域每年向外延伸 1.9 km,又因受潮流的冲刷和科氏力的影响,车子沟和洼拉沟等许多地段在 25 年内向里退蚀 2 km 多。黄河口泥沙沉积使莱州湾口逐年变窄,结果莱州湾的潮汐有由不正规半日潮向正规半日潮发展的趋势,潮差亦增大,而黄河口潮差小。

通常人们习惯将受潮汐影响的河段称为感潮河段。在感潮河段中,又把潮流可以到达的界限称为潮流界;而将不再受潮汐影响,即水位不出现潮汐变化特征、潮差为零的这个界限称为潮区界。潮区界一般都在潮流界的上游,它标志着潮波影响所能达到的最远距离。潮区界不是固定的,随径流量、河床变迁和海潮的大小,在某一平均位置附近移动。在感潮河段的航海图测量中,深度基准面仍采用理论最低潮面,加之河水的流动,水流观测要比海上验流复杂得多。

综上所述,中国海的潮汐特性变化相当复杂。这就给海道测量布设验潮站带

来不少的困难，况且尚有不少海区的潮汐变化规律未被人们熟知，有待于进一步探索研究。在海道测量过程中，对河口、湾口、长滩涂和多浅滩等区域的潮汐变化应引起足够重视，适当增加验潮站的数量。这是因为这些区域复杂的潮汐变化会导致分潮潮波产生较大的变形，在相差几千米的距离上深度基准面可能相差达到分米级，会对海道测量的深度基准面确定及水位改正产生影响。

§2.7　部分常用潮汐术语及特征面

除上述一些描述潮汐现象及其特征的术语以外，在实际海道测量和实际应用过程中，还用到如下一些术语来描述潮汐的基本特征。

(1)平均海面：某地一段时间内观测的海面高度的平均值，一般用于定位国家的高程基准，分为日平均海面、月平均海面、年平均海面和多年平均海面。世界大多数国家常选取某地长期验潮站的多年平均海面（如 19 年观测资料的平均海面）作为一个国家的高程 0 m 起算面。

(2)海图深度基准面（chart datum，CD）：海图或专题图水深的起算面，因地而异，世界上各个国家采用的计算公式也不同。内陆非感潮水道、湖泊等水深一般采用航行基准面，有的直接采用国家高程基准。

(3)筑港零点：码头设计、施工的高程和水深的起算面，有的地方作为港口、航道的深度计算面。

(4)验潮站零点：验潮站水位高度的起算面，一般低于当地深度基准面。

(5)潮高基准面（tidal datum，TD）：潮高的起算面，一般港口采用当地的海图深度基准面，有的采用其他的基准面，使用《潮汐表》时应注意基准面标注。

(6)测深基准：测深仪器测得的水深起算面。

(7)平均半潮面（mean half-tide level，MHTL）：所有高潮位和低潮位的平均值，即介于平均高潮面（mean high water，MHW）和平均低潮面（mean low water，MLW）中间的水位。潮汐是具有不同频率的许多振动的叠加，因此平均半潮面一般不与平均海面重合，特别是混合潮。

(8)平均大潮高（低）潮面（mean high water springs，MHWS；mean low water springs，MLWS）：一般指半日潮大潮期间高潮高或低潮高的平均值。为减小偶然误差的影响，通常取大潮期间的潮差最大和最小的连续三天的数据平均值；在《海道测量规范》中规定，平均大潮高潮面（位）作为灯塔高度、跨越航道的架空电缆和桥梁桥底面高（用于计算桥底面净空）的基准面；平均大潮高潮面（位）常作为干出礁高度等的起算面。

(9)海岸线：多年平均大潮高潮时海陆分界的痕迹线（海洋测绘词典，1999）。从定义可知：实际大潮期间，海面除受到潮汐影响外还不可避免地受海浪的影响，其痕迹线则为散布着贝壳碎片、植物枯枝及海水侵蚀岩石的痕迹,因此所测定的海岸线并不等同于大潮高潮面与陆地地形的"交线"。在海道测量过程中,海岸线应按《海道测量规范》要求实地测量获得;但对特殊情况下(如陡崖等人员无法进入的地区),可近似通过计算大潮高潮面高获得某地海岸线位置。在美国国家海洋与大气局(National Oceanic and Atmospheric Administration,NOAA)的国家海洋服务中心(National Ocean Service,NOS)发布的《海道测量规范与提交》(2016)中规定,某地在19年周期内的所有高潮的平均高度线(mean high water line,MHWL)近似为海岸线。

(10)大潮升(spring rise,SR):从潮高基准面至平均大潮高潮面的高度。

(11)小潮升(neap rise,NR):从潮高基准面至平均小潮高潮面(mean high water neaps,MHWN)的高度。

(12)年积日(day of year,DOY):某一年内从当年1月1日开始累计到本年内某一天的总天数,没有"月"的概念,如2008年3月2日表示为2008年的年积日为62。这在数据采集和处理中构建文件夹及进行数据管理特别方便,如CARIS软件经常采用该数值表示测量日、创建工程和管理数据。

(13)乘潮水位(tide-riding water level):分为乘高潮水位和乘低潮水位两种,它们的频率分布在航运、港口工程及其他海岸工程中有重要意义。乘高潮水位定义为:对于一个预先规定的时间间隔 $\Delta t(\Delta t=t_1-t_2)$,在高潮前后满足水位 $Z=\xi(t_1)=\xi(t_2)$,则水位 Z 就是对应 Δt 的乘高潮水位。同样定义乘低潮水位。

(14)水准点(bench mark,BM):国家水准网的高程控制点或按一定精度与国家水准网控制点联测的高程控制点,在海道测量中常用于标定验潮站零点和定期监测验潮站或验潮设备的零点变化状况。目前,我国的国家水准网的起算面是1985国家高程基准。

(15)水尺零点:观测水尺的读数起算点,一般取水尺刻度0。

(16)码头标高:码头面在筑港零点或当地深度基准面之上的高度。

(17)平均潮面(mean tide level):所有高潮高和低潮高的平均值,有时为了计算方便不计算所有每小时潮位数据,且浅水区域的潮汐变形使其与平均海面存在较小的差异。

(18)平均高高潮(mean higher high water,MHHW):一段时间内所有高高潮高的均值(加拿大、美国采用19年高高潮高的平均值)。

(19)平均低低潮(mean lower low water,MLLW):一段时间内所有低低潮高的均值(目前美国沿岸主要验潮站采用19年资料统计计算的平均低低潮作为该站的海图深度基准面)。

(20)有潮区:又称潮汐水域,是指在太阳和月球引力作用下存在可预报和可观测的周期性水面涨落现象的水域。除海洋外,一些较大的内陆湖泊也属于有潮区,如北美洲的五大湖水域。

第 3 章　水位观测与数据整理

水位观测在海道测量中通常又称为验潮、潮汐观测或潮汐水位观测，是海道测量中一项必不可少的测量工作。虽然在形式上水位观测相对海道测量其他工作而言较为简单，但却是一项极其重要的工作，其不但为海上测量提供重要的水深基准，而且其结果直接影响水深测量中水位改正的精度和潮汐分析的精度。本章主要从海道测量实际应用出发，介绍验潮站的分类、布设原则、布设方法、观测手段及其基本原理，以及潮汐数据获取与记录、水位观测质量控制和数据整理等方面的内容。掌握该部分内容将有助于获取高质量的海洋潮汐数据，为后续测区基准建立和数据处理奠定基础。

§3.1　验潮站分类及其选址

验潮是采用一定的观测手段和安置措施，按一定时间间隔观测并记录瞬时海面(或水面)至某一固定基准面的高度的过程。验潮的目的是了解当地的潮汐性质，应用所获得的水位观测资料计算该地区或测区的潮汐调和常数、平均海面、深度基准面、潮汐预报值及建立测区的水位控制，然后计算海道测量不同时刻的水位改正数、其他潮汐特征值(或非调和常数)等，这些数据可供有关军事、交通、水产、盐业、科研、海上施工等部门使用。水位观测是海道测量工作的重要组成部分，设立水位观测的地点称为验潮站。在内陆水域进行水位观测的地点，又称水位站。

3.1.1　验潮站分类

一些海洋国家开展连续正规的水位观测历史较长，有的有长达 170 多年的连续观测历史，如英国泰晤士河口的塞尔尼斯(Sheerness)验潮站。世界上通常是按连续观测时间的长短划分验潮站类型。例如，美国水位观测验潮站主要分为三个等级：一级控制验潮站，水位连续观测时间长度应大于等于 19 年；二级验潮站，水位连续观测时间长度应大于等于 1 年、小于 19 年；三级验潮站，水位连续观测时间长度应大于等于 1 月、小于 1 年。一级验潮站主要用于建立国家垂直基准控制，以及区域潮汐基准控制；后两者又称为短期验潮站，主要用于对一级验潮站潮汐基准的拓展和转换，常用于海道测量、航海、航道疏浚、海洋工程等。另外，在海道测量中还常常需要另外设立一些临时验潮站，用于海道测量水位改正，作为测区垂直控制的补充。

在我国海道测量中，根据对水位观测精度的要求和连续观测时间的长短不同，将验潮站分为长期验潮站、短期验潮站、临时验潮站和海上定点验潮站四类。长期验潮站是测区水位与垂直控制的基础，主要用于计算该站的平均海面和深度基准面，提供准确的潮汐基准面，一般规定为应有 2 年以上连续观测的水位资料，为研究当地的潮汐变化规律提供基础水位资料信息等。这些验潮站主要设置在我国的主要军事和民用港口及其附近区域，组成我国基本的水位与垂直控制框架，其基本配置为自记验潮仪、一组水准点、验潮室（房）、备份水位观测设备及其他辅助设备等。短期验潮站在海道测量工作中用于补充长期验潮站的不足，它与长期验潮站共同推算测区的多年平均海面和深度基准面，一般要求连续观测 30 天以上的水位观测资料。临时验潮站是为水深测量、疏浚施工、勘察性验潮提供服务，要求至少与长期验潮站或短期验潮站同步观测 3 天，以便联测平均海面和深度基准面。海上定点验潮站是指离岸或岛屿较远的海上验潮站。由于海上定点观测的费用和困难很大，加之专用水位观测仪器设备及其释放与回收设备造价高、难维护、安全性低等，所以海上定点站的观测时间一般不长，即使是专门海洋调查的连续观测时间也不超过 1 年。在海道测量中，一般是在锚泊的船上用回声测深仪或水位计至少在大潮期间（良好日期）与相关长期验潮站或短期验潮站同步进行 1 次或 3 次 24 小时的水位观测或连续观测 15 天以上。目前，利用先进的数字压力验潮仪已经能够进行几个月的连续观测（时间长度取决于内部电池容量、采样率和项目与相应测量规范要求），参照长期验潮站或短期验潮站推算平均海面、深度基准面，计算主要分潮调和常数和进行短期潮汐预报。以上各类验潮站观测的水位资料都可根据实际测量的需要用于测深数据的水位改正。但在英国《海军潮汐手册》（No.2）中规定，在进行实际海道测量前，在无测区基准的测区设立验潮站至少需要提前 29 天进行观测。

3.1.2 验潮站布设密度

由第 2 章知，地球上的潮汐受到各种因素的影响，地球水域的每个地点都具有各自独特的潮汐变化特征（如表现为潮高、潮时、周期等的不同）。理论上，对测区每个点实施水位观测是准确反映测区潮汐变化的方法；但是在实施过程中，以该方法获取测区水位变化无论是在经济投入还是在实施上都是一件不可能的事情。在海道测量中，考虑区域潮汐的长波变化（考虑的分潮周期一般取大于等于 1 小时），潮汐变化事实上是一个周期较长的变化过程，因此往往采用“以点代面”方式获取测区潮汐（或水位）变化，即在满足《海道测量规范》要求的一定水位观测及内插容许限差内，通过建立测区有限个验潮站，构建测区潮汐场，对测区潮汐变化进行有效的观测与垂直基准控制。

验潮站布设的密度取决于测区大小、测区地理环境、测区潮汐变化规律、测区潮汐气象变化规律等因素。验潮站布设密度基本原则是应能够控制全测区的潮汐变化，并以一定的观测精度和内插水位精度满足测量作业的限差指标要求。

《海道测量规范》中规定，相邻验潮站之间的距离应满足最大潮差不大于 1 m、最大潮时差不大于 2 小时、潮汐性质基本相同的要求。当不能满足上述条件时，应根据实际需要增设验潮站。例如，对于潮差和潮时差变化较大的海区，除布设长期验潮站或短期验潮站外，在湾顶、河口外、水道口、无潮点处应增设临时验潮站；在阿拉斯加海湾，在湾口观测到的潮差大约是 3 m，而在湾顶的安克雷奇观测到的潮差则迅速增加到 10 m，因此海湾内的水面不是平面，而是变化的曲面，则验潮站必须分布较密才能达到准确观测水位的目的。美国《海道测量规范与提交》中规定，在实施外业海道测量中沿海岸线至少每 10 km 布设一个验潮站，并根据实际测区情况进行加密布设，以保证水位控制和水位改正精度。英国《海军潮汐手册》(No.2)中规定，沿海岸线至少每 15 km 布设一个验潮站，若相邻验潮站测深基准之间和观测期间的平均海面之间高差大于 0.3 m，或 2 条验潮曲线存在变化趋势的明显差异，应加布验潮站。

为实现验潮站对全测区潮汐变化控制，在海道测量中还要根据当地潮汐性质和条件在离岸海域适当布设一定数量的海上定点站。因为没有明显的固定参考基准，所以海上水位观测是一项十分困难的工作。在《海道测量规范》中规定采用定点水位计、测深仪布设定点站。在国外，已经开始推广使用全球导航卫星系统(global navigation satellite system，GNSS)水位观测设备、海底压力验潮仪及开始采用卫星测高技术进行测区的水位观测与控制。

应特别注意气象影响较大及潮汐类型变化的区域，如我国秦皇岛附近海区。在气象影响较大的海区，相同的气象作用会导致不同地点产生不同的响应，造成水位变化不同，应加布验潮站；而潮汐类型变化的区域应适时加布验潮站以监测不同的水位变化，即使两验潮站距离很近也应如此。

3.1.3　验潮站站址选择

验潮站站址选择是一项非常重要的工作，需要考虑许多因素进行科学合理的测前设计，如合适的设站位置、观测时间长度、观测精度、固定参考基准、观测仪器精度及其观测能力等。为了使观测资料能充分反映当地潮汐变化规律，必须特别关注验潮站站址选择问题。从海道测量角度，验潮站站址选取的基本准则如下：

(1)选择的站址应能够反映测区潮汐变化的地点。实施对整个测区的水位控制，大多情况下需要选择多个站址。图 3.1 为海南岛某海湾，其湾口小，但海湾大，口内外仅 3 km 左右，但港北港潮差 3 m 多，而和乐村潮差只有 0.3 m，因此对湾内的测量，至少设立 1 个验潮站，而仅港北港设站则无法满足实施对湾内水位的控制。

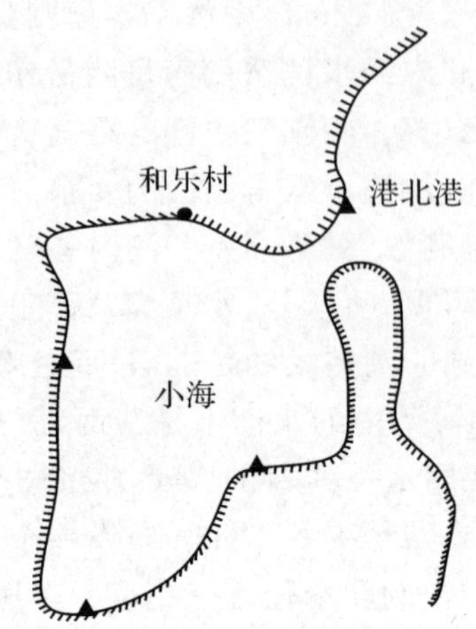

图 3.1 湾口小的海湾中验潮站布设示意

(2)选择的站址应能够控制尽可能大范围内的测区潮汐，以数量最少的站址最可靠地监测测区潮汐变化。

(3)应尽可能设置在便于安置仪器、准确观测和避免外界干扰(如可能被大浪、船舶撞击)的地点。

选择沿岸验潮站的站址应特别谨慎，因为沿岸水位在沿岸流和风的共同作用下产生的海面区域梯度会使海面在几千米内产生的海面差异达到 0.03 m，或造成港口入口与港内的水位差，特别是在江河入海口和入口狭小的海湾区域的验潮站，很小的距离就可能产生较大的基准差和水位差。一般情况下，长期验潮站多设在海港内水较深且有防风浪设施的地点；短期和临时验潮站可设在受风浪径流影响较小、能充分反映测区潮汐情况的地点；定点验潮站可设在能反映测区的潮汐特性、测量船可锚泊、海底平坦且风浪和海流较小的海域。如果可能，验潮站应尽量利用已有的固定观测平台，如堤坝、小岛、海边稳定建筑物、海上固定钻井平台井架等。

一般情况下，应在对潮汐传播有显著阻挡的区域两侧都布设验潮站，如前方有海底沙波的位置、岬角两侧、防波堤内外等地点；在很浅的区域和潮汐江河狭窄的上游应布设密集的验潮站；在航行的重要区域或江河川流的界限，以及从潮汐转为无潮汐的区域两岸或日潮、半日潮和混合潮区域之间都应布设验潮站。测量区域应要求与验潮站的控制范围相同，尽量不进行水位外推。当一个沿岸验潮站单独的水位观测数据满足不了外海测区水位改正精度要求时，应加设海上临时验潮站。

图 3.2 给出了某河口地区设立验潮站和获取水位变化曲线的情形。验潮站 A 前存在浅滩(图 3.2(a))，低潮时，浅滩的阻拦作用使水位不再与正常海水同步变化。当水尺(或验潮仪)设立在浅滩的水洼中时，实际上低潮的某段时间已干出，在

观测水位变化曲线上表现为在低潮期间较长时间的水位基本保持水平或非常缓慢地下降，即没有能够反映出实际海水的水位变化（图 3.2(b)）。此类情形是设站位置不正确造成的，未能保证水尺（或验潮设备）所在地的海水自由流通。

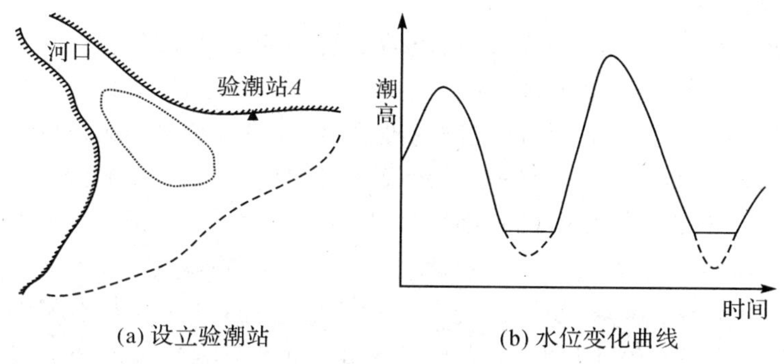

图 3.2　河口有浅滩的测区验潮站布设示意

图 3.3 给出了某海湾地区测量设立验潮站的情形。图中湾口小而湾内区域大，湾口起到一定的阻尼作用，使仅设立验潮站 A 和 B 不能准确地反映测区的潮汐变化，因此至少在 E 点或 C 点设立验潮站。若海湾更宽，可能需要在测区两侧再布设两个验潮站，视测量具体情形或测前同步观测分析结果而定。

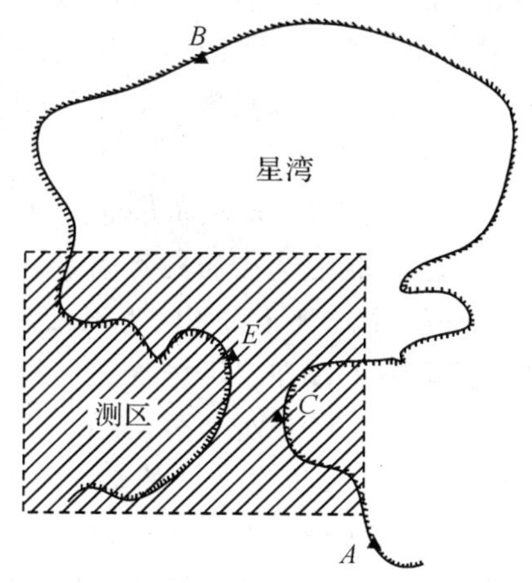

图 3.3　海湾测量验潮站布设

在许多情形下，可利用历史观测潮汐信息辅助设计验潮站站址和计算验潮站的有效控制范围。如果没有可用的历史水位资料及验潮站信息，设计人员必须通过分析地形相似的邻近区域来估计验潮站的布设需求情况。应特别注意的是，没有达到充分水位控制的海道测量是不可能利用测后布设的验潮站数据获取准确水位改正值的。

以水尺为例，在实际设立验潮站工作中一般要求尽可能考虑以下几点：

(1)水尺前方应无沙洲、浅滩阻隔海水，观测期间海水必须是能够自由流通且潮高变化灵敏，避免设立在低潮出现的水洼内；且保持水尺低潮不干出，高潮不淹没，否则增设验潮水尺。

(2)水尺应牢固设立在受风浪、急流冲击及船只碰撞等影响较小的地方。如有可能尽量在固定码头壁、防波堤、栈桥立柱等海上固定建筑物上设立验潮站，安装水尺，这样有利于水准联测，提高观测的准确性，也能避免水尺被风吹倒，或被船只碰撞，或被海浪直接冲击，从而避免对水尺基准稳定性造成潜在影响或破坏；若海区内有岛屿，一般选择在岛屿的背面避风处。

(3)选择有利于牢固设立水尺的地点。设立水尺的地点应非常牢固，这样水尺基准在观测期间不会沉降，如礁石就是较理想的选择；应注意观察海浪、海流及潮汐对观测地点地形的侵蚀状况，避免在受海浪、海流影响较大的地点设置水尺；若无其他地点可选，应采取适当措施长期固定水尺基准，如在海滩上打桩设站等。

(4)选在海岸坡度较陡的地方，有利于进行岸上观测，也可以尽可能少设站(如长滩涂地区)。

(5)选在牢固的地点(如礁石、深地基的大型建筑物)埋设工作水准点，避开可能遭到人为、自然破坏的地点和沉降地点，且便于与主要水准点、国家水准点、控制点进行联测；《海道测量规范》要求设立1个工作水准点和1个主要水准点，而国外(如美国《海道测量规范与提交》)要求，在一级验潮站周围至少设立10个工作水准点，二级和三级验潮站至少设立5个工作水准点，小于30天观测的水准点其周围也至少设立3个工作水准点。

(6)适当考虑验潮人员的安全、生活和交通方便，在保证水位观测精度和验潮站控制能力的前提下，尽可能把验潮站选在居民点附近。

(7)海上定点验潮站的站址，要求海底平坦、为泥沙底质、风浪和海流较小；若采用水底压力验潮仪，应尽量避免布设在水下沙洲或沙波上，以防止观测仪器由于水流作用而造成观测仪器基准的不稳定或被泥沙淹没。

(8)在潮汐类型变化海区，应根据潮汐类型的基本变化趋势(根据测前同步观测或潮波图)适当增设验潮站，以增强对测区的水位控制能力，提高测区水位改正精度。图3.4为测区包含两种潮汐类型的情形，除设正常包含测区的验潮站A、D、E、H外，还必须在两种潮汐类型区之间的过渡带至少设立四个验潮站B、C、F、G，这样才能有效地对整个测区实施水位控制。另外，若测区东西向距离大，还必须考虑在测区边缘外侧加密布设验潮站。

(9)对水准标石已破坏的旧验潮站，需重新设站时，应尽量与旧站址重合，并注意对原有基准的重新比对检查。

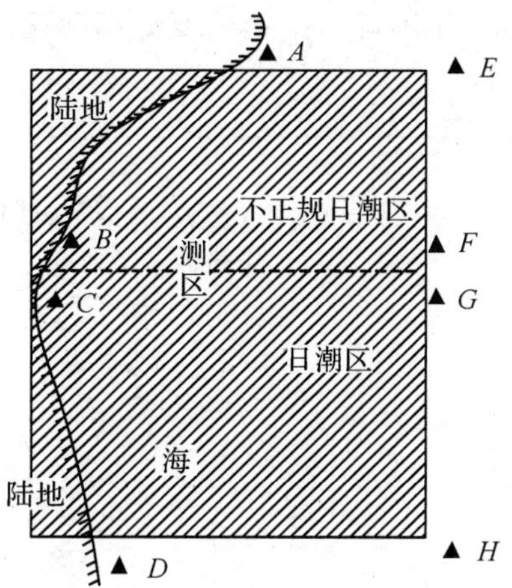

图 3.4　潮汐类型变化海区验潮站布设示意

3.1.4　我国长期验潮站概况

经过几十年的建设，我国在沿海建立的长期验潮站已经形成一个覆盖我国沿岸海域的长期验潮站观测网，不断地为国家经济建设、军事活动和科学研究提供丰富的基础海洋信息服务。在海道测量中，长期验潮站主要用于建立测区临时验潮站和短期验潮站的垂直基准设置；若是测区范围内的长期验潮站，其观测数据也可用于海上测量的水位改正。我国沿海的主要港口、主要河流和湖泊均建有验潮站（或水位站）。我国近代验潮历史可追溯到 19 世纪末，最早开始验潮的验潮站有塘沽站（1895 年）、青岛站（1898 年）、秦皇岛站（1900 年）、厦门站（1907 年）、广州站（1908 年）、大连站（1909 年）、上海吴淞和黄浦公园潮位站（均建于 1912 年）。到抗日战争前夕我国的验潮站已建立了 62 个，但抗日战争爆发后大部分验潮站停止了观测工作。至 1949 年新中国成立前夕，全国只有约 20 个验潮站在工作，且仅有几个站在进行较完整的连续潮位观测，而大部分验潮站只进行高低潮的断续观测。因此，严格意义上说 1949 年前的验潮站还不能算作是标准的长期验潮站。

新中国成立后，随着我国国防、航运、水产、海洋测绘、海洋开发与海洋工程等事业的蓬勃发展，我国沿海地区相继建立和改造了许多验潮站，其中大部分沿海验潮站纳入我国水位观测网系统（控制管理中心在天津国家海洋信息中心）。截止到 1999 年，据不完全统计，我国沿海和内河共有长期验潮站（水位站）318 个，分别隶属于水利部（210 个）、国家海洋局（71 个）、交通部（24 个）、海军（12 个）、地矿部（1 个）。最近十几年来，为满足沿海经济快速发展的需要，国家和地方有关部门又陆续建立了一些验潮站，有的还在建设中，图 3.5 为我国沿海部分验潮站的分布示意。除上述验潮站外，我国在海道测量实践中也建立了许多临时和短期验潮站，连续观测时间大致在半月至一年不等。下面简要介绍我国陆地高程控制基准的青岛验潮站。

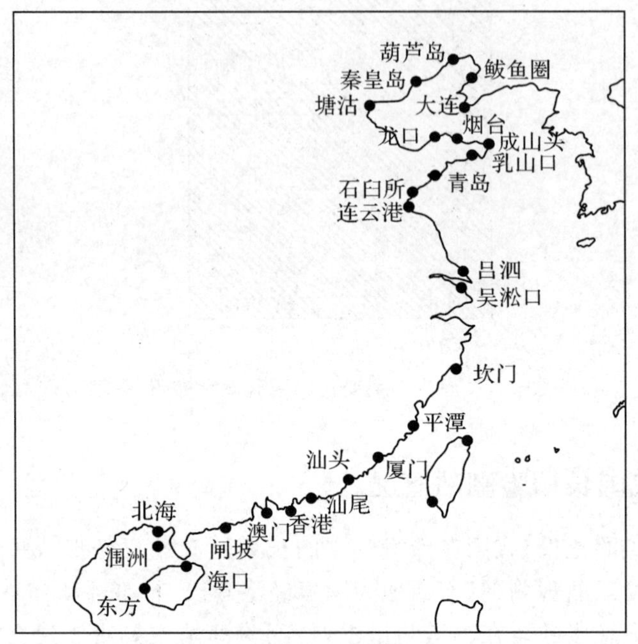

图 3.5 我国部分长期验潮站分布

青岛验潮站是一个长期验潮站(图 3.6),位于青岛大港一号码头西端的验潮站。该站 1898 年开始进行潮汐水位观测,1904 年建立验潮井(直径 1 m,深 11.5 m,底部有 3 个直径分别为 30 cm 的进水口)。最初利用德国制浮筒式自记验潮仪进行观测,1938—1945 年,日本第二次占领青岛期间,验潮井遭到严重破坏,直到 1948 年验潮井才得到修复并恢复观测,验潮站采用压力验潮仪进行观测。

新中国成立后,青岛验潮站重新采用自记验潮仪观测。该站水位观测资料在新中国成立后采用的两种陆地高程基准中起着重要作用。1956 黄海平均海面将根据青岛验潮站 1950—1956 年的验潮资料确定的平均海面作为基准面,据此计算地面点高程。1954 年由中国人民解放军总参谋部测绘局建成“中华人民共和国水准原点”,将测得的 1956 黄海基准面联测到国家水准原点,该原点位于青岛观象山顶上一幢俄式建筑风格石屋内的一个约 2 m 深旱井底部,为一个球形标志物(水袋玛瑙)。联测到玛瑙顶端的高程为 72.289 m,作为中国陆地高程起算点。在石屋内的墙壁上还镶着一块刻有“中华人民共和国水准原点”的黑色大理石碑,如图 3.7 所示。

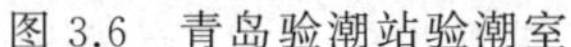
图 3.6　青岛验潮站验潮室

图 3.7　“中华人民共和国水准原点”标牌

后根据青岛验潮站 1952—1979 年获取的潮位资料，经多次严格的测量和数据处理，得到青岛验潮站海面高程为 2.429 m，联测到 1954 年“中华人民共和国水准原点”的高差为 72.260 m，建立了 1985 国家高程基准，水准原点对应的平均海面高程比 1956 黄海平均海面高程高 0.029 m。1987 年 5 月经国务院国测发〔1987〕198 号文批准以 1985 国家高程基准作为我国新一代国家高程基准，并重新将其命名为“中华人民共和国水准原点”。国家水准原点在我国的经济建设、国防建设和科学研究中起着非常重要的作用。

随着海洋观测工作的不断加强，1996 年，青岛验潮站重新修建了验潮井和工作房，安装了新型水位计。目前，该站拥有 2 台瓦尔代验潮仪、1 台 NGWLMS 新一代水位计和 1 台 SCA6-1 型声学水位计，分别进行同步观测比对。在验潮站附近设立了 6 个水准点（1 个原点、2 个附点和 3 个参考点），通过在观测期间的定期比对、检测，保证验潮资料的准确可靠。

§3.2　水位观测仪器

传统的海道测量水位观测是一项烦琐而低效率的工作，而且水位观测大多局限于对沿岸有限区域的有效控制。随着国民经济建设和国防建设等方面的需求，世界各沿海国家，尤其是美国、加拿大、英国、日本、俄罗斯、澳大利亚、法国等于 20 世纪 90 年代相继加快了争夺和开发海洋的步伐，调整了各国的海道测量国家战略，迅速开展了以多波束测深为代表的高精度水下地形测量。对海洋潮汐的观测能力和观测精度是进行高精度水下地形测量的重要保证。为此，世界各国为适应这一转变不断改进水位观测手段，引入新技术和新方法，推出了一系列新型的潮汐水位观测仪器，并在数据采集和数据处理方面都取得了较大的进展。

目前，海道测量的水位观测手段已拥有了空基、岸基和水下系列化设备，不仅满足于沿岸水域的水位控制，而且也基本实现了对外海潮汐的有效控制。观测手段与方法按观测能力和工作环境一般分为两大类：一类适合于沿岸水位观测，另一类适合于外海海上水位观测。实施海上测量前，应根据测区或项目水位控制需求，选择合适的水位观测仪器配置。

3.2.1 水位观测仪器

下面介绍几种具有代表性的水位观测仪器的基本原理、构造和一般使用要求，详细操作使用及要求可参阅相关的仪器说明书和相应的水位观测规范或规程。

1. 水尺

水尺是一种类似于水准尺的竖直设立的便利的观测水位工具，已有近千年的历史，而且在许多水上测量和海岸工程建设中仍然作为一种标准实用的水位观测手段在使用，如图 3.8 所示。以前，水尺是一根长方体的木方，长度为 3～5 m，在其上用油漆标注度量刻度，最小刻度一般为厘米。现在大多情况下将几块标有刻度的搪瓷铁片（1 m 长、最小分划 1 cm）依次钉在木方上制作水尺，搪瓷铁片的数量可根据测区的潮差大小而定，但一般不超过 5 片。利用水尺进行水位观测的原理非常简单，通常是将水尺固定在码头壁、岩壁、海滩上，利用人工在任意时刻直接读取水面在水尺上的位置，夜间要借助于灯光。水尺验潮具有工具简单、机动性较强、易操作、造价低的特点，适用于布设在沿岸和海滩上的任何地点，也是海道测量常用的水位观测手段。但是对于长期验潮而言，水尺验潮则是一项易产生厌烦的工作，会影响观测数据质量。

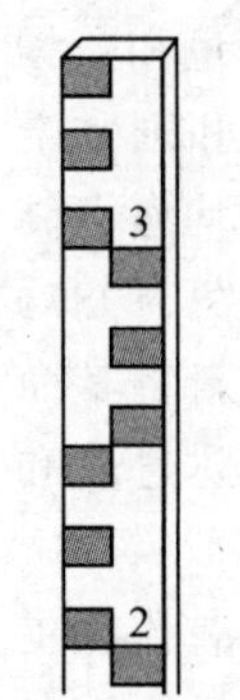

图 3.8 水尺

为了水位数据读取方便及对观测精度要求不高时，有的港口直接将刻度雕刻（或绘）在防波堤或固定在码头壁上，是一种替代性和临时性的“水尺”。

对长滩涂区域，需要设立几根验潮水尺，而且每根水尺的验潮零点必须与岸上的永久性水准点或固定基准进行严格水准联测（或水面联测），以实现观测数据基准的统一，如图 3.9 所示。

虽然该法比较简单，但其观测精度易受到能见度、海况、人工判断能力等因素的限制。

2. 浮子式自记验潮仪

自 19 世纪中叶始，世界上先后建立了大量的永久性长期验潮站，其属于长期、不间断观测水位的验潮站。这些验潮站布设于沿岸、岛屿和海滩上特别选定的地点，是获取长期海洋水位的主要场所。由于其主要作用是维持国家垂直基准系统，而且其数据可以满足当前及未来科学研究等需要，因此其建造和维持的目的是能够提供观测站点连续的、高可靠性的、高精度的水位信息。

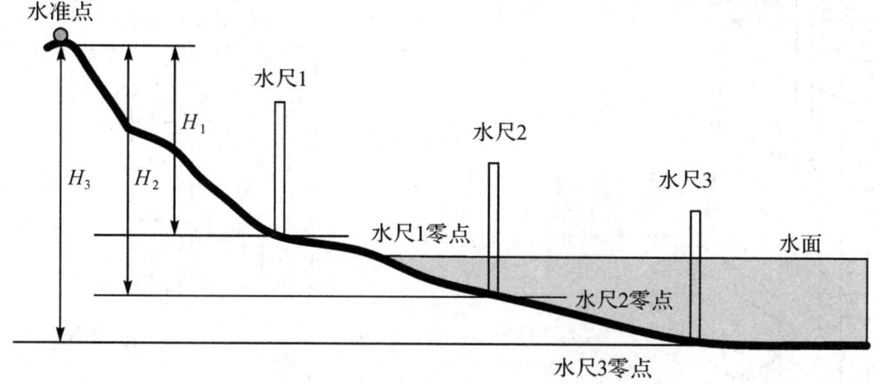

图 3.9　长滩涂多水尺设立示意

世界上最早的自记验潮站是由帕尔默(Palmer)于 1831 年设计,并用于泰晤士河口的塞尔尼斯验潮站。浮子式自记验潮站分为岸式和岛式验潮井两种,两者的区别主要在验潮井的结构和辅助设施不同(如岛式验潮站需要建立支架和引桥等),水上自动记录原理相同。自记验潮站最突出的特点是需要建立专用的验潮井或验潮管。验潮井一般为混凝土结构,建立在码头顶端;验潮管一般由铸铁铸造,节约经费,用铁架或其他方法固定于码头或岸边。浮子式自记验潮站主要由验潮井(管)、浮筒、沉锤和自动记录装置等设备组成,其工作原理是:验潮井的井底有与井直径成一定比例的孔或管与大海相通(如美国国家海洋与大气局所管辖验潮站的验潮井采用的孔井直径比例为 0.1～0.01),这样井外海水的潮起潮落通过孔或管导致验潮井内的水面上升或下降,井内水面上随井内水面起伏的浮筒(沉锤的平衡作用)又带动上面的记录滚筒转动,使记录针在装有记录纸的记录滚筒上按与水位变化成一定比例进行划线,依次记录下水面的变化情况,达到自动记录潮位的目的。其一般结构略图如图 3.10、图 3.11、图 3.12 所示。自记验潮站的特点是:设施坚固耐用,滤波性能良好,可以连续长时间观测,但是连通导管易阻塞,造价高(建验潮井及其辅助设施),机动性差,需人工定时更换记录纸和定期比对检查,并进行水位换算。

造成水位观测误差的因素有:受记录纸宽度的限制,加之天气潮湿,可能导致记录纸的变形,存在 0.02 m 的水位误差和 2 分钟的时间误差;在河口地区,海水的涨落与淡水的混合造成海水密度的变化,使浮筒浮力变化而带来水位观测误差;对沿岸流大的海域,因伯努利效应造成井内外压力差而产生井内水位与井外水位差;水位观测是利用机械传动装置,装置的灵活性也影响了观测精度;另外,水位观测基准的校准不正确(或定期校准不满足限差要求)也常导致常值系统误差等。

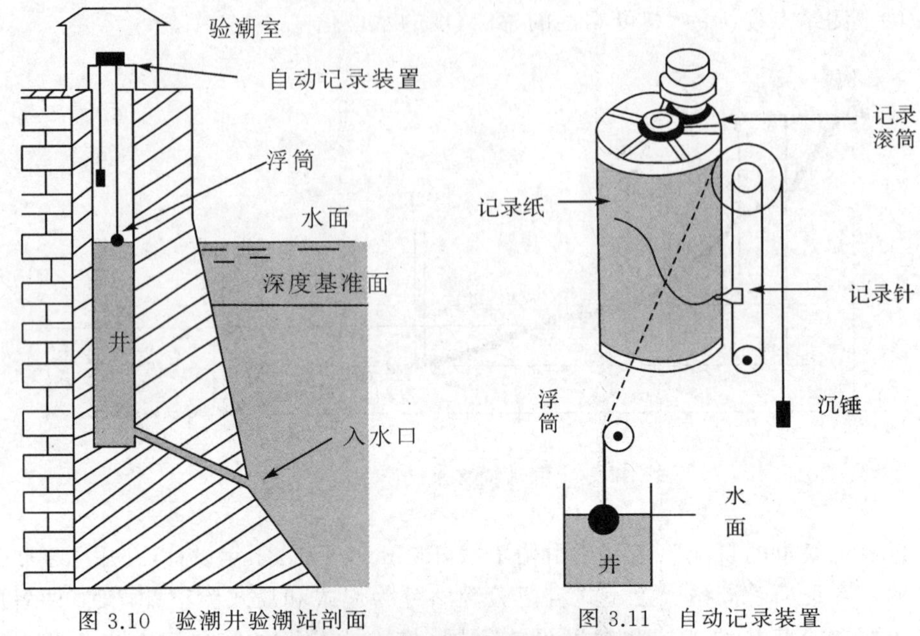

图 3.10　验潮井验潮站剖面

图 3.11　自动记录装置

图 3.12　自记验潮仪记录器

3. 声学水位计

新一代声学水位计主要由探头、声管、计算机等部分组成，其主要特点是利用声学测距原理进行非接触式水位变化的测量，如图 3.13 所示。一般布设于沿岸、岛屿和海滩上特别选定的地点，是海洋水位观测的标准手段，也可用于海道测量的水位控制。其基本工作原理是：固定在水位计顶端的声学换能器向下发射声信号，信号遇到声管的校准孔和水面分别产生回波，同时记录发射接收的时间差，进而得到声学换能器发射面至水面的高度，将通过测前标定的换能器面至验潮站潮高基准面高度减去

水位计测得的高度，转换为基于验潮站潮高基准面的水位高，其测高公式表示为

$$h_t=\frac{1}{2}V_0\Delta t \tag{3.1}$$

式中，h_t 为 t 时刻基于发射基面的水位高，V_0 为空气中的声速，Δt 为一次发射至接收到声波的时间差。

声学水位计的优点是使用方便、效率高、滤波性能良好，不足是声波在不同的气温和湿度下声速会发生改变，为此需进行气温和湿度声速改正。

按上述原理，此仪器发展了多种类型。将发射声波换成无线电波（或激光），由于无线电波（或激光）速度远大于声波，故计时精度是难点，但不宜受到气压、湿度和水密度的影响，是目前正在稳步发展和应用的验潮设备，如 21 世纪初研制成功的雷达验潮仪已在世界上多个长期验潮站使用（如英国 Valeport 公司的 VRS-20 雷达验潮仪）。与井式自记验潮仪和气泡式压力验潮仪的比对测试结果显示，雷达验潮仪已经达到了水位观测的精度和性能要求，而且布设与安装更便利，如图 3.14 所示。另外，将声波换能器安置在水底，向海面发射声波并通过接收海面回波而获得瞬时海面高度，此种手段也在国外某些研究和应用领域中使用，但其测量精度易受水体剖面声速变化影响，且安装和回收费用较高，在海道测量水位观测中的应用受到限制。

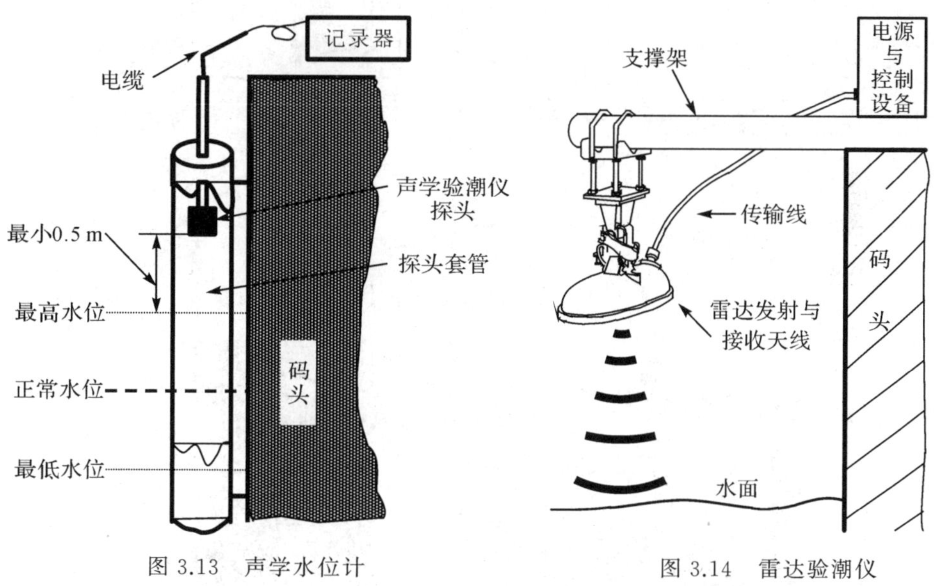

图 3.13　声学水位计　　图 3.14　雷达验潮仪

4. 压力验潮仪

压力验潮仪按照结构可以分为机械式压力验潮仪和电子式压力验潮仪。

机械式压力验潮仪（又称气泡式压力验潮仪）主要由水压钟、导气管、气压与管内平衡控制器和自动记录装置组成，如图 3.15、图 3.16 所示，一般布设于沿岸和岛

屿,是海洋水位观测的标准手段之一(在国外,是国家水位观测网点的标准水位观测设备之一,其布设便利性和适应性优于验潮井式验潮仪),也可用于海道测量的水位控制。水压钟底部与水相通并有部分空气,初始时内空气压力是由相关装置控制,固定放置在水底,利用导气管与岸上记录装置相连。其基本原理是:随着海面的变化,水压钟内的空气压力发生变化,这种变化通过导气管与U形水银管引起水银高度变化,这个高度变化与水面变化有一定的比例关系(目前系统大多采用压力传感器感应管内气压的变化),以此测量水位。其公式表示为

$$h=\frac{\Delta p}{\rho g}=\frac{p_1-p_0}{\rho g} \tag{3.2}$$

式中,p_1 为压力传感器测量的海水压力值,p_0 为海面气压值,ρ 为海水密度,g 为当地重力加速度,h 为水下传感器至海面的高差(瞬时深度)。

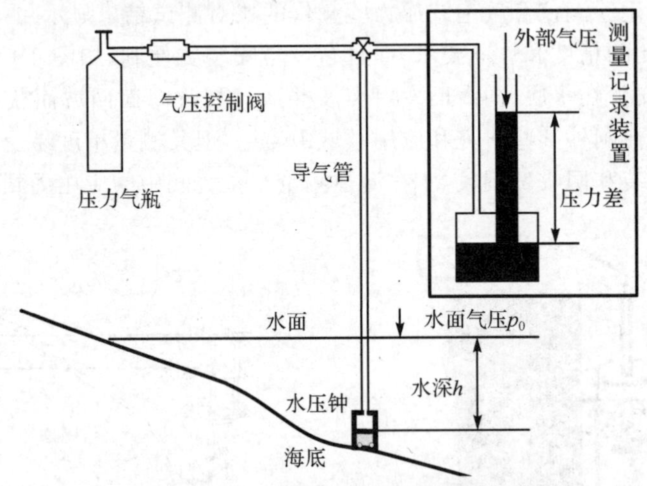

图 3.15　机械式压力验潮仪

图 3.16　某型号机械式压力验潮仪水上机部分

压力验潮仪的优点是无验潮井、坚固耐用、调整方便、成本低、滤波性能良好，可以将水下钟设置在离岸几百米的水下以避开破浪区，主要不足是易操作失误、导气管漏气较难监测及水下钟的设置较困难。另外，长时间作业需进行水密度测量与改正。

电子式压力验潮仪分有缆式(图 3.17)和无缆式(或自容式，图 3.18)两种。有缆式主要由水下传感器、水上接收机、传输电缆、数据链等组成。值得注意的是，有缆式特指连接水下传感器的传输电缆中有一根传输线为空心线，该空心线将瞬时水面气压实时传输到水下传感器作为实时水面高度变化测量的基准。自容式在远离海岸布设，还需附加保护框架、警示浮标、上浮装置和压载装置。该类型仪器测量水位的原理与机械式压力验潮仪相同，即通过测量水下压力传感器的压力与海面气压的压力差获得海面水位变化。只不过其利用电子压力传感器代替水压钟和 U 形管，利用数字电子转换技术(如压力传感器)将压力变化转换成水位变化，从而达到水位观测的目的。自容式电子式压力验潮仪根据其耐压性和水密性又分为浅水、中水和深水压力验潮仪，有关资料介绍，有的仪器可工作在水下 4 000 m 的深度。电子式压力验潮仪的优点是布设自由、观测设备轻便、性能稳定、隐蔽性强、自动数字记录和存储、效率高、无人值守、数字滤波，还可以利用有限或无线网络实时传输水位观测数据。

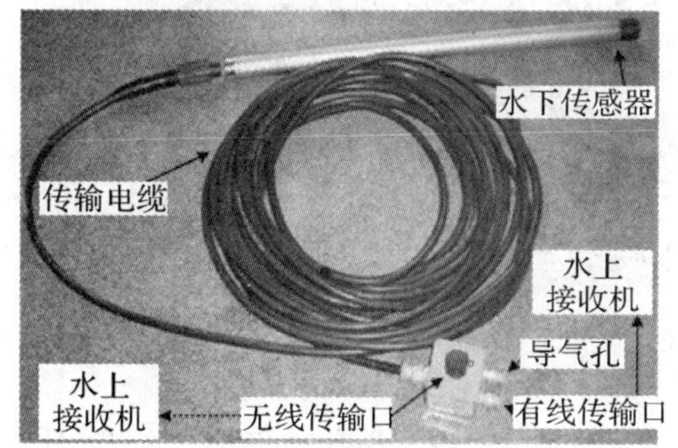

图 3.17　有缆式 HMS 1820P 电子式压力验潮仪

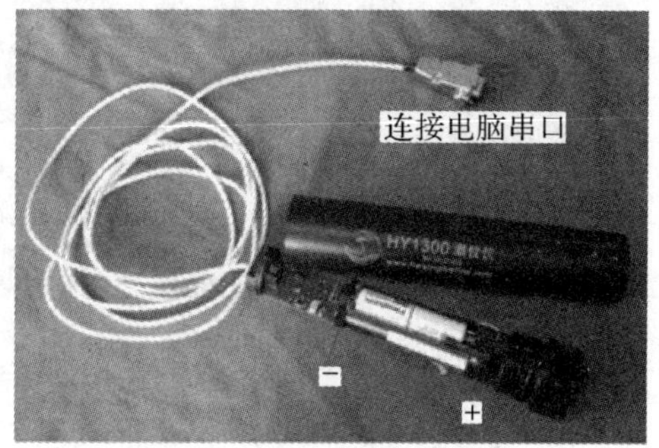

图 3.18　国产 HY1300 自容式电子式压力验潮仪

对长时间观测的自容式电子式压力验潮仪而言，由于水面气压是不断变化的(特别是夏秋季气压变化剧烈)，而仪器内部只能在观测过程保持一个气压基准作为水压转换水位的基准(该气压为人为设置或水下传感器入水前的自动设置等)，因此还需利用另一台压力验潮仪或气压计进行海面气压的定期观测(一般可在距验潮站100 km范围内监测)。在数据后处理过程中，对自容式压力验潮仪观测数据要进行气压改正；在河口地区及水密度变化较大地区还应进行水密度观测与水密度改正(特别是在涨落潮期间应增加水密度观测次数)，方能获得高精度的水位观测数据。有缆式压力验潮仪通过传输缆能够将海面的气压传输到水下传感器，其压力基准是基于瞬时海面的空气压力，而不需要进行气压改正。

在海底（水下）安装压力验潮仪，主要考虑因素是仪器的安全性（易受到拖网渔船的破坏）、仪器安置的稳定性（仪器布设初期的沉降问题）、安置费用（一般费用高，主要是深水海底验潮站仪的布设与回收还需要其他辅助设备），而且一般观测数据只有在经一段时间观测后取回才能利用。图 3.19 为国产 HYC-02 深水压力验潮仪（200 m）水下机，该类仪器利用专用船布设在海底，待观测一定时间长度的数据后，由测量船的水上机向海底发射声指令信号，海底压力传感器的辅助设备（声学释放设备）按指令将传感器脱离海底基座并上浮到海面，被测量船回收和下载观测数据；该类型仪器特别适合于现代海道测量，是近海海上水位控制的有效手段，适合在沿岸、近海和远海布设；该类型仪器有的具有无线传输信号功能，在电力供应充足的情况下可以实时地将水位变化信息直接传输到测量船，实时进行水位改正，提高测量效率。

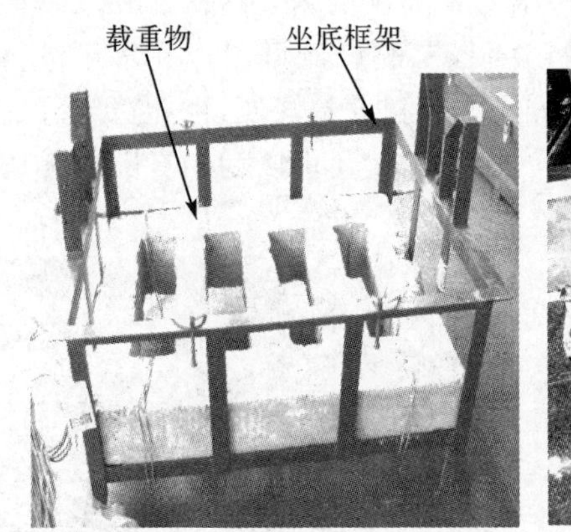

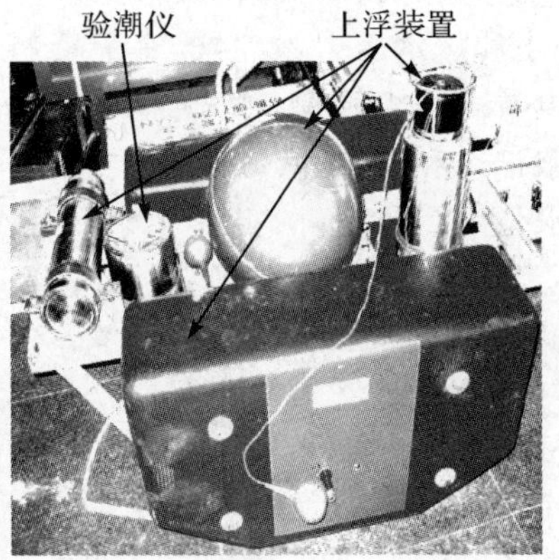

图 3.19 国产 HYC-02 深水压力验潮仪

压力验潮仪的水下安装分两部分，即安装观测设备的锚泊设施和标记验潮地点的浮标警示设施。两者独立分开但利用缆绳连接，以便于仪器的回收。缆绳在水中应有一定的冗余，以防止浮标拖曳设施拖拽观测设施而引起水下观测仪器晃动，导致水下验潮仪的观测基准处于不稳定状态，降低水位观测精度。

压力验潮仪在使用过程中的误差源包括以下几种：

(1)温度的变化会影响电信号的频率变化而造成测量误差，此项误差需严格校准并补偿。

(2)观测零位的偏移误差：一是仪器安置不牢固造成观测过程中仪器倾斜摇晃导致的误差；二是对水底安置的压力验潮仪而言，海水的冲刷和海底底质的松软程度不同（如泥沙等）导致仪器底座的沉降，造成观测开始一段时间（主要取决于海底底质）后仪器观测零位发生垂向位移，产生变值系统误差，而该类误差隐蔽性较强，判定较困难。

(3)气压变化误差是影响自容式压力验潮仪的一项重要因素。观测期间必须对其进行同步海面气压观测,以监测水位观测期间的气压变化并在数据后处理时进行必要的气压改正。

因此,虽然压力验潮仪实现了无人值守的作业模式,但在获取观测水位资料后应严格检验和检查是否存在系统误差,最大限度地降低误差的影响。

5. 差分 GNSS 验潮

近十几年来,高精度 GNSS 定位技术和 GNSS 数据处理技术的日益成熟,如实时动态定位(real-time kinematic,RTK)、动态后处理定位(post-processed kinematic,PPK)、精密单点定位(precise point positioning,PPP)技术,使 GNSS 技术对离岸一定距离内的水位观测成为可能。国内外在 20 世纪 90 年代初就开始利用装载 GPS 接收机的专用浮标或测量船进行海上验潮的探讨和试验。定位数据经过数据后处理,其垂直分量的精度可达到厘米级,这为解决海道测量中离岸水位观测提供了新的途径,具有深远的意义。此法主要利用移动卫星定位仪器获得高精度空间位置中的垂直分量,而垂直分量包含了潮汐信息的海面变化水位,通过一定的转换可以提取测量船在任意时刻所在位置的潮位,即海道测量的水位改正信息。此方法在海道测量中应用的主要难点是坐标系统的转换,因为潮位是基于铅垂线方向,而 GNSS 的垂直基准是基于不同椭球的法线方向,而且在不同的国家采用的基准与 GNSS 并不一样。该方法在应用上涉及测区垂线偏差、基准面转换、垂向定位精度、载体姿态改正、定位技术稳定性、作用距离及 GNSS 数据滤波器及其参数选择等问题。就目前的试验结果表明,在离岸 30 km 内综合观测水位的精度小于 10 cm,已经能够满足海上水位观测要求。图 3.20 为 Kielland 等设计的利用浮标装载 GPS 接收机进行水位观测的示意。

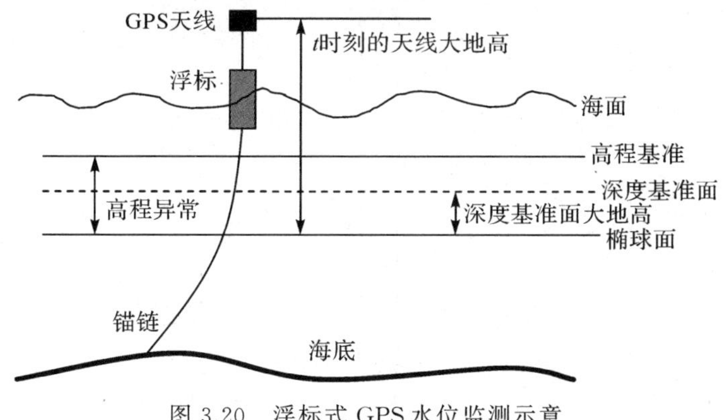

图 3.20　浮标式 GPS 水位监测示意

6. 卫星测高验潮

常规水位观测的突出特点是精度高、布设相对困难、观测效率低，且只能在分布极不均匀的沿岸和岛屿验潮站上获得水位数据的时间序列，控制范围有限，不能反映大范围近、远海潮汐变化。即使是采用海上压力验潮仪，也存在费用高的问题（至少要动用两艘船舶布设和回收测量设备）。显然，这些有限的数据远不能满足精确表示全球和大区域海洋潮汐的要求。

自 20 世纪 70 年代，一些国家开始在海洋卫星上负载测高仪，测量卫星至海面距离，以推求海面高，其中应用之一是推求全球高精度海洋潮汐模型，如美国国家航空航天局（National Aeronautics and Space Administration，NASA）的 Skylab S-193（1973）、GEO-3（1975）和 Seasat（1978）卫星，美国海军的 Geosat（1985）卫星，欧洲空间局（European Space Agency，ESA）的 ERS-1（1991）卫星，以及美国国家航空航天局与法国空间研究中心（Centre National d'Etudes Spatiales，CNES）的 TOPEX/Poseidon（简称 T/P）等卫星都装有测高仪。卫星测高技术提供了一种观测海洋表面及其动态变化的新手段，可以获得几乎全球海洋的潮汐变化信息。随着高分辨率潮波流体动力学模型和数据同化技术的发展，对获得的海量测高数据和水位观测数据进行精密计算，目前已获得多个全球潮汐模型，这些模型在开阔海洋已经达到厘米级的精度水平。

卫星测高的基本原理是：安装在卫星上的雷达测高仪以一定的采样间隔通过对海洋表面发射预制波长的窄电磁脉冲来测量测高仪至海面（或冰面）的往返时间，进而获得基于卫星轨道的瞬时海面高 h_1。如图 3.21 所示，若精确确定此时卫星轨道基于参考椭球高 h_2，则基于参考椭球的瞬时海面高为

$$h_3 = h_2 - h_1 \tag{3.3}$$

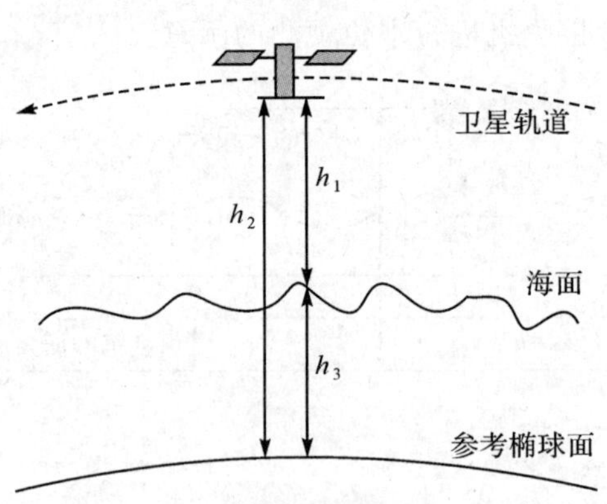

图 3.21　卫星测高及其参数示意

由于此类卫星属低轨卫星（轨道高为 800～1 300 km），卫星绕地球高速运转（周期大约 100 分钟），所以不是定点观测。但轨道经过精心设计，卫星经过一定时

间不断地重新对该地点进行观测，如 T/P 卫星的精密重复周期为 9.915 6 天，即隔 9.915 6天某地就可以获得一个有效的海面高数据。这样经过多年的累积，联合多种卫星测高的海面高数据、沿岸与海面（底）水位观测数据、高分辨率沿岸与海底地形数据，则可以精确计算基于参考椭球的平均海面高，并采用相关技术处理得到其他大范围的海洋潮汐信息（如分潮调和常数），从而实现平均海面和深度基准面的垂向定位，以及构建全球或区域潮汐模型。

尽管差分 GNSS 验潮、卫星测高验潮技术在近、远海水位观测方面取得重要进展，而且技术还在不断改进，但传统的水位观测手段仍然是目前海道测量必需的，并且还可为卫星测高验潮提供准确、连续、长时间的沿岸及岛屿水位边界数值。

7. 水位观测网

随着电子通信技术和计算机网络技术的发展，世界上许多国家已将其沿岸或岛屿上的验潮站联合在一起构建各自的水位观测网。水位观测网中每个验潮站（海洋学中又称为海洋站）不但连续观测水位变化，而且也同时对气象、水文和重力等要素进行连续观测。这样，各国水位观测网的首要任务是提供国家垂直基准、潮汐基准、长期连续观测的基础数据信息，其次为制图、海道测量、海岸带遥感与摄影测量、水域划界、潮汐预报、航道疏浚、港口建设、地震与海啸预警、环境监测、国际内陆水域基准检核、气象变化监测等提供信息服务与支持。英国验潮站网络是由 45 个长期验潮站（2016 年）组成，各验潮站将各自观测的数据自动记录、存储并通过网络（有线或无线）发送到英国海洋数据中心（British Oceanographic Data Centre，BODC），在英国海洋数据中心对数据进行检查、处理、分析并最终发送或输入到水位数据库。美国的国家海洋服务中心运行着国家水位观测网（national water level observation network，NWLON），其负责收集和控制 210 个长期验潮站资料（截至 2013 年底），部分验潮站（如海岛上的验潮站）的数据是通过卫星进行数据传输。政府间海洋学委员会（Intergovernmental Oceanographic Commission，IOC）建立了包括全球分布的 287 个长期验潮站（截至 2016 年底）的全球海面观测系统（global sea level observing system，GLOSS），以监测全球海平面变化和灾难性水位的预警与监测。我国国家海洋局管理着我国沿岸绝大多数的长、短期验潮站，且已完成了沿海各部门 100 多个验潮站的统一 GNSS 联测，精密确定了各验潮站水位标尺零点的大地高，填补了陆海相接地带重力测量空白，组成了我国的基本水位观测网。同时，水位观测网在陆海大地水准面统一、海洋高程基准建立、地震与海啸预警、海面变化监测等方面扮演着至关重要的角色。下一步将进行水位数据自动传输的全国联网工作，扩充沿岸及海岛礁验潮站的链接。随着国家经济建设发展，验潮站数量还将进一步增加，水位观测网的基础设施和服务功能也在不断建设和完善之中。

另外，水位观测网实时发布水位信息的潜在功能是可以向过往船舶提供实时或近实时港口的水位高度信息，这远比传统的航海利用《潮汐表》查阅潮汐信息的效率和精度要高得多。刘雁春早在1999年就在其博士论文中提出了在我国沿岸建立实时潮位发布系统，这对提高瞬时水位场的信息精度和服务效率、满足海上各种实时和近实时应用需求具有重要意义。

3.2.2　水尺观测方法的滤波性能分析

水尺观测方法主要是通过人工定时读取水面高度而获取水位观测数据序列的方法。此法是一种传统的仍在海道测量中使用的水位观测方法。基本方法是：选择一个合适的验潮站址，竖直固定安置验潮水尺，在水尺上连续读取一组水位数据，然后取平均值作为某时刻的水位观测值。显然，此法采用的是一种称为人工读数平均的滤波法。虽然该滤波法比较简单，但对长时间观测而言，工作量太大，而且容易使观测者产生疲劳而出现差错。对不同的观测者或同一观测者在不同的时间、气象和能见度条件下，读数的误差也不尽相同。

在水尺观测过程中，对起伏海面观测值的读取来说，观测者的主观因素起很大的作用。虽然采用人工读数平均法消除了部分波浪的影响，但又附加了一部分不能确定的人为的判断误差。实践证明，一个有经验的观测员，在1.5 m波高的条件下，要达到5 cm的观测精度是一件非常困难的事情。考虑海上很少风平浪静，要满足《海道测量规范》要求的2 cm的观测精度也同样非常困难。因此，读数平均法的滤波性能比较差、不稳定，方法比较粗糙。受制于海况的恶劣程度、人工判读能力等因素，在大多情况下读数平均法获得的数据精度较低。

3.2.3　验潮井观测方法的滤波性能分析

利用验潮井进行水位观测的滤波方法大多采用机械滤波。机械滤波方法主要形式有小孔阻尼滤波法、长管阻尼滤波法和跟踪速度滤波法。机械滤波方法的特点是利用机械装备的设计和运行实施滤波。

1. 小孔阻尼滤波法

小孔阻尼滤波法主要应用于岛式验潮井上，是一种利用机械装置的特殊设计实现滤波的方法。

在我国，一般是采用浮子验潮仪观测、记录潮位变化。浮子验潮仪是在管或井内水面上设置一个浮子，由浮子带动记录滚筒转动从而记录潮位的变化。该结构本身没有消波能力，它是通过专门设计的验潮井达到滤波目的的，而岛式验潮井就是采用小孔阻尼滤波法进行滤波。

岛式验潮井的滤波器实际上是一个开着许多小孔的漏斗，它被安装在历年最低潮位下0.5 m处。小孔的截面积与井的截面积成一定的比例关系，我国采用的这个比例为1∶500，小孔直径与井内径之比为$\sqrt{1/500}\approx 0.045$。

小孔的滤波原理实质上是通过对波动的阻尼衰减作用达到滤波效果的。海水进出小孔的速度受阻减缓，使水位的变化受到一定时间的滞后影响（井内外存在一定的延时），对周期性的波动也产生一定幅度的衰减，这样井内只出现大大衰减了振动幅度和时间滞后的波动，从而达到滤波的目的。

井内波浪的衰减性能可表示为

$$\left.\begin{aligned} \beta &= \frac{\omega\sqrt{A}}{c} \\ c &= 0.6\sqrt{2g}\frac{A_p}{A_\omega} \\ \omega &= \frac{2\pi}{T} \end{aligned}\right\} \tag{3.4}$$

式中，β 为验潮井的衰减系数，ω 为波浪的角频率，T 为波浪周期，A 为波浪的幅度，c 为验潮井常数，g 为当地的重力加速度（m/s^2），A_p 为小孔直径（m），A_ω 为井孔内径（m）。

可见这种滤波方法仍不够理想，特别是当波幅很大时，井内水位波动仍较大，且记录纸上会出现一条较宽的模糊带，易引起记录结果较大的误差。原则上可以用减小 A_p/A_ω 值来提高 β 值，但这样会使小孔内径太小，易阻塞，且还会引起潮位的滞后和幅度压缩。

2. 长管阻尼滤波法

长管阻尼滤波法主要用于岸式验潮井（如青岛验潮站），也是一种利用机械装置的特殊设计达到滤波效果的。

水位观测值是通过验潮井上的浮子式验潮仪来获得的。验潮井的滤波特性依赖于井的时间常数 τ（衰减时间），一般取 $\tau \leqslant 40$ s。应用长管阻尼滤波法的验潮井是通过一条细管与海相通，其滤波效果要比小孔阻尼式好，其细管的直径和长度可以按照有关公式计算。长管阻尼滤波法的优点是：①正常系统对潮汐反应良好，衰减较小，有一个较陡的截止周期，在此周期下，风浪会得到极大衰减；②系统是线性的，从记录数据中计算潮汐成分可以根据衰减系数和相位直接进行修正。其主要的不足是管内直径太小会使时间常数增加（主要由管内沉积或附着泥沙、海藻、贝类等造成），会导致潮位的滞后或幅度压缩，因此需要与验潮井内水尺进行比对检查及定期清理。

3. 跟踪速度滤波法

跟踪速度滤波法准确地说不属于验潮井式滤波，但属于机械滤波法之一，是利用机械装置的特殊设计和运行来达到滤波效果的。

跟踪速度滤波法应用于以压力验潮原理为基础的无井验潮仪，如我国的 SCL2-1 型无井验潮仪。它通过测量水下某一界面至海面的压力变化来测量水位

变化,从而达到观测的目的。其水位值求解模型为

$$h=\frac{P_A-P_0}{\rho g} \tag{3.5}$$

式中,P_A 为气水界面上的静压力,P_0 为大气压力,h 为海面至引压钟内气水界面的距离,ρ 为海水密度,g 为重力加速度。

跟踪速度滤波法的原理是:根据波浪变化的速度与潮汐变化的速度相差很大、前者远比后者快得多的特点,通过控制压力测量仪表跟踪潮位变化,使其只能跟上并测出变化慢的潮汐,而对波浪则来不及响应或响应很小,从而达到滤波的目的,获取水位数据,如机械式压力验潮仪。

跟踪速度滤波法的优点是:①结构简单,调整方便(内部可变电机);②坚固耐用,不存在小孔滤波的阻塞问题;③整套装置移动方便,成本远比上述几种装置低,且测量精度高,适合测量需要;④滤波性能良好,且与波浪的幅度无关。

3.2.4 数字滤波法性能分析

数字滤波又称后处理滤波或近实时滤波,是随着电子式压力验潮仪、声学水位计和计算机技术的广泛应用而引入的滤波方法。此法是将电子式压力验潮仪和声学水位计测得的数字水位信号利用计算机数据处理软件或仪器内置软件进行滤波处理。

电子式压力验潮仪和声学水位计的观测精度可以达到±1 cm,因此得到的水位观测值叠加了波浪变化信息,而仪器内部计算机设计了一种数字滤波器,将按一定的时间间隔测得的原始数据进行 40 s 或小于 40 s 的信号滤波处理(该时间称为滤波时间,滤波时间长短取决于当地波浪的平均周期),滤除波浪影响的高频部分,保留潮汐影响的低频部分,从而获得准确的水位观测值。数字滤波法有算术平均值法、多项式拟合滤波法、样条函数法、仪器内置低通滤波法等。当今水位观测和滤波趋于实时一体化,数字滤波法已成为一种较普遍的滤波方法。

数字滤波法的优点:①数字滤波器由程序实现,成本低;②不需外部硬件设备,可靠性高,稳定性好,不存在延时问题;③使用灵活,滤波模型修改方便,可以进行近实时滤波或事后滤波;④可以实现硬件滤波无法实现或难以实现的滤波任务。其不足是:不同的滤波时间长度对滤波结果会产生影响,特别在波浪影响大的海况下,应在事后数据处理过程中选择合适的滤波方法和滤波时间进行再处理,效果更佳。

由上述分析可以看出,因验潮井观测法和数字滤波法的结构和滤波性能等特点,其在大多数海况下的水位观测精度要比水尺高,特别是验潮井观测法常常作为标准的或基础的验潮模式,但缺点是仅在有限地点设置、造价高、数量有限。而数字滤波法机动性强、便于移动、设站方便,在严格校准的情况下,观测精度也可满足海道测量需求,所以已成为世界各国常用的一种观测手段,也是海道测量最常用的获取测区水位的手段。

§3.3　海道测量验潮站设立

测区上一次测量的建站资料及已有的测区潮汐信息是测区技术设计的重要信息源和优化设计的基础。充分利用已有的验潮站信息恢复测区的垂直控制，将极大地减少测区垂直基准确定的工作量，提高作业效率，因此测前对测区上一次测量的建站资料或已有的测区潮汐信息的收集是一项非常有价值的工作。若按照预先设计的初步方案，通过实地勘察发现，实际测区无法恢复测区的垂直基准或验潮站数量无法满足测区垂直控制的技术要求，则应设立必要数量的新验潮站。下面将主要叙述建立新验潮站的基本要求和基本步骤。

3.3.1　设立测量验潮站基本要求

除 3.1 节对验潮站布设的要求外，在设立新验潮站及实际观测作业期间还应遵循以下两项基本要求：

(1)保持观测基准的一致性和稳定性，即在测量(观测)期间，应保证仪器读数零点或记录零点不变。例如，岸基测量验潮站应在观测前、观测期间和观测后进行联测和定期比对；离岸水下压力验潮仪应根据海底底质特征估计观测仪器沉降至稳定的时间，扣除观测仪器沉降期间的观测数据。据相关资料介绍，泥沙底质一般沉降至稳定所需的时间为 2～3 天；砾质和石质海底沉降至稳定所需的时间较短。

(2)保持测量仪器的有效观测能力。对水尺观测验潮站，应保证低潮不干出，高潮不淹没，否则会造成部分时间段无法观测水位，导致不能对测区进行有效的水位控制和水位改正。例如，在较长滩涂和潮差较大的陡峭海岸海区，很容易造成单个观测水尺的干出和淹没情形，为此应多设立几根水尺。对压力验潮仪应保证低潮不干出，也不能被泥沙淹没；对声学水位计和雷达验潮仪应保证能观测到低潮和高潮，特别应保证水上发射换能器底面(或相位中心，参见相关仪器使用手册)离水面一定的高度(视仪器而定)，实际观测期间的高潮面不能高于仪器的测量盲区。

3.3.2　设立新验潮站基本步骤

设立新验潮站的基本步骤包括：实地勘察、仪器选择与仪器检验、安置仪器与验潮站零点确定、水准联测与埋设标志、仪器现场比对、站点信息记录等。

(1)实地勘察。在设立新验潮站前最重要的工作是测前的实地勘测或调查，该项工作在测前测区勘察中实施。勘察人员应初步掌握测区设立验潮站的地理和环境基本条件，了解当地潮汐变化规律(如潮差、周期等)和当地已有的验潮站信息、新站址周围的水准点数量和等级，制订增设和恢复水准点初步计划，并绘制设站技术草图。若可能，须通过设立临时验潮站进一步了解或核实测区的潮汐性质和基本规律。外业勘察人员还必须综合评估海上与沿岸设站条件、观测条件、潮汐性质、交通状况、通信与电力供应状况、站址的安全性、避雷、生活条件、水深状况等，为海区技术设计提供全面的基础信息。

(2)仪器选择与仪器检验。综合技术设计要求、潮差大小、观测时间长短、观测便利性、设站环境可行性、观测成本等因素，选择适合外业的水位观测仪器，包括采用的仪器数量、各站配置、无线与有线数据传输频率与格式、观测仪器使用说明书等。在室内对所选择的观测设备进行检验，主要对仪器及其数据采集软件的稳定性和可靠性进行检验，同时获取仪器的校准参数。

(3)安置仪器与验潮站零点确定。采取一定的措施将观测仪器固定在观测地点，保证在观测期间仪器的读数零点不发生变化(移动或沉降)。例如，可尽量利用码头、防波堤、固定井架、灯桩等固定地物和人工设施作为仪器安置的固定支撑和观测平台；若无可以利用的固定支撑和观测平台，如在滩涂、陡壁区域，则需采用打置木桩等建立固定支撑和观测平台。利用水尺，其读数零(水尺零)应低于该区域已知的最低潮面 0.5～1 m，尺顶应高于最高潮面 0.5～1 m，否则增设另一根水尺；利用压力传感器，其压力传感器面(孔)也应至少低于该区域已知的最低潮面 0.5～1 m；水下验潮仪应尽量选择在底质较坚硬的区域布设，或者将仪器安装在固定支架或稳定平台上，以避免仪器沉降时间过长及仪器被泥沙淹没等。

一旦固定安置仪器后，需要首先确定验潮站零点。验潮站零点是验潮站观测期间的观测水位起算面。每个验潮站都需要一个统一而确定的验潮站零点。对单个观测设备构成的单一验潮站的零点一般选取其水尺(或验潮仪)零点(观测读数的起算面)，如水尺读数、压力传感器表面等。对多根水尺构成的单一验潮站水位观测情形，其验潮站零点一般选取一个离岸最远的水尺零点，其与验潮站附近水准点的相互高差设定为一个整数，作为各水尺(或验潮仪)统一潮位的起算零点。按《海道测量规范》要求通过水面联测测定不同水尺之间零点高程互差，以作为最后的各水尺观测水位统一到验潮站零点的换算之用。对远离海岸的验潮仪观测数据，可以通过在高潮期间岸边设立水尺验潮站，进行短期同步观测求得短期离岸验潮仪(验潮站有效控制范围内)验潮站零点与水准点的高差，用于最终验潮站水位观测数据的换算。

(4)水准联测与埋设标志。对沿岸或岛上设置的验潮站，利用水准测量(《海道测量规范》规定采用四等水准测量)确定验潮站零点与验潮站附近陆地水准点之间的高差关系。每个验潮站附近都应至少埋设一个工作水准点和一个主要水准点。设立工作水准点的目的是保证水位观测值的精度，在作业期间定期检查仪器读数零点的变动情况。工作水准点应设立在验潮站的附近，可利用牢固的显著目标物，如岩石、固定码头、混凝土面、石壁上标记等，涂上油漆作为标志，应避开容易遭受外界干扰和破坏的地方。不具备上述条件的地方，也可埋设牢靠的木桩，作为工作水准点标志用。主要水准点又称基本水准点(primary bench mark,PBM),设立的目的是长期固定并保存水位观测结果和深度基准面标定值,以备以后水位观测的恢复利用。因此,主要水准点应设立在最高潮线以上、地质比较坚固稳定(如巨大的岩石、人工建筑物)、能长期保存且不易破坏、易于进行水准联测的地点。埋设标石的规格、方法、要求可参阅水准测量规范的要求,埋设的水准标志一般包含主管机关名称、水准标志编号和设立年份等内容。在埋设水准标石以后,应利用水准测量确定工作水准点与主要水准点之间的高差,一般按四等水准实施测量。为了更好地对主要水准点及其基准信息的长期保存,一般设立多个主要水准点为佳。水准联测除上述作用外,还主要用于确定新站验潮仪零点(或压力传感器表面)与水准点的高差关系及基准传递参数。

(5)仪器现场比对。安置仪器后,利用水尺在现场进行同步观测。通过对同步观测期间的数据进行分析,检查仪器安装的稳定性、基准的稳定性、观测数据的可靠性等,特别是直接关系到在无人监控下声学水位计和压力验潮仪的运行状况及观测资料的可靠性。

(6)站点信息记录。对验潮站点的相关资料建档登记,主要包括验潮站与水准点的几何关系、示意图描述、定期检查信息、工作水准点和主要水准点的点之记、站点名称、站点编码、基准传递参数、站点坐标、站点观测时间、站点全景照片等。

图 3.22 至图 3.32 展示了在不同地区设立验潮站的实例照片和示意图。

图 3.22　固定码头上设立的验潮站

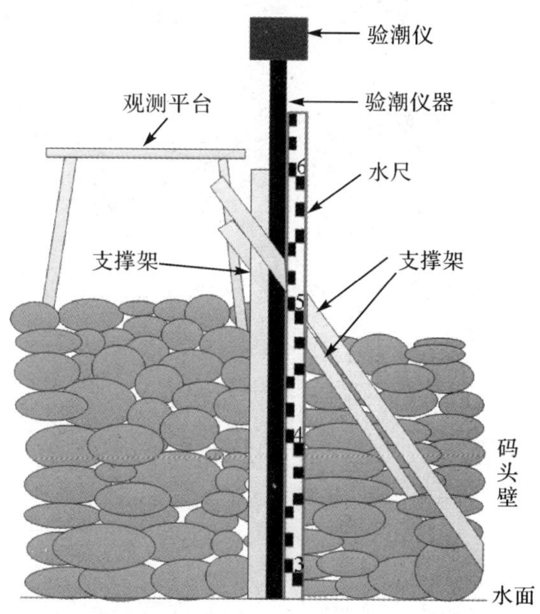

图 3.23　固定码头壁上设立的验潮水尺与验潮仪示意

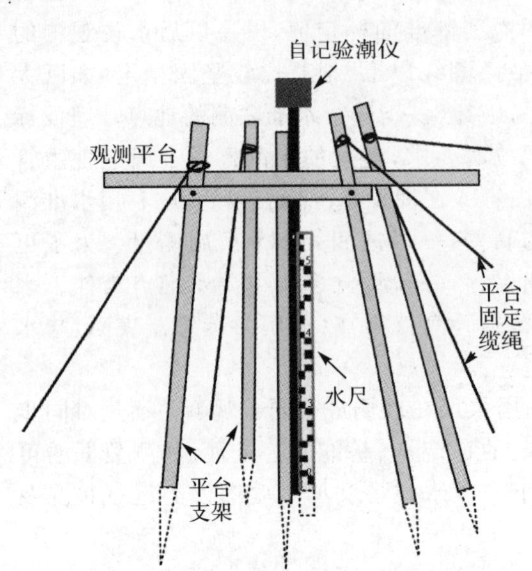

图 3.24 在滩涂上设立验潮平台示意

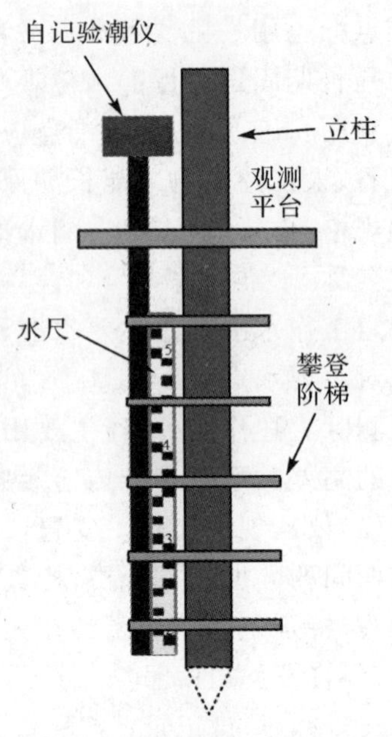

图 3.25 在滩涂上设立的桩式自记验潮站示意

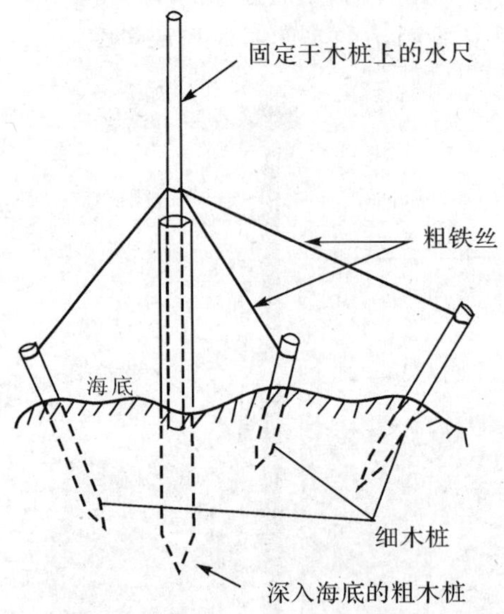

图 3.26 在海滩上设立验潮水尺示意

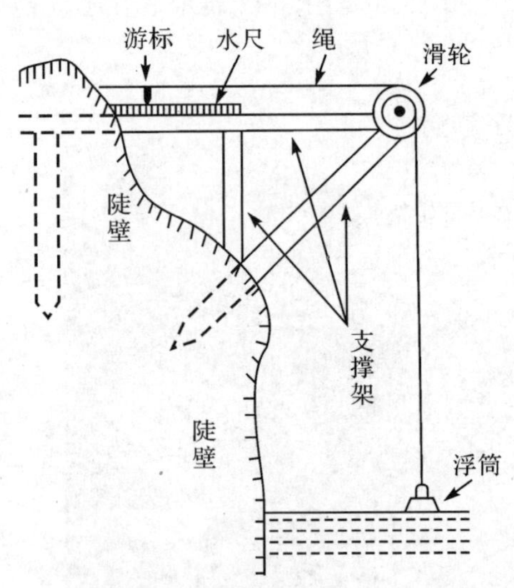

图 3.27 在陡壁上设立验潮水尺示意

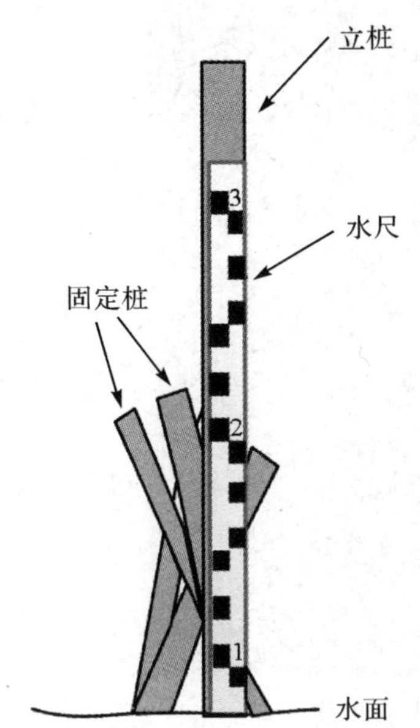

图 3.28　在石砾海滩上设立的验潮水尺示意

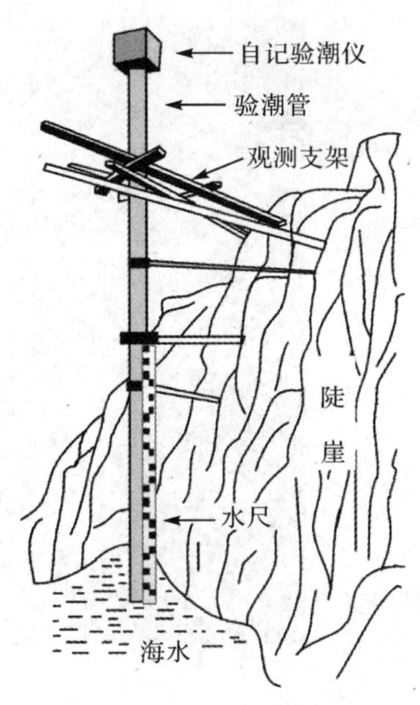

图 3.29　在陡壁上设立的自记验潮仪示意

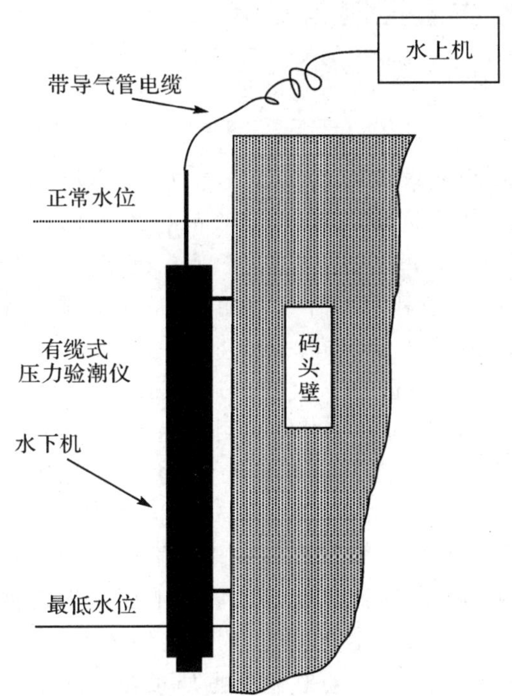

图 3.30　安装在码头壁上的压力验潮仪

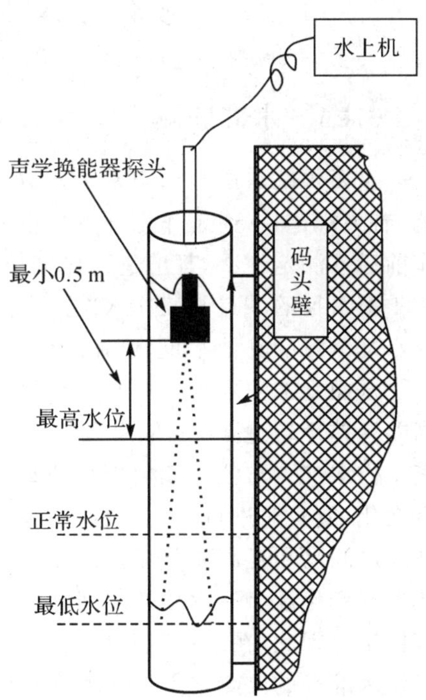

图 3.31　声学水位计码头壁安装示意

图 3.32　放置近海海底压力验潮仪

§3.4　水位观测质量控制与记录

3.4.1　水准联测

主要水准点应与国家水准点联测，联测要求应根据路线长短按《海道测量规范》有关规定执行；工作水准点与主要水准点之间的高差，按四等水准测量要求，工作前后各测定1次，都应进行详细记录及存档。验潮站拥有多根水尺情形，则至少有1根水尺的零点与工作水准点之间的高差是利用等外水准测定的；无法进行等外水准测量的其他水尺，可在海面平静时，用水面水准方法测定。

水面水准法要求2根水尺每隔10分钟同时进行1次读数，连续读数3次，其高差互差不超过3 cm，取中数使用，超限者应重测。在水位观测过程中，应经常检查工作水准点与仪器读数零点的高差变化情况。若发现或怀疑观测仪器读数零点有变化，应及时进行水准联测；当零点变化超过3 cm时，应重新确定读数零点与水准点之间的相互高差关系。测量过程中，应该认识到零点的变化超限可能意味着从发现变化至上一次检查之间的观测数据无效，导致此时间段内海上测量失去垂直控制。因此，在水位观测期间，无论是验潮零点及其仪器读数零点的监测，还是工作水准点的监测都贯穿于整个水位观测过程，是水位观测数据质量控制的主要内容之一。

3.4.2　水位观测及其要求

水位观测是认识和了解海区潮汐变化规律的重要依据，也是海道测量中不可或缺的测区垂直控制和水位改正的基础信息。水位观测主要采用水尺、自记验潮仪、压力验潮仪、声学水位计等手段。水位观测工作较为简单，一种方式是按一定时间间隔直接读取水位高度，如水尺读取或从记录纸上(滚动记录仪)量取；另一种方式是观测仪器设置好后，按设定时间间隔自动记录验潮站水位变化信息，测量人员直接定时利用计算机下载观测数据或利用有线或无线网络接收验潮站观测数据，如电子式压力验潮仪、声学水位计等。水位观测必须真实、准确，不得中断，不得涂改或任意添加。

《海道测量规范》中规定：观测手段的观测精度小于 5 cm，观测值取至厘米；观测时间间隔最大不能超过 0.5 小时，高低潮前后 1 小时内应每隔 10 分钟观测1 次，并整时记录；计时误差小于 1 分钟，每日进行校对。就观测时间间隔而言，可以看出这主要是针对水尺观测的基本要求，而对目前压力验潮仪普遍应用的现状来说，设置整 10 分开始采集及采样间隔为 10 分钟是比较容易的，这样既可满足测量需要，也可提取整时水位用于进一步潮汐参数的分析与计算。这一点美国的《海道测量规范与提交》中的规定较可取，其规定为每 6 分钟采集一个水位值，整时开始采集，1 小时可采集 10 个水位数据，类似十进制，便于数据整理和提取整时观测数据(用于潮汐分析)。对观测精度而言，只要采取适当的措施，如进行必要的定期基准比对、密度改正、气压改正及选取适当的滤波周期，压力验潮仪等自记验潮仪就容易达到观测精度要求，也能够满足国际海道测量局颁布的《海道测量标准》(2008，第 5 版，S-44)中的规定，即对于特等测量的水位观测总精度不超过 5 cm(95%置信度)，其他测量不超过 10 cm 的要求。

验潮站的观测时间长度主要取决于测量项目和观测用途需求，主要分为如下几种情形：

(1)若测区已有满足测量项目要求的基准，则一般验潮开始时间要早于水上测量开始时间 0.5～2 小时，而结束时间晚于测量结束时间 0.5～2 小时。但对于水底验潮站，应顾及坐落在水底的验潮站基准可能存在的沉降问题，有时需要提前 2～3 天开始布设并观测，如泥沙质海底布设的压力验潮仪应在进行水上测量前 2～3 天开始布设并观测。对于“早出测晚收测”的作业模式，由水上测量时间决定验潮站的观测时间，水位观测时间应早于水上测量开始时间，晚于水上测量结束时间，期间进行连续观测，而不需要在整个测量项目实施期间进行连续观测；但对于利用压力验潮仪验潮，为减少建站的繁杂过程，一般在整个测量项目实施期间进行连续观测。

(2)若测区可利用传递方法建立测区或验潮站基准，则新建验潮站的平均海面需要至少 30 天的连续观测资料，深度基准面至少为 3～6 天；若同时用于水上测量的水位改正，则水位观测时间应早于水上测量开始时间，晚于水上测量结束时间，期间进行连续观测。

(3)若测区无深度基准(或不能利用传递基准方法建立基准)，为提高确定基准的精度和稳定性，连续水位观测时间应不少于 30 天。

验潮井观测法应首先利用校准水尺进行比对，互差不大于 2 cm，每日检查 1 次；验潮井内水位与井外水位保持同样高度，同时升降；应经常检查水尺零点与工作水准点或主要水准点的高差变化情况，最长不超过 7 天联测 1 次。

水尺验潮要求水尺设立牢固、垂直水面、高潮不淹没、低潮不干出，2 根水尺的衔接部分至少有 0.3 m 的重叠；当水尺的瞬时水深小于(含)0.3 m 时，应更换水尺(图 3.33)，同时按水面水准方法同时读取 2 根水尺的水位，互差不大于 2 cm，并记录注记；不同水尺验潮站的读数零点在观测前或观测过程中应归算到同一验潮站零点，基于不同零点的水位读数也应进行相应的归算。

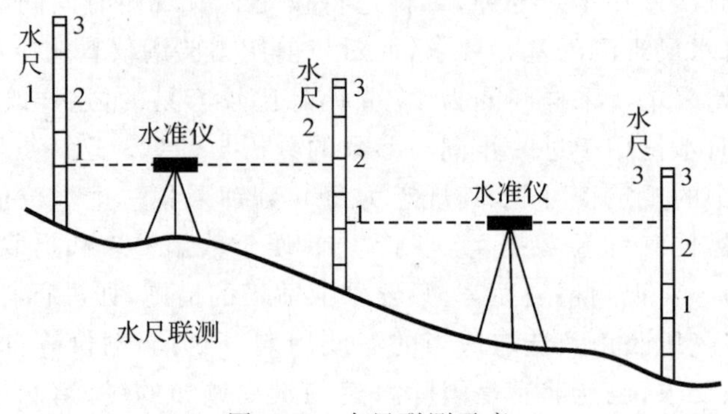

图 3.33 水尺联测示意

压力验潮仪和声学水位计的基本要求与验潮井式自记验潮仪相同。由于采用的是自动化程度较高的水位观测电子设备，因此应特别注意测前仪器的校准和测量过程的定期检查及同步比对。首先，在测前对压力验潮仪和声学水位计进行校准，即利用水尺和随机校准软件对仪器进行现场校准，求得校准参数，填写校准报告；其次，在观测期间可能受到人为和环境的影响，为保持验潮仪的读数零点不发生变动(如人为、碰撞、大浪、急流等造成)，应定期进行基准检查(水准联测)，《海道测量规范》中规定定期检查周期为 7 天。对自容式压力验潮仪，需要在仪器进行观测的同时，定时观测海面气压变化(一般为 1 小时观测 1 次)，以备测后的水位气压改正。由于是电子设备，因此还应定期检查仪器的稳定性、供电情况、数据存储情况，否则会因仪器不稳定、供电不足而停止数据采集，还可能出现储存器空间不够等，从而造成数据失真、数据丢失及观测中断等问题，带来不必要的重测，降低工作效率。

另外，任何一次水位观测，应利用人工或计算机绘制潮汐变化曲线，直观地初步检查观测数据中存在的粗差、基准变动情况等。

3.4.3　水位观测误差源

水位观测是在野外进行的，是对动态的海面进行观测，不可避免地受到海况、气象、仪器性能和人为因素干扰，从而给水位观测带来误差。水位观测误差主要包括以下几种：

(1)验潮站零点误差，包括验潮站的联测误差、原始基准的误差、观测期间的验潮站零点因外界因素造成的变动等。例如，对于一些长期验潮站而言，由于多年的累积，维护规程不完善等使诸如连接浮筒的绳缆长度发生变化、腐蚀和脱落导致浮筒浮力发生变化，这些都会引起原先确定基准的变化。此变化可能是瞬间产生的，可能是缓慢进行的，因而在使用长期验潮站资料时，必须认真查阅资料，或者利用附近的长期验潮站进行必要的比对，否则会带入系统误差。

(2)仪器读数零点误差，包括仪器读数零点的移动、仪器校准误差等，如压力验潮仪的零点没有进行严格校准及存在零点漂移、海浪和海流作用造成读数零点的升沉等。

(3)记数误差，包括人为改写、仪器误差、供电电压偏低、观测人员的视力和主观判断偏差等。

(4)计时误差，包括内部计时器或外部计时器不准确造成的误差、计时的延时等。

(5)波浪影响误差。由于海上水位观测经常是在有海面波浪的情况下进行的，而波浪起伏直接影响着对瞬时水面高度的观测，导致水位观测误差，所以选择适当的波浪滤波算子和滤波时间是提高观测精度的关键问题。

(6)气压影响误差。局部气压的变化会造成局部海面的起伏，若测量船所在地点与验潮站受到的气压影响不同，则会在测量成果中引入气压变化导致的水面差异。当然，对利用自容式压力验潮仪进行水位观测而言，该项误差还包括不进行气压改正及气压观测不正确导致的水位观测误差。

(7)同步误差。对某些长期验潮站而言，海洋水生物对水下通水管道的阻塞及泥沙的淤积，可能会造成验潮井内水面与井外水面的高度不一致和时间延迟，进而产生水位观测误差。

(8)海流和水密度影响误差。对压力验潮仪而言，特别是河口和涡流区域，海水密度变化和流速会直接造成压力传感器的测量误差，参见 3.2.1 节。

另外，在水位观测过程中，观测仪器的维修、调整、清理等也会影响仪器观测而产生误差。对此类情况必须进行详细记录，包括采取的降低误差措施，并作为水位观测信息的一部分与观测记录一同上交，以保证水位观测的质量。

上述误差，在进行水位观测时，必须实施严格的校准、比对等措施，对可能的误差进行有效控制，以获得高质量的水位观测资料，并保留所采取措施的检查与处理信息文档。上述观测误差在沿岸验潮站(包括岛式验潮站)应控制在 5 cm 以内，海上定点验潮站应控制在 10 cm 以内。实际海道测量过程中，特别是浅水区域的海道测量，水位改正误差（包括上述水位观测误差和 5.4 节测区内水位内插的误差）是制约测深点水深测量精度最主要的因素，因而应尽可能提高和保证水位观测精度。

3.4.4　水位观测记录

水位观测资料的记录主要分为两种形式，即纸质观测手簿记录和数据电子文件存储记录。前者是传统的纸质记录方式，是水尺验潮的主要记录方式，将观测潮高、观测时间、气象、验潮站基准关系等信息直接记入观测手簿，作为原始归档资料；后者是现代水位观测仪器观测数据记录的方式（有时需要进行数据转换），便于进行海道测量数据处理、潮汐数据库建立、资料携带与上交、资料管理和查询。

为了保证水位观测数据的质量，应尽量统一数据记录格式和详细的文字注记说明，表 3.1、表 3.2 给出了两种水尺水位观测资料纸质记录表格。目前，《海道测量规范》还未对其进行统一要求，实际测量过程中，按照不同的作业目的，选择不同的记录形式，但记录内容基本与表 3.1、表 3.2 中的内容相同。

表 3.1　水位观测记录表（纸质）

<table>
<tr><td>观测日期</td><td colspan="2"></td><td colspan="2">天气</td><td></td><td>验潮站</td><td colspan="2"></td><td colspan="2">验潮员</td><td></td></tr>
<tr><td colspan="6">潮位观测</td><td colspan="6">平潮观测</td></tr>
<tr><td>水尺名称</td><td colspan="4"></td><td rowspan="2">水位
改正数</td><td>水尺名称</td><td colspan="4"></td><td rowspan="2">水位
改正数</td></tr>
<tr><td>至验潮站零点改正值</td><td></td><td></td><td></td><td></td><td>至验潮零点改正值</td><td></td><td></td><td></td><td></td></tr>
<tr><td>观测时间</td><td></td><td></td><td></td><td></td><td></td><td>观测时间</td><td></td><td></td><td></td><td></td><td></td></tr>
<tr><td></td><td></td><td></td><td></td><td></td><td></td><td></td><td></td><td></td><td></td><td></td><td></td></tr>
<tr><td></td><td></td><td></td><td></td><td></td><td></td><td></td><td></td><td></td><td></td><td></td><td></td></tr>
<tr><td></td><td></td><td></td><td></td><td></td><td></td><td></td><td></td><td></td><td></td><td></td><td></td></tr>
<tr><td></td><td></td><td></td><td></td><td></td><td></td><td></td><td></td><td></td><td></td><td></td><td></td></tr>
<tr><td></td><td></td><td></td><td></td><td></td><td></td><td></td><td></td><td></td><td></td><td></td><td></td></tr>
<tr><td></td><td></td><td></td><td></td><td></td><td></td><td></td><td></td><td></td><td></td><td></td><td></td></tr>
<tr><td colspan="6">验潮站零点上潮高总和：$\sum^{n}$</td><td></td><td></td><td></td><td></td><td></td><td></td></tr>
<tr><td colspan="6">日平均水面在验潮站零点上：$\sum^{n}/n$</td><td></td><td></td><td></td><td></td><td></td><td></td></tr>
<tr><td colspan="6">气象观测</td><td colspan="6">备注</td></tr>
<tr><td></td><td>01 00</td><td colspan="2">07 00</td><td>13 00</td><td>19 00</td><td colspan="6" rowspan="5"></td></tr>
<tr><td>风向</td><td></td><td colspan="2"></td><td></td><td></td></tr>
<tr><td>风力</td><td></td><td colspan="2"></td><td></td><td></td></tr>
<tr><td>海浪</td><td></td><td colspan="2"></td><td></td><td></td></tr>
<tr><td></td><td></td><td colspan="2"></td><td></td><td></td></tr>
</table>

表 3.2　平均海面与基准面关系图

验潮站名称		计算者	
		检查者	
验潮站位置	纬度	经度	备注
	°　′　″	°　′　″	
水尺、水准点及验潮站附近地形略图			
水尺、验潮站零点和水准点高度关系断面图			
平均海面与基准面关系图			

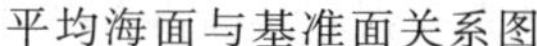

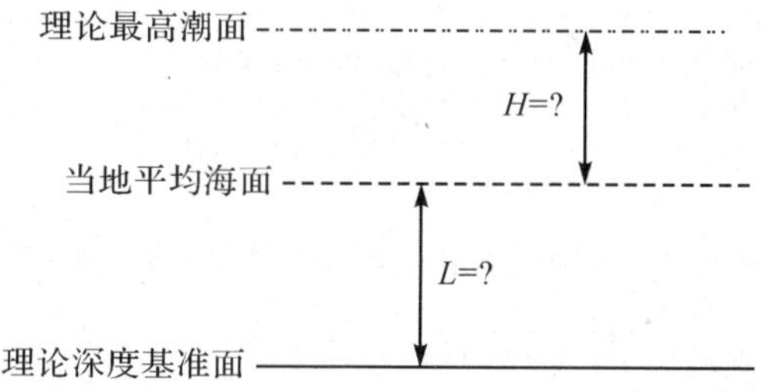

随着水位观测技术的发展，压力验潮仪、自记验潮仪的推广应用，水位观测数据记录逐渐由人工水尺读数方式向验潮仪自动记录、无线或有线传输、自动存储方式转变。数据电子文件存储方式更有利于记录格式统一、数据传输和数据自动化处理，其记录数据频率高、精度高、格式规范、连续工作时间长、便于计算机处理，不但降低了观测人员的劳动强度，而且极大地提高了工作效率。目前海道测量中，数据电子文件存储的格式目前还不统一，这主要取决于测量观测仪器内部设置（如电子存储方式不同的验潮仪）、所采用分析计算的软件和海道测量数据处理软件。不同的仪器和软件采用的格式不同，这需要观测人员根据需要将观测数据编辑转换为数据处理所规定的数据格式。一般的数据处理软件除将潮汐数据和验潮站信息读入并建库外，还可对观测数据进行粗差剔除、插补、平滑、统计计算及快速求解水位改正值和自动绘制水位变化曲线等。数据电子文件存储内容主要包含站点名和编号、地点位置（经纬度坐标）、潮汐类型、日期、气压、气温、水温、干湿度、基准面信息、无线通信频率、观测采样间隔、观测仪器、观测个数、插补注记、观测时刻、水位高及简要文字注记等。目前，国际上各国趋于采用统一格式记录水位观测数据，如

美国的《海道测量规范与提交》就对数据文件的每一行数据所占列数进行明确规定。图 3.34、图 3.35 为美国《海道测量规范与提交》给出的声学水位计和压力验潮仪的水位观测数据文件格式，图 3.36 为我国某海道测量认证软件要求的潮汐分析水位观测数据文件格式。

Acoustic Sensor Data(XXX.ACO format)
Columnl-7 Station ID(assigned in the project instructions)
Column81 (DCP number, Use 2,3,etc.,for additional DCPs)
Column9-19 Date(MMM DD YYYY format,e.g.JAN 01 1998)
Column20 Blank
Column21-22 Hours in 24 hour format(i.e.00, 01,...,23)
Column23: (place a colon)
Column24-25 Minutes(00,06,12,etc...)
Column26-32 Data value in millimeters,right justified,(e.g.1138)
Column33-38 Sigma(standard deviation in millimeters in integer format)
Column39-44 0utlier(integer format)
Column45-50 Temperature l(tenth of degrees C in integer format)
Column51-56 Temperature 2(tenth of degrees C in integer format)
Column57-58 Sensor type(A1 for acoustic type)
Column59-60 blank
Column61-61 Data Source(S for Satellite,D for Diskette)

Sample Data:
85169901AUG l7 1993 05:00 1138 23 0 308 297A1 S
85169901AUG l7 1993 05:06 1126 26 0 308 298A1 S
85169901AUG l7 1993 05:12 1107 26 1 309 298A1 S
⋮

图 3.34 美国声学水位计水位观测数据文件格式

Pressure Sensor Data(XXX.BWL format)
Column l-7 Station ID(assigned in the project instructions)
Column8 l(DCP number,use 2,3,etc.,for additional DCPs)
Column9-19 Date(MMM DD YYYY format, e.g.JAN01 1998)
Column20 Blank
Column21-22 Hour in 24 hour format(i.e.01,01,...,23)
Column23:(place a colon)
Column24-25 Minutes(00-59)
Column26-32 Data value in millimeters,right justified,(e.g.1138)
Column33-38 Sigma(standard deviation in millimeters in integer format)
Column39-44 0utlier(integer format)
Column45-50 DCP temperature(tenth of degrees C in integer format)
Column51-52 Sensor type(B1 for pressure type)
Column53-53 blank
Column54-54 Data Source(S for Satellite,D for Diskette)

Sample Data:
85169901AUG l7 1993 05:00 1138 23 0 308B1 S
85169901AUG l7 1993 05:06 1126 26 0 308B1 S
85169901AUG l7 1993 05:12 1107 26 1 309B1S
⋮

图 3.35 美国压力验潮仪水位观测数据文件格式

```
dalian
38.52 121.41
744
1982 8 1 0
159 143 149 176 216 265 310 337 348 340 312 275
236 200 179 176 192 218 251 280 294 289 266 235
199 167 151 157 185 228 278 324 352 359 344 312
271 225 185 159 158 175 203 238 268 283 274 249
215 177 143 130 143 177 223 276 323 347 347 326
⋮
```

图 3.36　我国某测量认证软件要求的水位观测数据文件格式

§3.5　验潮站垂直基准统一和相关垂直基准的关系

3.5.1　验潮站垂直基准统一

要使验潮站观测数据满足实际测量和数据处理需要，则必须建立统一的验潮站垂直基准，并将观测数据归算为特定的测量垂直基准上的值。基于海岸建立的验潮站应尽可能确定验潮站基准在国家高程基准的位置，以便建立水位观测基准与国家高程系统之间的某一固定且能够长期保存的关系。该固定关系可用于解决观测过程中的观测仪器读数零点的检查问题，也用于下一次测量的垂直基准恢复和海底地形及海平面变化研究。

验潮站零点（或水位零点）的确定分为三种情形：①当新设验潮站所在区域的深度基准面已知时，可以直接通过与附近水准点的水准联测恢复利用；②当新设验潮站与长期验潮站有一定距离且满足水位传递要求时，一般采用 5.2.3 节的深度基准面传递的方法，将长期验潮站的深度基准面按一定的方法传递至新验潮站，并进行精度估计来确定新验潮站的水位零点；③当新验潮站所在区域的深度基准面未知且不能利用传递的方法建立与长期验潮站的关系时，验潮站零点一般假定在工作水准点以下整米处，且必须低于当地最低潮位，当按《海道测量规范》规定的时间长度和观测间隔（连续 30 天观测，间隔 1 小时）获取水位观测数据后，则利用观测数据和认证计算软件计算该站的深度基准面，以此作为最终的该站水位零点，并将水位观测数据转换到以新水位零点为基准的数据。验潮站的水位零点最终确定后，不得随意更改，如图 3.37 所示。

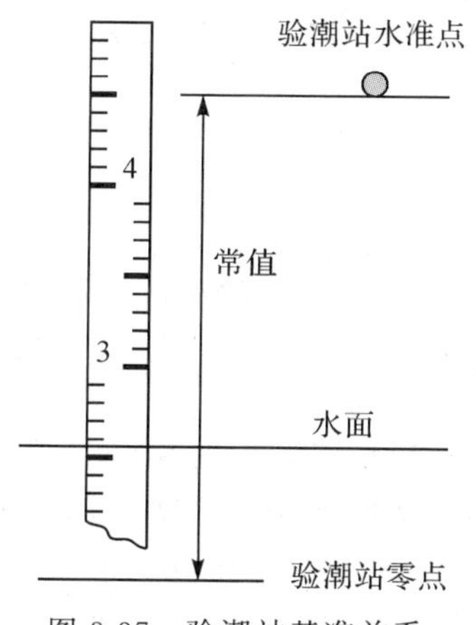

图 3.37　验潮站基准关系

水位零点确定后，重新建立新验潮站与工作水准点和主要水准点之间的高差关系，并对此进行文档注记说明，其基准的确定精度应控制在 10 cm 以内。

另外，对于外海采用水底压力验潮仪及 GNSS 差分技术进行水位观测时，必须在获得一定时间段的观测资料后统一进行数据处理和确定基准关系。

3.5.2 验潮站相关垂直基准的关系

验潮站的垂直基准因不同用途或传统习惯而存在差异，如验潮站零点、深度基准面、多年平均海面、筑港零点、国家高程基准、地方水位零点等，基准面的基本相对位置关系如图 3.38 所示。航海《潮汐表》的潮高起算面和海图的深度起算面都采用法定的当地主要港验潮站的深度基准面，但有的地区或海洋工程项目中所采用的起算面可能不是法定的深度基准面，而是根据当地实际应用需要而确定的统一基准面。例如，筑港零点、国家高程基准、当地多年平均海面、当地水深零点等，这需要在使用或数据转换时引起足够重视，不能引起混乱。因此，在海道测量数据处理时，首先应先严密考证测量项目所需的潮高起算面和深度起算面及其与高程基准的关系。另外，在海道测量实践中，当深度基准面未知或尚未准确确定而临时设定一潮高起算面时，其深度基准面与验潮零点不一致，存在一个待确定的高差，如图 3.38 所示；当深度基准面确定以后，应将以临时验潮站为基准观测的潮高转换为以深度基准面为基准的潮高或水位高。

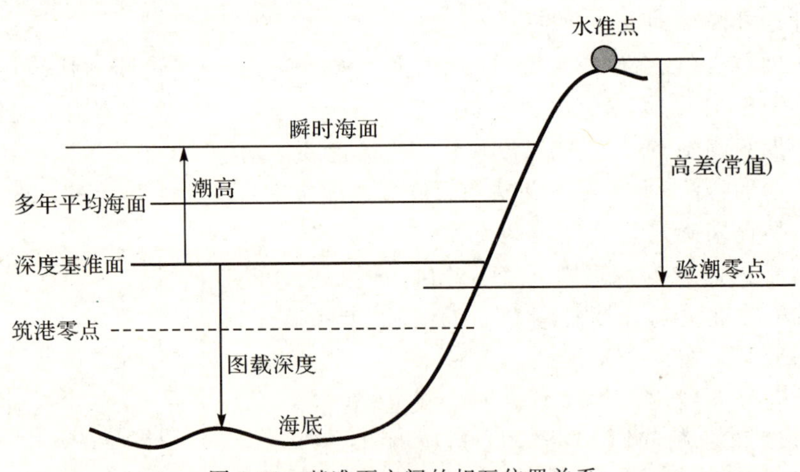

图 3.38 基准面之间的相互位置关系

当验潮站基准确定后，应通过水准联测确立验潮站主要水准点、工作水准点与国家高程基准及验潮站零点之间的高差关系。该高差关系将用于观测期间的数据检查、数据保存和以后验潮工作的验潮站零点的恢复等。这些基准及基准关系示意图、点之记也应一并注记于表 3.1、表 3.2 中。

§3.6　水位观测资料整理

水位观测资料整理的目的是提供测量水位改正、潮汐分析和预报所需的正规资料，以及建立各验潮站的正规化潮汐数据资料档案或数据库。

3.6.1　水位观测资料预处理

在水位观测过程中，断电、人工记录错误、仪器记录误差、风浪冲击等因素不可避免地导致水位观测数据产生误差。在进一步应用水位数据前，必须对其进行预处理，如对观测期间基准变动检查、粗差数据缺测、异常水位数据检查、数据缺测（或间断）检查、水位曲线失真情况检查、尺度检查、注记资料与检验资料检查等，才能满足《海道测量规范》要求及后续水位改正计算与潮汐分析要求。

目前，水位观测数据预处理除文档记录检查外，一般需要利用计算机或人工绘制水位观测曲线，采用人工和自动处理两种手段检查观测数据资料。

本节主要讲述为满足潮汐分析所需水位观测资料的要求而进行的几项预处理工作。用于潮汐分析的水位观测资料预处理的要求与用于海道测量水位改正的水位观测资料预处理的要求类似，主要区别是观测时间间隔要求不同，前者一般取长时间的整点（间隔 1 小时）水位数据，而后者必须按照《海道测量规范》的要求采集水位观测数据。

1. 基准变动处理

在《海道测量规范》要求的限差范围内，基于充分而准确的检查资料，确定基准的变动时间段，对两次相邻水准测量的基准差值进行线性内插，将相应的改正值加入水位数据中进行基准统一处理。而对于水底压力验潮仪的观测资料，应通过观测数据的分析，直接剔除开始观测一段时间内基准不稳定的水位观测数据。

2. 观测数据平滑

用于海上测量水位改正的水位观测数据，其采样密度较高（如 10 分钟间隔），观测时间间隔较短，一般不进行平滑处理，需根据水位变化趋势剔去其中的粗差，对孤立粗差进行线性内插处理，对连续几个粗差进行样条插值、多项式插值或平滑处理，并对其原因进行注记说明。

对于来源于验潮井或验潮仪的用于潮汐分析的数据资料，由于验潮井或验潮仪通常有较好的滤波性能，故观测记录中只包含很少的高频非潮汐振动，记录曲线一般相当平滑。对于这样的记录，可以直接以 1 小时的间隔取样。但有时可能记录下高频的非潮汐振动，如电子式压力验潮仪、GNSS 验潮仪，常常把高频振动也记录下来。对于此类的记录，一般根据水位观测数据跳动幅度取样，当超过观测精度要求时需对数据进行平滑和内插误差估计，平滑后再按要求间隔进行取样。

目前的平滑方法一般由水位数据处理软件实现。首先由处理软件绘制水位变化过程曲线，然后根据其变化趋势绘出一条平滑曲线。可选的平滑方法有多种，如抛物线拟合法、样条函数法、多项式拟合法等，只要满足一定的精度要求（进行平滑精度估计）都可进行数据平滑，然后重新进行数据采样。

3. 间断观测记录的处理

大多数水位观测记录都完整无缺，但是在实际潮汐水位观测中，有时会存在某些特殊的原因（如仪器故障、恶劣天气等）导致间断一些记录，并且每次间断记录的时间有长有短。下面两种方法可以供处理间断记录时参考。

(1)插补缺测值法。当缺测水位观测时间段不超过 1 天时，可根据潮汐一般周期为 24.8 小时的特点，考虑潮汐变化的平缓性，直接利用其前后一段时间的潮汐水位数据进行插补，或采用备份观测手段观测的数据进行插补。目前较常用的内插方法是利用基于最小二乘原则的多项式拟合法进行软件自动拟合插补。例如，美国《海道测量规范与提交》中规定，水位观测间断小于 3 小时的数据可利用最小二乘多项式拟合插补 6 分钟等间隔数据。

(2)用赋值法补充缺测值。若缺测水位观测时段超过 1 天，用插补法可能会导致较大的误差。假若缺测时间与总的观测时间相比很短，那么可以采用的处理方法有：①对缺测数据处人为地赋值，一般将缺测数据处赋为平均海面；②用前后15 天或 29 天的观测值代替；③用短期资料分析预报值进行插补，然后按正常潮汐分析进行潮汐分析，此时求得的调和常数必然存在误差，需要利用求得的分潮调和常数重新预报缺测值替代原来插补的缺测值，并再次进行潮汐分析和预报，重复上述过程直至求得的调和常数稳定为止。美国《海道测量规范与提交》中规定，对于大于 3 小时小于 3 天的缺测水位数据，可利用备份验潮设备观测的数据、邻近验潮站数据、预报数据插补；若无可利用的有效水位数据则不能对缺测水位数据进行插补，保留空缺。

4. 不合理观测数据的舍弃

在水位观测记录中包含各种因素引起的误差，如果个别记录包含的误差太大，则会在潮汐变化曲线中反映出来，因此应对此类数据进行处理（图 3.39）。产生此类异常观测数据的原因主要是记录的抄写错误、录入错误、仪器故障及电子仪器自身噪声干扰等，因此是不真实的。有时也可能是特殊的天气或海洋条件引起的，虽然记录是真实的，但它不能代表潮汐本身的变化过程。对于此类异常数据，应根据当地的潮汐性质、气象和观测手段的运行特点等，采取相应措施消除其影响。一般采用两种方法：第一种方法是对数据进行手工平滑处理，以剔除并内插数据；第二种方法是设置数据粗差判断准则，利用计算机进行自动处理，并对剔除点进行线性内插。这些准则主要包括卡特赖特平滑准则、莱茵达准则、肖维勒准则等。这些方法可以在关于数据处理中的粗差定位问题的相关文献中查阅，这里不再赘述。下面简要概述卡特赖特平滑准则。

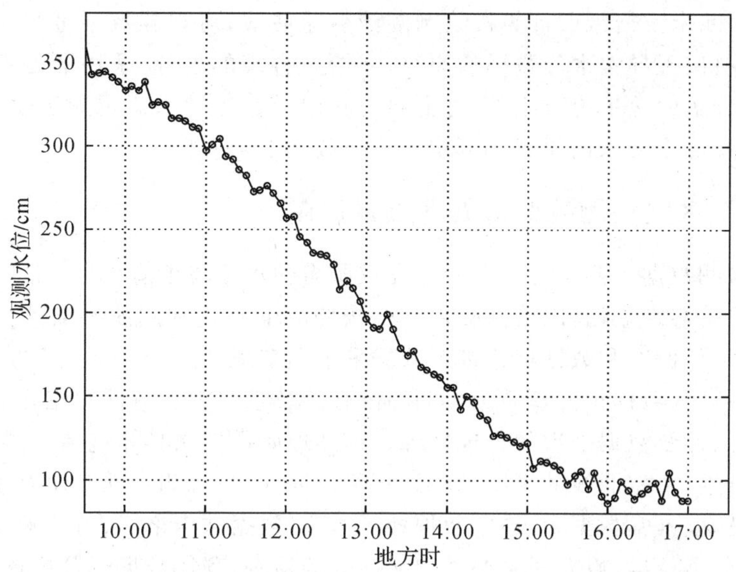

图 3.39　某站 2005 年 9 月 9 日利用压力验潮仪观测的数据曲线

卡特赖特平滑准则主要依据观测数据中前后的数据变化平滑性。为了判断某个数据 $h(t)$是否合理，取其前后等间隔的四个数据 $h(t-s)$、$h(t-2s)$、$h(t+s)$、$h(t+2s)$，对这四个数据通过二次抛物线内插 t 时刻数据，然后与观测值 $h(t)$进行比较，若超出某个设定的界限则可认定为异常数据，再经分析、判断和纠正。

在海道测量过程中，应尽量避免出现水位观测间断。对于大于 3 小时的观测数据，间断的插补方法主要适用于对潮汐分析数据的处理。而对于实际海道测量，是不允许发生此类状况的，且仅对某种原因造成的短时间水位观测间断可适当采用最小二乘多项式对数据进行拟合或线性插补，但间断时间长度取决于占实际外业要求的水位观测时间长度；也不能使用数据外推进行数据插补，否则会对测量成果导入不必要的及不可控的水位观测误差。切记，对于水位数据插补，无论是最小二乘多项式拟合、样条插值还是线性插补，必须以保证内插误差可控为基本原则。

3.6.2　水位观测资料整理

水位观测资料预处理和检查合格后应及时对其进行整理，完善水位观测手簿的内容，绘制基准关系图和水位变化曲线。一次完整的潮汐水位观测资料要求对验潮站和观测数据做详细的记录，应注明：①验潮站的位置（经纬度）；②验潮站与其附近水准点的高差关系及附近水准点的点之记和照片等；③验潮站水位观测时间（年、月、日）；④验潮站各个水位观测数据及其对应的观测时刻；⑤验潮站水位观测数据所采用的基准面和验潮站之间的示意图；⑥水准联测资料和观测期间的水位联测检查资料；⑦定期基准联测信息、仪器检测信息、气象与气压观测信息等。

必要时利用厘米方格纸或计算机绘制潮汐变化曲线，对观测数据进行初步人工视觉检查，分析出现异常水位数据的原因，并给出合理的解释、采用的处理方法和最后处理结果，最后求水位改正数，将上述内容记录在专用水位观测手簿上（表 3.1、表 3.2），或按测量要求的格式编制水位改正数据电子文档。

3.6.3 水位观测数据预处理质量控制

水位观测数据主要是为海上测量提供所需的水位改正值和为潮汐参数计算提供原始可靠的实测数据，因此其必须严格按照海上测量和潮汐参数计算所要求的采样间隔、最低标准和数据格式进行数据采集和整理。

对水位观测数据预处理质量控制的内容涉及水位观测数据的充分性、有效性、准确性、一致性及数据处理的合理性等。预处理质量控制具体包括：观测时间与时间段的充分性、水位曲线的平滑、数据间断、数据异常、观测基准变动、超限数据、基准与基准变动、异常数据率、异常数据处理方法、数据文档格式、与技术设计书的标准一致性、仪器校准，以及对必要注记文字等的检查，利用数据浏览检查、统计分析和原因分析等方法，得出质量评估和改进意见。

第 4 章　海流与潮流现象及其观测

海流与潮流观测是实施海道测量的工作内容之一。海道测量人员为了保证外业工作的顺利实施，除了需要掌握测区海洋环境、气象环境和海洋潮汐知识外，还需要掌握测区的海流和潮流知识，并且获取测区潮流信息也是经济建设和军事活动赋予海道测量的一种重要的工作。海道测量人员常常需要通过外业实施获取测区海流和潮流信息，以及实施测流仪器的操作与回收，最后还要对数据进行处理和评估，获得可靠的海流和潮流资料等信息。海道测量人员获取的海流和潮流信息作用体现为：①实用价值，为船舶和潜艇海域航行提供水面或水下偏航基本信息，也用于预测水面浮油漂流轨迹；②科学价值，用于海洋区域环流规律研究。

海洋中除表面的波浪和海面升降的潮汐外，最突出的现象是海水沿海岸的水平流动。潮流与潮汐的涨落是同时发生的，是同一运动过程的两种不同表示形式，两者密切相关。根据潮汐动力学的观点，正是海水的水平流动导致海面铅直方向上的周期性涨落。这种水平流动主要分为潮流、海流和短期水流，且整个海水自表层至海底都存在着海水的流动。广义上讲，潮流是海流的一种，在海道测量中常常将潮流划归于潮汐与潮流范畴，而海流主要是指海水大规模相对稳定的流动。短期的水流主要是由较显著的气象变化产生的短期海水流动，不在本章的详细叙述内容之列，可参阅相关书籍。

本章主要解释海流和潮流现象成因及其基本特征，最后简要概述海道测量中海流和潮流的观测手段、工作原理及其表示方法。

§4.1　海　流

除了海面的上下振动以外，在水下还同时存在着川流不息的海水流动。整个世界大洋自表层至洋底都存在海流，把整个世界大洋联系在一起，使整个世界大洋的各种水文要素、化学要素及温度、盐度等保持长期的相对稳定。海水因太阳辐射热、蒸发、降水、冷却等形成不同密度的水团，再加上受风压、地球自转偏向力、日月引力等作用而产生的海水流动称为海流。习惯上，把海流的水平分量称为海流，垂直分量称为升降流。海水流动根据其产生的动力机制不同又可分为许多种类，如暖流、寒流、潮流等。

4.1.1 潮流与海流

在海道测量中是将潮流与海流分开对待，主要关注前者。这里潮流指海水有半日或日周期性的水流运动，其周期与潮汐相同；而海流主要指大洋的水流运动，其流动方向有季节性变化，没有半日或日变化，是方向和流速相对稳定的大尺度流动。一般在海洋中海流比潮流大，而在近海或沿岸各海港中潮流比海流大。

4.1.2 海流成因

海流形成的原因有许多，但归结起来主要有两种：一种是受海面风力的作用，称为风生海流，所涉及的深度只有水面下一二百米范围内；另一种是由海面受冷热不均、蒸发降水不均引起的密度分布不均，导致海洋中的压力场产生斜压，在水平方向上产生一种引起海水流动的力，使海水发生大尺度的流动，如墨西哥暖流。海流形成之后，海水的连续性必然使某些海域发生海水辐聚与辐散，导致升降流的发生。产生海流的作用力主要有重力、科氏力、风应力、大气压力、地应力及太阳辐射等。

4.1.3 海流分类

为了讨论方便起见，根据海流的成因及受力情况等，可从不同角度对其进行分类和命名。例如，由风引起的海流称为风海流或漂流，由热盐作用引起的海流称为热盐环流；根据海水受力情况，分为梯度流、地转流、惯性流等；根据发生的区域不同，又分为表层流、深层流、底层流、沿岸流、赤道流、东西边界流等。

§4.2 潮 流

海水受到月球和太阳的引力作用除产生周期性的垂直涨落（潮汐）外，还同时产生一种周期性横向水平流动，习惯上称为潮流。潮汐可以看作是上下运动，潮流则是水平运动；潮流与潮汐伴随而生，反映水体运动的另一个方面。潮汐的涨落与潮流流动是密不可分的，存在于自水体表面至水底整个水体之中。凡是有潮汐的海区，必伴有潮流。海洋中潮位上涨和下落正是由于相邻区域海水的流入和流出，两者的周期一般相同，但有的地点却未必如此，如新加坡海峡的潮流是日潮流性质而潮高却是半日潮流性质。

与潮汐不同，潮流为矢量，是用流速和流向两个参数进行表达的。海水水平流动的方向称为流向，单位为度(°)，通常定义流向向北为 0°，向东为 90°，向南为 180°，向西为 270°。单位时间内海水流动的距离称为流速，单位为节(kn)或 m/s 或 cm/s。

与潮汐类似，潮流也分为半日型、混合型和日型三种类型。潮流类型可用数值

B 来确定，即

$$B=\frac{W_{K_1}+W_{O_1}}{W_{M_2}} \tag{4.1}$$

式中，W_{K_1}、W_{O_1}、W_{M_2} 分别为 K_1、O_1、M_2 分潮流的最大流速。潮流的类型判定与潮汐类型判定相似，根据某地的比值 B，可概略判断出该地点的潮流类型，其分类标准为：当 $B\leqslant 0.5$ 时，为正规半日潮流；当 $0.5<B\leqslant 2.0$ 时，为不正规半日潮流；当 $2.0<B\leqslant 4.0$ 时，为不正规日潮流；当 $B>4.0$ 时，为正规日潮流。

尽管潮流产生的动力机制与潮汐相同，但潮流比潮汐可变性更强，特别是沿岸海域受海岸和海底地形的影响非常明显。潮汐仅表现为水面铅直方向上的变化（标量），而潮流则表现为水体自水面至水底的海水水平流动的变化（矢量）。海道测量中，常将某一地点的潮汐表征为一定海域（有效范围）内的潮汐变化，在一定的限差内认为某海域内的潮汐与潮汐水位观测点处的潮汐相同。而某一地点的潮流则仅能表征非常小范围的潮流变化，有时仅能代表观测地点的潮流变化信息，特别是在沿岸及其海底地形复杂地区最显著，在不同深度和不同时间及在很近距离内的潮流，无论是流速还是流向都可能是不同的。各个地点的潮流受陆地边界、水深、海底起伏等地理环境的影响而存在差异。一般在大洋中部潮差小，潮流不显著，流速小；浅海地区潮流显著，流速较大。因此，大洋中以海流为主，沿海以潮流为主。

在我国多数海区，潮汐升降和潮流进退的周期是相同的。潮汐的上涨是外海海水涨潮流流入导致的，潮汐的下落是海水流向外海的结果。由外海流入内海向港湾流动的潮流又称为涨潮流，流出的潮流为落（退）潮流；而潮流在涨潮流与落潮流进行转换时，流速非常小或为 0，此时的潮流又称为憩流（或称为转流）。应注意，有的海区潮汐与潮流的类型并不相同。例如，秦皇岛附近海区的潮汐属于规则日潮性质，而潮流属于半日潮性质；烟台外海的潮汐属于半日潮性质，而潮流属于规则日潮性质。对于潮汐和潮流现象不同的原因，可用各海区的潮波系统运行规律解释。

潮流受沿岸地形的影响变得十分复杂，如海峡、水道等处的潮流流速较大。潮流一般按流向分为往复式潮流和回转式潮流两种。

4.2.1　往复式潮流

往复式潮流又称直线式潮流，受水域边界地形的影响，在海峡、水道、河口或狭窄港湾内的潮流一般为往复式潮流。往复式潮流在海图上是成对箭矢形式出现的，如图 4.1 所示。在外海的一些地方，在左回转式潮流和右回转式潮流的交界处也发生往复式潮流。忽略地转偏向和摩擦力，在一个单进行波和驻波当中，潮流均为往复式潮流。往复式潮流的特点是流向只有两个，如东西方向对流或南北方向对流，流速大小随时间变化。半日周期的往复式潮流每一涨潮流或落潮流时间长度约为 6 小时，并以憩流为准，憩流后 3 小时为流速最大；一年之中，在春秋分大潮

时，出现最大潮流。潮流在每半个月大潮和小潮间的变化约为

$$大潮流速=2\times小潮流速=\frac{4}{3}平均流速 \tag{4.2}$$

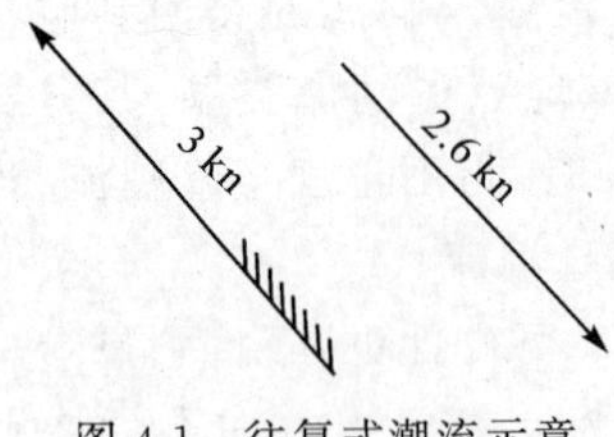

图 4.1 往复式潮流示意

对半日周期潮流，这个循环周期平均为 12 小时 25 分钟，对日潮潮流则为 24 小时 50 分钟。在前进潮波中，高潮和低潮时流速最大，方向相反，对于半潮面时流速为 0，发生转流。对发生驻波海域，半潮面时流速为最大，转流时刻发生在高、低潮时且流速为 0。半日周期的往复式潮流的流速变化周期在 6 小时左右。

4.2.2 回转式潮流

海洋上许多水域，在同一地点经过长时间的潮流观测会发现其流速大小和流向随时间发生有规律的变化，这就是回转式潮流（又称八卦流、旋转流）。回转式潮流是潮流运动的普遍形式，主要出现在较开阔的海域。图 4.2 和图 4.3 是北半球两个地点的潮流矢量图（图中符号意义将在后续论述）。图 4.2 中的潮流矢量端点的轨迹接近椭圆形状；而图 4.3 中的潮流矢量，在总体上是沿顺时针方向变化，但在某一段时间里出现沿逆时针方向变化（“6”时潮流的流速和流向的变化），然后又恢复为沿顺时针方向变化。这种与潮流矢量总体变化方向相反的变化，称为旋转潮流中的倒转现象。

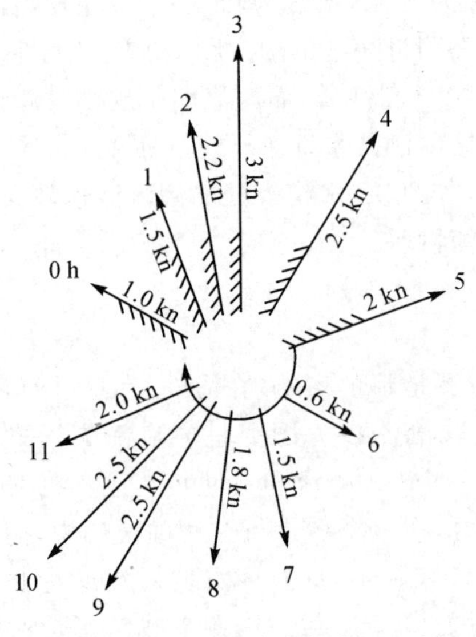

图 4.2 回转式潮流

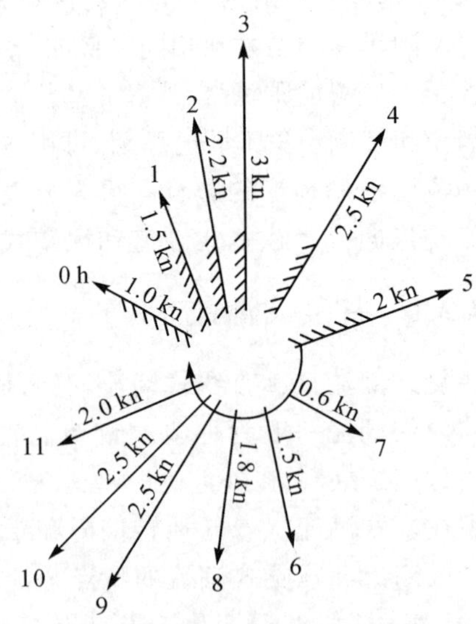

图 4.3 回转式潮流的倒转现象

在当几个潮波同时存在时，那么彼此之间就可能产生相互干涉作用，从而产生回转式潮流。例如，两个往复式潮流斜交时，则会形成回转式潮流。如图 4.4 所示，图中 A 及 B 分别为两往复式潮流系统，随着两往复式潮流的流速和流向发生周期性的变化，则会在 C 点合成后形成回转式潮流。例如，我国长江口的潮流，属于回转式潮流，流向也是顺时针方向变动，流速较大，对船只航行影响较大。潮流的回转现象，不仅在广阔的海上可以观测到，就是在某些较宽的海峡也能观测得到。在这样海区形成回转式潮流的原因可以解释为：若海峡在高潮与低潮时的中间时刻转流，潮高下降，在落潮的半潮面转流，虽然纵向的潮流停止，但潮高仍然继续下降，这使得岸边的横向水流补充海峡中央的潮流；在涨潮的半潮面时，当纵向停止流动，但海峡中央有横向流动，故出现横向补充流再加上科氏力作用，也可以形成回转式潮流。当海峡或水道的回转式潮流的椭圆长轴比短轴长得多时，回转式潮流就接近往复式潮流。考虑海底摩擦力时，潮流变化更复杂。

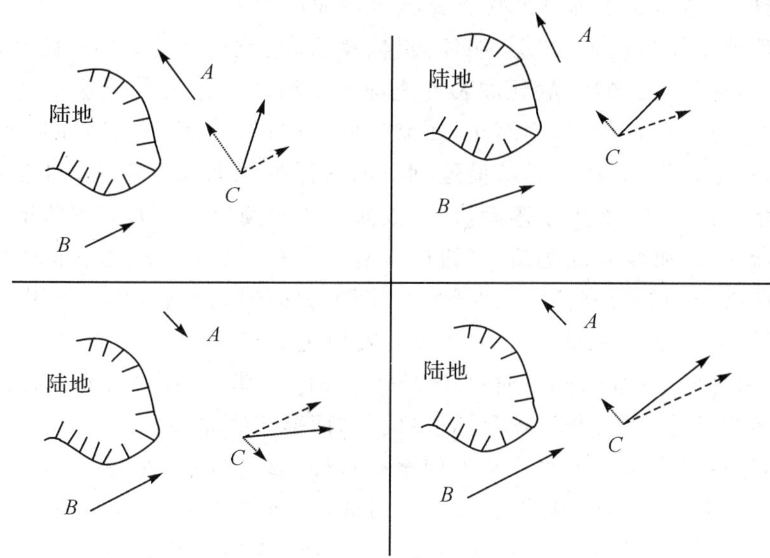

图 4.4　回旋潮流产生示意

回转式潮流的流速大小和方向随时间而改变。在北半球，回转式潮流的方向一般呈顺时针方向旋转；在南半球，回转式潮流的方向一般呈逆时针方向旋转。产生这种现象的原因是地球自转效应产生的科氏力（地球自转效应力）作用结果。回转式潮流多发生在江河入海口外方、外海或开阔的海区、较宽阔的海峡，且无憩流现象。

潮流的流动不限于表层，自表层至海底都存在。一般表层和底层的潮流矢量的变化方向相反，如表层为顺时针方向、底层为逆时针方向。在潮流显著的海区，往往海底常无泥沙沉积，露出岩石；在海底平缓区域，无海底摩擦，自表层至海底的潮流都以同样的流速运动，但此现象很少。海底的凸凹不平，再加之地球自转的影响，造成了表层流速与底层流速并不相同。

4.2.3 沿岸地区和河海交界的潮流

沿岸地区的潮流受到海岸和海底地形的限制，一般发生往复式潮流。而与海洋接界的河口地区既受到河口边界和河口地形的限制，又受到河川径流、海底摩擦力作用，以及波浪和增减水的影响，虽然具有往复式潮流形式，但潮流变化十分复杂。从落潮到涨潮，并非在整个水断面上同时发生，而是逐渐从底层到表层、从岸边到中泓。在正常情况下，水底摩擦力的作用使底层流速小于表层、岸边流速小于中泓。在径流和潮流对抗中，会在流速小的薄弱环节进行“突破”，因而在涨潮与落潮之间的某些时刻还可能有两个方向相反的水流。河水密度较海水密度小，会产生异重流现象，这也是潮流从底层开始侵入的原因之一。

河水流速变化从最大、减缓、憩流、反向增大，到反向最大，周而复始变化。在一般情况下，河口地区的涨落潮最大流速均大于海洋中的最大流速。这是因为在涨潮时，潮流进入河口后，断面缩小，使流速加大；在落潮时，涨潮时顶托河水（海水在下，河水在上），使水位抬高，致使退潮时向海洋的水面比降很大，加之大量的河水混同海水一同流出，加大了落潮流量，故流速比涨潮流大。若河水所增的落潮流速比涨潮流更大，则没有涨潮流，其流向只有一个落潮流；一天之中有两次最强的落潮流和两次最小的落潮流。在时间上，流向海洋的落潮流时间长于涨潮流时间（河口地区潮流的最明显特征），在洪水期表现更突出。例如，我国上海和江苏沿海，在 7、8 月期间，落潮时间有时可达 8～9 小时，尤其在小潮期间，长江在镇江以上甚至没有涨潮流，只有憩流现象，且时间短，而落潮时间很长。

另外，造成沿岸地区海水流动的因素有多种，如引潮力、风、浪、径流和洋流等。中国近岸海域存在一种规模较大、在较长时间内较稳定的沿岸流系，其由盛行于海域上空的季风场、沿岸河川径流、来自大洋的黑潮、潮流非线性效应及海底和海岸地形综合作用产生，因此中国近岸流系较为复杂。我国自北向南的沿岸流系有：辽东湾沿岸流、辽南—西朝鲜沿岸流、渤—莱沿岸流、江华湾沿岸流、苏北沿岸流、沪—浙—闽沿岸流、广东沿岸流、北部湾沿岸流等。因此，沿岸地区观测到的海流不完全是潮流，应对当地的地形、气象等因素进行综合分析。本书主要论述潮流的一般特征和变化规律。

4.2.4 潮流流速、流向变化基本特征

一般认为高潮或低潮为转流时间，但由于一些因素的影响，潮流还存在其他的变化特征。首先需注意的是，潮波传播速度不是潮流流速，潮波速度远大于潮流流

速。前者是潮波传播波形的传播速度，后者是水质点水平方向的实际位移。而水质点的运动轨迹为圆形或椭圆形，其运动长轴是表示潮流在海水中的往复运动距离，运动距离一般为几百米至几千米；短轴是水质点垂向移动的距离，与潮差相等。

转流时间发生在高潮和低潮的中间时刻。如图 4.5 所示（方国洪 等，1986），开阔海域的潮波为一前进波，在高潮（波峰 A）为潮波的最高点，水质点水平运动速度最大，方向与潮波方向相同；高潮后，流速逐渐降低，约 3 小时后，至半潮面 C 点，无水平流动而成转流（或憩流）且仅存在向上水质点移动，使 C 点水质点聚集，逐渐形成 C 点的波峰（高潮）；C 点后，水平流速加大，但流向与半潮面上相反，又经约 3 小时后到达 B 点（低潮），流速再达到最大；而后流速逐渐减小，至半潮面 D 点为再次转流，仅存在向下的水质点移动，逐渐形成 D 点的波谷（低潮）。

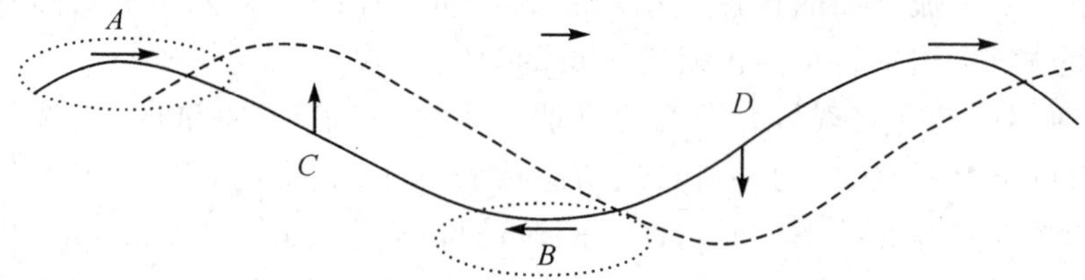

图 4.5　前进波高、低潮潮流流速示意

在发生驻波的海域，其转流时刻为高低潮时。如图 4.6 所示（方国洪 等，1986），在高潮时，波峰 A 点附近水质点向两侧移动，使水面下降，水平移动为零；在波节 B、C 点，水面不升高也不降低，垂向水质点移动为零，而水平移动最大，但两点上的水平流动方向相反；在波幅 D 点附近，水质点向两侧移动，使水面上升，水平移动为零。这就造成自 A 到半潮面 B 的落潮期间，水平速度逐渐增大，至半潮面潮流达到最大；自半潮面 B 到 D 的落潮期间，水平速度逐渐减小，至波幅达到最小，发生转流；同样，自 D 到半潮面 C 的涨潮期间，水平速度逐渐增大，方向与前面相反，至半潮面潮流达到最大。

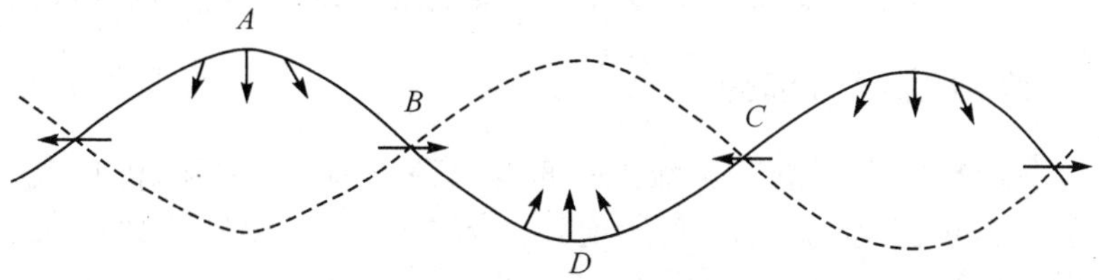

图 4.6　驻波海域潮流示意

实际海洋中的潮波运动并不像上述描述的类型一样简单，大多是两种类型的混合形态，所以实际上的潮流具有上述两种特征的混合特征，因此所观测到的转流可能发生在高低潮时前或后的若干时刻，在实际观测和数据处理中应仔细分析处理。

§4.3 潮流观测

潮流观测(又称验流)的目的是掌握海区水域,特别是航道、锚地及登陆地段的流速、流向等状况,便于舰船航行和操纵,提高航速、安全航行和进出锚地航道,同时还将为科学研究、码头设计、航道疏浚、海洋捕捞等提供可靠的区域潮流信息。

4.3.1 验流时间选择

潮流是矢量,时空变化特征明显,对其进行长时间观测是一项非常困难和不经济的工作。对于海道测量的一般用户而言,对典型潮流的观测基本可以满足应用需求,这就涉及验流日期的选择。良好验流日期选择的理论公式可参阅有关潮流分析的书籍资料,这里直接给出研究人员的研究成果。

验流时间应选在出现最大潮流的日期。当海区为半日潮港时,应选择在朔望后 1～3 天内进行,即农历初一、初二、初三或农历十六、十七、十八;当海区为日潮港时,应选择在月球赤纬最大时的回归潮时进行;通常也可以从《潮汐表》中选择最大潮差的日子进行。连续观测时间应不少于 25 小时,每小时至少观测1 次。在海洋工程设计与海洋工程测量中,观测次数一般为 1～3 次。观测次数为 1 次时,选择在大潮期间观测;观测次数为 2 次时,选择在大、小潮期间各观测1 次;观测次数为 3 次时,选择在大、小潮及大潮与小潮之间各观测 1 次。大潮观测时间同上,小潮观测时间为上弦(农历初八左右)和下弦(农历二十二、二十三)后 1～3 天内进行,每次的潮流观测不少于 25 小时。预报潮流的验流站,一般要求应不少于 3 次符合良好天气条件的 25 小时连续观测。特别注意的是,验流时间还应顾及海上风浪影响,应选择无风和平静海况;当海上风力超过 4 级(风速 5.5～7.9 m/s)时,不宜进行观测,否则风切向力对海面及水体产生作用,将无法准确地测量出实际潮流变化,参见 7.1.4 节。因此,在验流点进行潮流观测期间,往往需要同时观测潮汐、风、气压、气象因素,至少要获得附近长期验潮站的气象和水位观测数据。

4.3.2 验流地点的选择

验流大多选择定点观测。验流点一般选择在锚地、停泊场、港口、航门、水道或因地形条件影响流速、流向改变的地段。若有特殊需要则按要求选定观测地点,如管线线路、钻井平台地点等。在水运工程测量中,对验流点另做特定要求,使之能够反映港口、航道、工程预设计区等范围内的流场特征,这是验流站的选址原则,详细参见《水运工程测量手册》和《水运工程测量规范》(JTS 131—2012)等资料。

4.3.3 验流方式与层次

根据验流方式不同，一般分为漂流式、定点式和走航式三种。漂流式主要是测定漂流物位置实现表层流速和流向观测的验流方式；定点式主要是通过锚泊观测某地点的水体剖面流速和流向的验流方式；走航式主要是采用固定安装在测量船上的船载多普勒剖面测流仪，按一定航线在航行中观测水体剖面流速和流向的验流方式，是一种近十几年发展得较先进、高效率的验流方式。具体采用哪种方式验流取决于测量项目设计要求。

不同的验流用途，选用不同的验流层次，如《海道测量规范》仅规定测量表层流，而海洋调查和海洋工程中则有不同的层次要求。表 4.1 列出海洋调查中要求的潮流观测层及海洋工程测量（主要针对沿岸区域）的观测水层要求。表 4.1 中的表层通常是指水面下 0.5～1 m，底层为海底上 1.0 m；当然，在实际工作中可根据实际需要增加层次。验流应测出涨潮流、落潮流的最大流速和流向及转流时间。对属于回转式潮流的海区，则还要求测出不同流向的出现时刻。

表 4.1　验流层次

水深范围	标准层次
≤200 m	表层、5 m、10 m、15 m、20 m、25 m、30 m、50 m、75 m、100 m、125 m、150 m、底层
>200 m	表层、10 m、20 m、30 m、50 m、75 m、100 m、125 m、150 m、200 m、250 m、300 m、400 m、500 m、600 m、700 m、800 m、1 000 m、1 200 m、1 500 m、2 000 m、2 500 m、3 000 m（水深大于 3 000 m 时，每 1 km 加 1 层）、底层
海洋工程测量	瞬时水深 H 小于 3 m，测 $0.6H$ 共 1 层；瞬时水深 H 为 3～5 m，测 $0.2H$、$0.8H$ 共 2 层；瞬时水深 H 为 5～10 m，测表层、$0.6H$、底层共 3 层；瞬时水深 H 为 10～15 m，测表层、$0.2H$、$0.6H$、$0.8H$、底层共 5 层；瞬时水深 H 大于 15 m，测表层、$0.2H$、$0.4H$、$0.6H$、$0.8H$、底层共 6 层；或每隔 5 m 测量 1 次，与本表第 1 行相同

4.3.4 验流的基本要求

验流的基本要求包括：必须测出最大涨潮流、落潮流的流速、流向及时间，说明转流时间与高低潮时的关系；验流定位精确到秒，流速精确到 0.1 kn，流向精确到 0.5°；测定时要在以实际流速最大处为中心的图上 2～3 cm 范围内进行；其他要求参见《海滨观测规范》（GB/T 14914—2006）和《水运工程测量规范》等。国际海道测量组织《海道测量标准》中规定：对于码头、航道、锚地、流向变化区，应对流速超过 0.5 kn 的影响水面航行的区域进行潮流观测，测流深度至水面下 10 m；对使用潮流记录仪的验流,其观测时间不少于 15 天或尽可能长时间观测,如 29 天或更长时间,测量间隔不超过 1 小时;验流精度为 0.1 kn 和 10°(95%置信度);河口地区受径流的影响,验流时间应大于其变化周期。验流期间,还应进行风速和风向观测,但应尽量避免在大风期间进行验流,特别是在沿岸地区,尽可能准确地获得潮流的变化信息。在海洋工程测量中,还要求验流的同时进行验流点的潮汐水位观测,用以描述观测期间验流点的潮汐与潮流之间的相互关系,潮汐水位观测方法和要求参见第 3 章相关内容。

4.3.5 潮流观测方法

海水各层潮流的特征不同,在进行潮流的定点观测时,可依据潮流资料使用部门的要求而确定观测水层,并选择使用适当的观测手段和方法。验流的方法很多,下面将对常用的方法与基本原理进行简要叙述。

1. 测流板验流法

测流板的构造是由两块木板组成的"十"字,每块长约 58 cm、宽约 30 cm、厚约 1 cm,在架当中钉一根长约 5 m 的竹竿,如图 4.7 所示。架上缚一绳,长约 100 m,绳上每隔 1 m、5 m 做记号,用于测距;竹竿顶上系红旗,用于测流、测向;竹竿下端系重物,保持竹竿垂直于海面,但不能过重。验流时,船应抛锚(若水较深、潮流较大不易抛锚,应在船艏放下测流板,随时测定船位,以便求出流速和流向),在船的后面抛下测流板,用秒表计时,每次约测 5 分钟,测出流速,用罗经对竹竿测出流向。该法较粗糙,测量精度不高,仅用于概略了解区域潮流信息和流向状况。

2. 浮筒验流法

浮筒验流设备是由两个铁圆筒 A、B 组成,两筒用绳子连接,B 筒上面没有盖子,A 筒的顶端封闭而留有小孔,如图 4.8 所示。测量时,B 筒中装满海水下沉,恰使 A 筒上半部露出海面,此时 A 筒也装有部分海水,可以调节 A 筒内的海水量使得 A 筒部分露出。在 A 筒上系一条带刻度的测绳,测量时间一般为 5 分钟,测量方法与测流板相同。根据有关资料介绍,在浮筒内安装高精度的定位仪器,通过连续定位,也可以确定表层流的流速和流向。

测流板验流法和浮筒验流法都属于传统的漂浮式漂移测流法,用于测量表层流,在水运工程中两种方法常用于航道的流路测量。随着科学技术的不断发展,目前一般以浮标代替浮筒和漂流板,利用加装的无线电定位系统(如差分 GPS 等)或采用雷达定位和航空摄影技术对浮标进行定位,进而可获得较准确的表层流速和流向。

3. 转子式海流计验流法

转子式海流计主要分电子式和机械式两种。流向一般是利用内部的磁罗盘确定,加入当地的磁偏角将磁航向转换为真北方向;而流速是通过水流带动转子,将转子在一定时间的转动次数转换为流速。机械式通过计时器、滑道、流向盒(36 个小格子)内小铜球的个数计算不同时刻的流速和流向(如 1905 年出现的转子式埃克曼海流计);而电子式可以直接对磁方向和流速进行转换,在仪器内部进行电子存储或通过数据线传输到水面的显示器上,从而实现对某一时刻或时间段的流向和流速的采集记录(如国产 SLC9-2 型直读式海流计,最大工作深度 200 m),如图 4.9 所示。

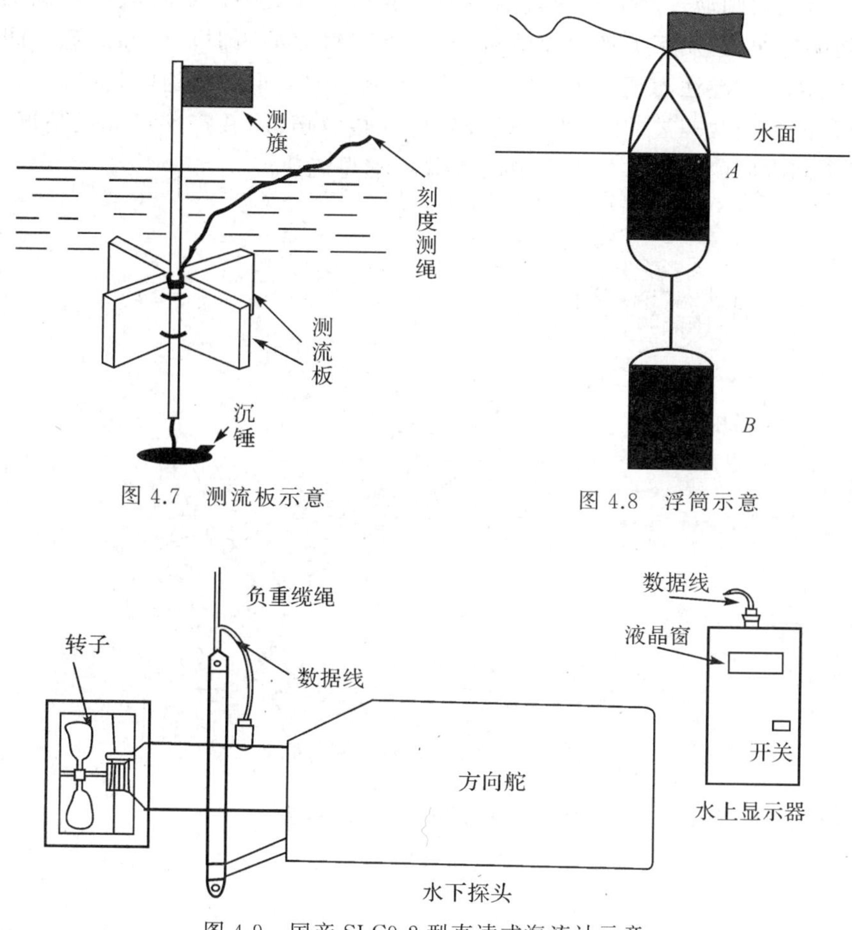

图 4.7　测流板示意

图 4.8　浮筒示意

图 4.9　国产 SLC9-2 型直读式海流计示意

转子式海流计不但可以测量表层海流,而且可以将多套仪器按一定的深度间隔(或设计验流水层)固定于钢缆上,悬挂于船舷边上获取不同水层的流向和流速;也可以采用锚定的方式利用船上的升降设备依次将验流计置于不同的验流水层,从而测量各层的流向和流速。转子式海流计的不足之处是惯性大、响应速度慢、无法测量快速变化的湍流,且流速传感器置于海水中会造成流场分布的变化而影响验流精度。

另外，还有一些海流计，例如，电磁式海流计主要利用流动的海水切割磁力线所产生的感应电势来测量流速，而海水的电导率会影响测流精度；热线式海流计主要利用海流对加热导线的冷却效应来测量流速，但易腐蚀的导线表面比较难清理。

4. 时差法海流计验流法

时差法海流计主要利用测量流体介质中顺流和逆流声脉冲的传播时间差来测量流速，而流向则通过海流计内置的磁罗经获得。此类型海流计具有较高的灵敏度，时间响应快，适用于低速海流测量，可以测出海流的瞬时流向和流速。图 4.10 为一维流速的时差法海流计测量原理，安装两组固定间隔 L 的收发换能器，一组为顺流发射和接收声波，另一组为逆流发射和接收声波，在声速已知的情况下，通过测量不同方向的声波传播时间的时间差可求得流速。

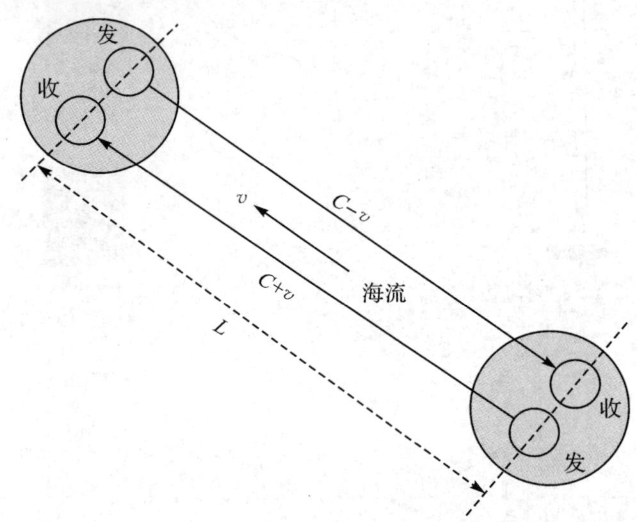

图 4.10 时差法海流计测量原理

如图 4.10 所示，时差法海流计测量的两组时间为

$$\left.\begin{aligned} t_1 &= \frac{L}{C+v} \\ t_2 &= \frac{L}{C-v} \end{aligned}\right\} \tag{4.3}$$

则

$$\Delta t = |t_1 - t_2| = \left|\frac{L}{C+v} - \frac{L}{C-v}\right| = \frac{2Lv}{C^2(1-v^2/C^2)}$$

由于 $C^2 \gg v^2$，可得

$$\Delta t \approx (2Lv)/C^2$$

则

$$v \approx \frac{C^2}{2L} \Delta t \tag{4.4}$$

式中，t_1 为顺流声波传播时间，t_2 为逆流声波传播时间，L 为两组换能器之间的距离，v 为流速，C 为声速。时差法海流计还可以通过顺流和逆流的测量时间相加进行声速实时修正，即

$$t_1 + t_2 = \frac{L}{C+v} + \frac{L}{C-v} = \frac{2LC}{C^2 - v^2} \approx \frac{2L}{C} \tag{4.5}$$

从式(4.4)看出，测流流速与所测时差呈线性关系，而测量时差的精度主要取决于仪器的测时误差。为提高测时精度，有的仪器通过合理电路设计将两组换能器合并为一组收发换能器，且每一个换能器都具有收发声波功能。另外，时差法海流计还可以设计成四组收发换能器，组成交叉十字分布结构，如图 4.11 所示，同时测量两个不同方向的流速，通过矢量合成可推算仪器放置层的流速和流向。

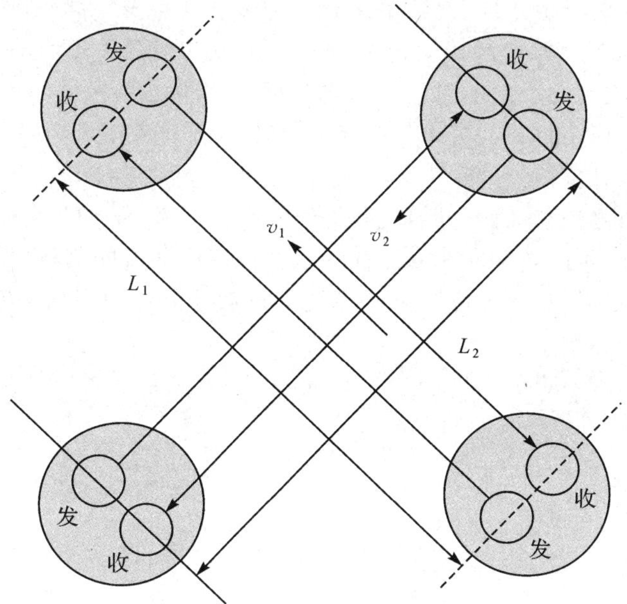

图 4.11　二维时差法海流计示意

5. 多普勒剖面测流仪验流法

多普勒剖面测流仪出现于 20 世纪 70 年代末，目前国际上出现了多种型号，且已被政府间海洋学委员会正式列为先进的海洋观测仪器之一，也是目前世界上获取多层海流或水流剖面信息最常用而高效的验流设备。

多普勒剖面测流仪是基于声学多普勒频移原理而研制成的一种非接触、高效

率、高精度的声学剖面测流仪器,可以定点观测(锚泊观测,装载在浮标、测船上,在水面、水中或海底进行观测),也可以走航观测。目前,多普勒剖面测流仪主要分为走航式、自容式和直读式三种类型。走航式适用于船舶航行中验流,自容式主要在海底、浮标和潜标中使用,直读式主要用于近岸、平台固定测流。换能器配置为2个或2个以上。为了能获得较高的流速分辨率,一般选用较高的发射声波频率,如美国RD公司的多普勒剖面测流仪频率为300 kHz、600 kHz和1 200 kHz,测量范围在200 m以内。有别于传统的在离散点上测量海流数据,多普勒剖面测流仪可对深度剖面内海流分布及其变化进行连续观测,不破坏现场流场,且无活动机械部件和无启动流速,适用于获取浅海和大洋上层海流剖面的流速和流向信息。

多普勒剖面测流仪的基本原理是基于海水介质的不同水层中存在大量悬浮声散射体(如海洋微生物、气泡、悬浮颗粒等),当换能器发射的短脉冲固定频率的声波入射到这些散射体时,部分声能被反向散射。散射体随着海流流动入射到这些移动散射体的声波被反向散射后,又被接收换能器接收,此时接收到的反向散射波的频率与发射频率产生差异,此频率差异称为多普勒频移。多普勒频移的大小与换能器和散射体之间的相对移动速度及发射声波入射角度等存在一定的比例关系,即换能器接收到的反向散射信号的多普勒频移中也包含了海流运动信息。多普勒剖面测流仪利用相关的技术将海流或水流信息分离出来,从而获得不同水层的海流或水流信息。

多普勒剖面测流仪的两个主要假设条件是:①产生回波的散射体是随流移动的;②所有波束测量的是同时刻对于同一水层或深度的流的测量值。

当散射体(水质点)以速度 v 运动及测流仪载体静止时,则测流仪波束轴向因海水介质运动产生多普勒频移 f_d 为

$$\left.\begin{aligned} f_r &= f_0 \frac{1+\dfrac{v\cos\theta}{C}}{1-\dfrac{v\cos\theta}{C}} \\ f_d &= f_r - f_0 = f_0 \frac{2v\cos\theta}{C-v\cos\theta} \end{aligned}\right\} \tag{4.6}$$

因 $C \gg v\cos\theta$,则式(4.6)可化简为

$$f_d = \frac{2f_0 v\cos\theta}{C} \tag{4.7}$$

进而得到

$$v = \frac{C}{2f_0\cos\theta} f_d \tag{4.8}$$

式中,f_r 为接收到的回波频率,f_0 为多普勒剖面测流仪的发射频率,f_d 为多普勒频移,C 为声速(可利用声速经验公式求得或由声速剖面仪测得),v 为水质点流

速，θ 为波束轴与海水介质运动速度之间的夹角。

从式(4.8)可以看出，当 θ 为 90°(即声波垂直于海水介质运动速度)时，不发生频移效应，因此安装的换能器指向都是与铅垂线方向成一定角度。

在实际测量中，往往建立测船坐标系，如图 4.12 所示，则式(4.7)可表示为

$$f_d=\frac{2f_0}{C}(v_x\cos\theta_x+v_y\cos\theta_y+v_z\cos\theta_z) \tag{4.9}$$

式中，θ_x、θ_y、θ_z 为波束声轴与相应坐标轴之间的夹角，v_x、v_y、v_z 分别为 x、y、z 轴方向上海流的流速分量。

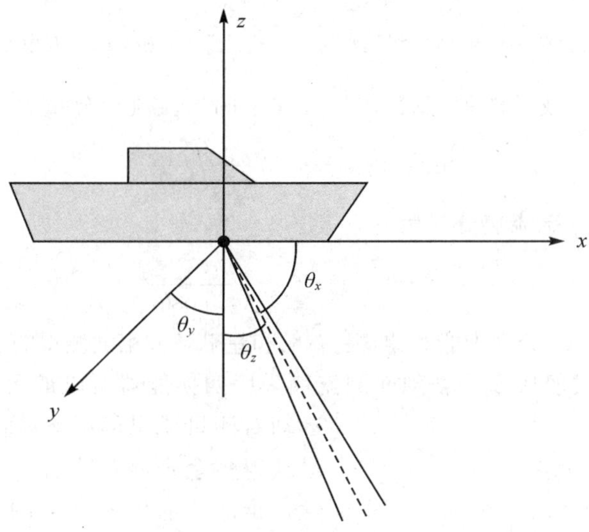

图 4.12　多普勒海流剖面测量原理

由于深度剖面上的海流是非均匀分布的，故所接收的多普勒频移量随时间变化。多普勒剖面测流仪对不同时间的多普勒频移进行取样，经过处理可得到不同水层的海流流速和流向信息。利用多个波束测得水体散射的多普勒频移，则可以获得三维流速，并可转换为地球坐标系中流速的东分量、北分量和垂直分量。

由于海上测量平台很难保持静止状态，而且为了提高测流效率，故海上测量平台存在一定的测量速度，并在海浪的作用下产生横纵摇和升沉等运动，这给多普勒剖面测流仪测流带来了额外的误差。为了消除这些误差，目前船用多普勒剖面测流仪一般采用对称波束波抵消系统，即采用坚纽斯(JANUS)配置的四个换能器及相关的船上处理设备和计算软件。如图 4.13 所示，在对应船艏、船艉、左舷和右舷平面上呈斜正交对称安装四个换能器，分别是独立收发合一的换能器；图 4.14 是四个波束的水平投影，在水平静止状态下，各波束夹角固定且波束轴与船体坐标轴之间的夹角固定。

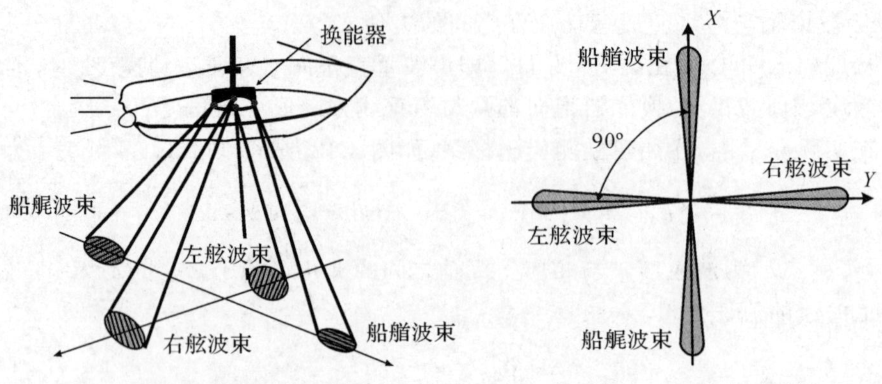

图 4.13　船载多普勒剖面测流仪　　　　图 4.14　波束水平投影

采用对称波束波抵消系统后，艏艉方向上的海流流速分量为

$$v_x=(f_{\mathrm{db}}-f_{\mathrm{da}})\frac{C}{4f_0\cos\theta_x} \tag{4.10}$$

左右舷方向上的海流流速分量为

$$v_y=(f_{\mathrm{ds}}-f_{\mathrm{dp}})\frac{C}{4f_0\cos\theta_y} \tag{4.11}$$

式中，f_{db}、f_{da}、f_{ds}、f_{dp}分别为船艏、船艉、右舷和左舷各波束波测得的多普勒频移量。

这样，走航式船用多普勒剖面测流仪采用四换能器可以最大限度地减少船舶运动对测量成果的影响，通过增加换能器数量获得多余观测量来提高测量数据的准确性。走航式船用多普勒剖面测流仪主要利用声波换能器发射声波在不同的流层产生反向散射，根据接收声波发生的频移效应的状况，综合实时监测到的换能器姿态信息和测量载体的航行速度及航向信息，计算基于海底不同水层的水平方向流速及垂直方向流速。图 4.15为 RD 公司的多普勒剖面测流仪示意。

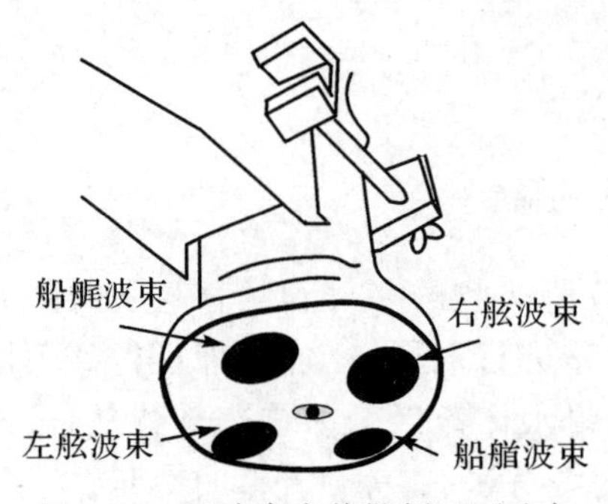

图 4.15　四波束多普勒剖面测流仪

另外，目前开发的高频雷达系统可以获得大区域表层流的信息，主要通过岸基雷达发射机向海面发射电磁波和利用接收机接收回波信息获得实时区域海面的流速和流向信息，这对海道测量外业获取实时海面海流信息具有重要意义。

§4.4　潮流观测资料整理与海图表示

潮流观测资料整理主要是用于潮流图的绘制、潮流分析与预报所需的正规资料获取及各验流地点的潮流数据资料档案或数据库的建立。

4.4.1　潮流观测资料整理

一次完整的潮流观测资料要求对验流地点和观测数据做详细的记录，除做必要的资料预处理外（包括数据的分类，错误数据的剔除、改正等），应注明：①验流地点的位置（经纬度）和磁偏角（主要用于磁罗盘测定流向的流向换算）；②验流地点观测起始时间（年、月、日）；③验流地点表层或海水剖面潮流观测数据（潮流大小、方向）及对应的时刻和水层；④气象观测，如风速、风向观测等资料；⑤绘制海水各层潮流矢量图。将上述内容记录在专用潮流观测手簿上（表 4.2），或按一定的格式编制验流电子文档，数据不得随意涂改。

表 4.2　潮流观测记录表

<table>
<tr><td colspan="2">海区</td><td colspan="2"></td><td colspan="2">日期</td><td colspan="2">年　月　日</td></tr>
<tr><td colspan="2">站号</td><td colspan="2"></td><td colspan="2">观测者</td><td colspan="2"></td></tr>
<tr><td colspan="2">调查船</td><td colspan="2"></td><td colspan="2">记录者</td><td colspan="2"></td></tr>
<tr><td colspan="2">水深/m</td><td colspan="2"></td><td colspan="2">校对者</td><td colspan="2"></td></tr>
<tr><td colspan="2">层次</td><td colspan="2"></td><td colspan="2">自差/度</td><td colspan="2"></td></tr>
<tr><td colspan="2" rowspan="2">站位
坐标</td><td>B</td><td></td><td rowspan="2">观测
仪器</td><td>型号</td><td colspan="2"></td></tr>
<tr><td>L</td><td></td><td>器号</td><td colspan="2"></td></tr>
<tr><td>序号</td><td>观测
时间</td><td>流速
/(cm/s)</td><td>流向
/(°)</td><td>序号</td><td>观测
时间</td><td>流速
/(cm/s)</td><td>流向
/(°)</td></tr>
<tr><td>1</td><td></td><td></td><td></td><td>11</td><td></td><td></td><td></td></tr>
<tr><td>2</td><td></td><td></td><td></td><td>12</td><td></td><td></td><td></td></tr>
<tr><td>3</td><td></td><td></td><td></td><td>13</td><td></td><td></td><td></td></tr>
<tr><td>4</td><td></td><td></td><td></td><td>14</td><td></td><td></td><td></td></tr>
<tr><td>5</td><td></td><td></td><td></td><td>15</td><td></td><td></td><td></td></tr>
<tr><td>6</td><td></td><td></td><td></td><td>16</td><td></td><td></td><td></td></tr>
<tr><td>7</td><td></td><td></td><td></td><td>17</td><td></td><td></td><td></td></tr>
<tr><td>8</td><td></td><td></td><td></td><td>18</td><td></td><td></td><td></td></tr>
<tr><td>9</td><td></td><td></td><td></td><td>19</td><td></td><td></td><td></td></tr>
<tr><td>10</td><td></td><td></td><td></td><td>20</td><td></td><td></td><td></td></tr>
<tr><td colspan="2">项目</td><td>转流时间</td><td colspan="2">涨(落)潮时间</td><td>高(低)潮
时间</td><td>流速/(cm/s)</td><td>流向/(°)</td></tr>
<tr><td colspan="2">涨潮流</td><td></td><td colspan="2"></td><td></td><td></td><td></td></tr>
<tr><td colspan="2">落潮流</td><td></td><td colspan="2"></td><td></td><td></td><td></td></tr>
<tr><td colspan="2">说明</td><td colspan="6">1.验流定位计时精确到秒；
2.流速精确到 0.1 kn；
3.流向精确到 0.5°</td></tr>
<tr><td colspan="2">备注</td><td colspan="6">气象等状况描述与记录，包括风速与风向、气压、水密度（压力验潮仪）、磁偏角等</td></tr>
</table>

4.4.2 潮流或海流表示

潮流是用含有流向和流速的矢量形式表示。流向是指潮流流去的方向，以正北作为流向的起算点(0°)，顺时针计算；流速在航海上常常采用 kn 表示，在科学研究和海洋工程中也常采用 m/s 或 cm/s 表示。

1. 海图表示

在海图上，往复式潮流标示的是表层海水大潮最强流速，用矢量表示。矢量的长短表示流速的大小，箭头表示流向，矢量尾点为表示的流速和流向的地点；回转式潮流标示的是表层海水在大潮期间整点时刻的流速和流向的矢量图，又称为玫瑰图，如图 4.2、图 4.3 所示。例如，涨潮流符号为 ；落潮流符号为 ；海流符号为 或 ；海图上记载的最强流速，以 kn 表示，即 2.5 kn 。在大潮期间，以测得涨落潮流中最强流速为准；在小潮期间，测得最强流速时，在流速旁注记“小潮”。若流速微弱，不及 1/4 kn，则在旁边注记“弱”；至于流向的转换时刻，其憩流时间大于 1 小时时应说明。潮流与海流混合时，不论其中潮流的最强流速较海流大或小，均用小圆圈附于潮流矢或海流矢的尾端表示。例如，若海流比潮流强，海水向一个方向流动，在大潮期间测得最弱与最强流速为2 kn和 5 kn，则表示为 2~5 kn；若海流比潮流弱，海水向相反两个方向流动，在大潮期间流速最强时，测得两方向的最强流速为 1 kn 和 5 kn，则表示为 5 kn 1 kn 。

有的潮流或海流矢量的尾线不表示涨潮流或海流特性，而是表示流速的节数。

2. 海洋学表示

上述海流表示主要是针对表层流，而在许多情况下需要立体表示海流。海流根据测得的数据一般会绘制流速和流向分布图，分为拉格朗日法和欧拉法。

(1)拉格朗日法是通过跟踪水质点描述其时空变化的方法，该法实现起来较困难，但近代用漂流瓶及中性浮子等追踪流迹，可近似地了解流场的变化规律。

(2)欧拉法是一种常用的测量和描述海流的方法，即在海洋中某些固定点同时对海洋剖面的海流进行观测，确定各层的流速和流向，用矢量来表示空间上海流的变化，根据绘制的流线图描述流场的分布，如图 4.16 所示(侍茂崇，2000)。如果流场不随时间而变化，那么流线就代表了水质点的运动轨迹。海流流速以 m/s 为单位，流向指流去的地理方位角，以(°)为单位，而磁罗经读数要转化为地理方位角(真北方位角)。例如，海水以 10 cm/s 的速率向正北流动，则其流向为 0°或北，绘图时常用矢量箭头表示，其长度表示流速量值，箭头表示流向。

在实际海流观测和数据处理过程中，首先是在观测点上按一定的时间间隔和时段连续观测指定水层的流速和流向，将流速和流向视为随时间变化的过程变化曲线，分别展绘成流速和流向曲线图，如图 4.17 所示。此过程一般在实地进行，在厘米方格纸上按一定的比例关系将各层的观测值分层绘制，以便发现问题，进行纠正或重测，也可利用计算机直接绘制。绘制过程中应在尊重实测数据的基础上，遵循流速、流向的变化规律。例如，曲线应当圆滑；流速大时，流向变化缓慢；流速小时，流向变化迅速；在旋转流时，流向变化逐渐缓慢，流速变化不大；在往复流或带有较大余流（潮汐余流是由非线性水底摩擦效应、水动力连续方程中的非线性项和动量方程中的非线性项产生，在港湾内水底地形的摩擦效应更明显）的情形下，流速曲线显示为峰谷相间的波形，与之相应的流向曲线是一个个平台现状，每一个平台对应一个波谷，一般波峰越高平台越平，波谷越深平台越陡等。

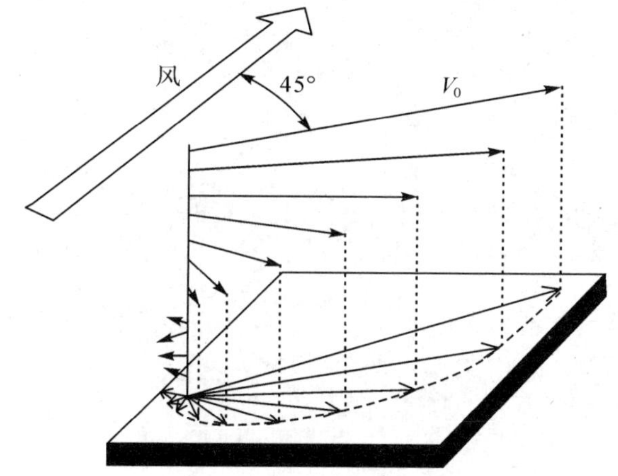

图 4.16　北半球某地海流垂直分布

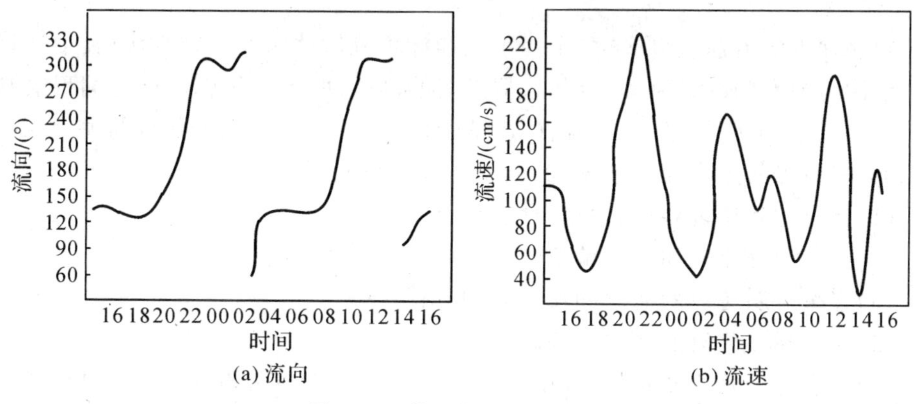

(a) 流向　(b) 流速

图 4.17　某层流速、流向曲线

3. 海洋工程测量表示

在海洋工程勘察设计过程中，区域潮流的观测还有其他的规定，特别是表示形式和观测水层与海洋学和正规海道测量有所不同,实施验流时应注意参考相应规范或规程。图 4.18 为某海域采用多普勒剖面测流仪测量某航次的每点三层的流速和流向,表 4.3 给出了各验流点在大小潮期间不同水层的矢量,而展绘到平面图上则会更直观地反映观测海区的平面和垂向空间分布、潮流性质等状况。表 4.4 给出了某地大小潮期间验流点潮流矢量过程曲线,与该地点观测潮汐相关联,则表中各图能够清晰地反映验流点在整个潮汐周期内潮流的变化过程和规律,为海洋工程设计、工程建设和区域海洋动力学研究提供重要参考。

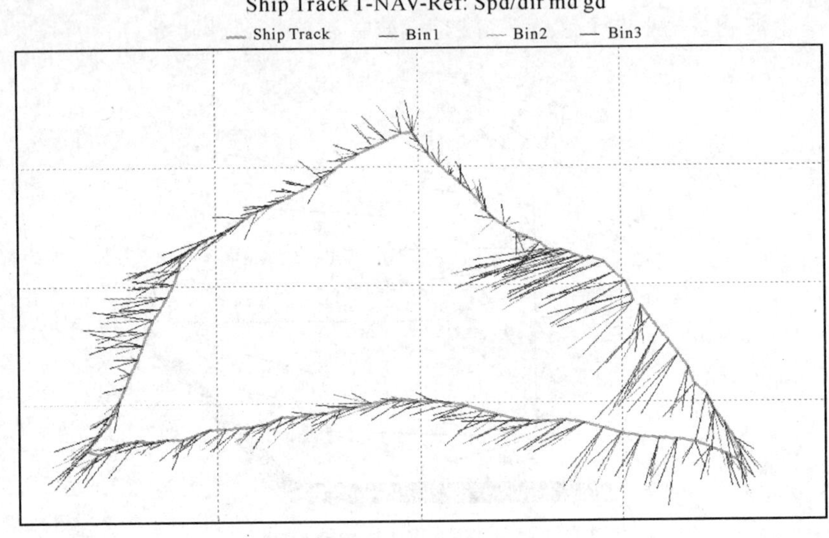

图 4.18　多普勒剖面测流仪测量某航次走航式验流示意

观测地点的流速、流向图可采用手工和计算机软件两种绘制方法,其中计算机软件绘制需要专门的绘制程序(如仪器随机绘制软件、计算机辅助设计编程绘制软件 CAD 等)。这里简要说明海洋工程中两种流速、流向图绘制的基本步骤。表 4.3为验流点每层海流矢量图,其绘制一般步骤如下:

(1)检查与整理资料,消除错误数据。

(2)将实测磁流向加上磁偏角改正,归算到真北流向。

(3)将每一层海流的流速和流向分别进行归类。

(4)绘一标注测流点名称的圆圈。

(5)从表层开始绘制符号,表示流速矢量的起点在圆圈线上,矢量的长度表示流速(根据流速比例尺确定图上长度),矢量的方向以绘图平面正北为 0°方向(纵向向上,即流向的基准方向),并标注流速比例尺。

(6)依次分别绘制其他层的流速和流向。

表 4.3　某定点实测海流矢量

	大潮 2010.4.16—17	小潮 2010.4.21—22
表层	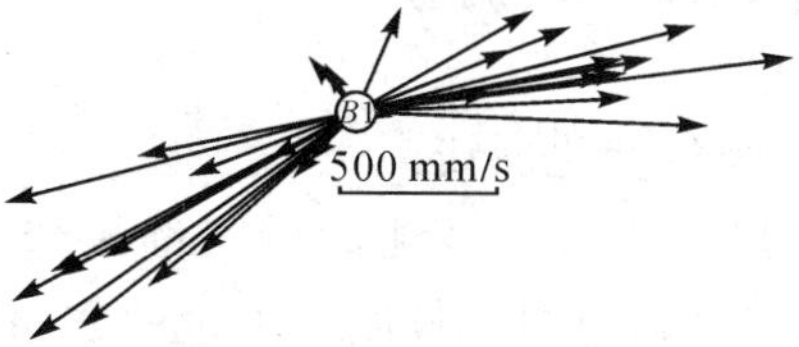 B1 500 mm/s	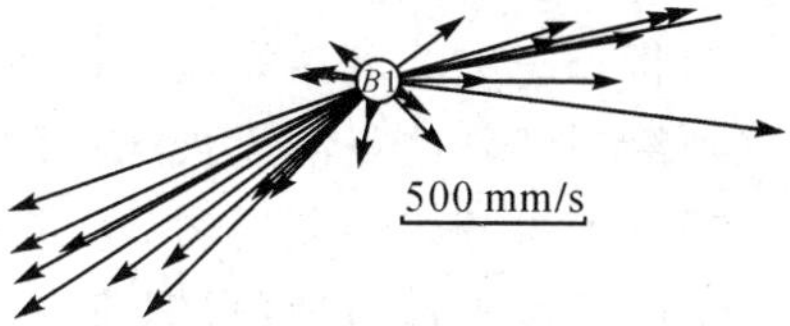 B1 500 mm/s
0.2H	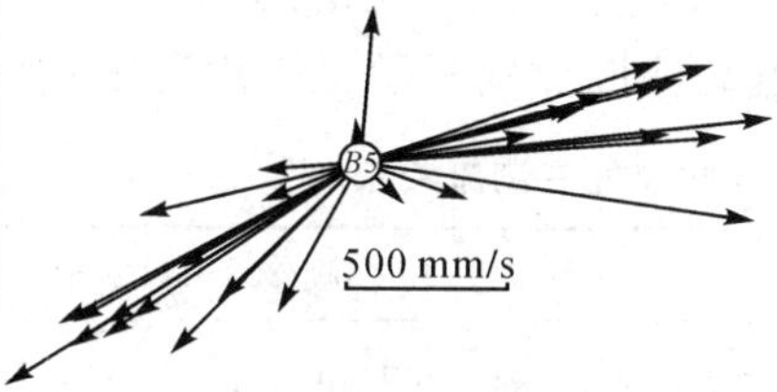 B5 500 mm/s	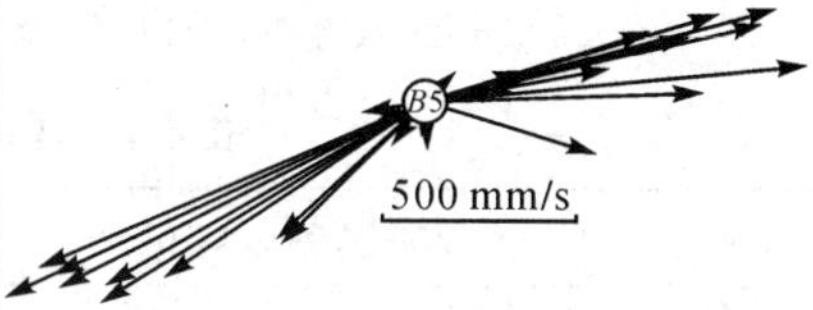 B5 500 mm/s
0.4H	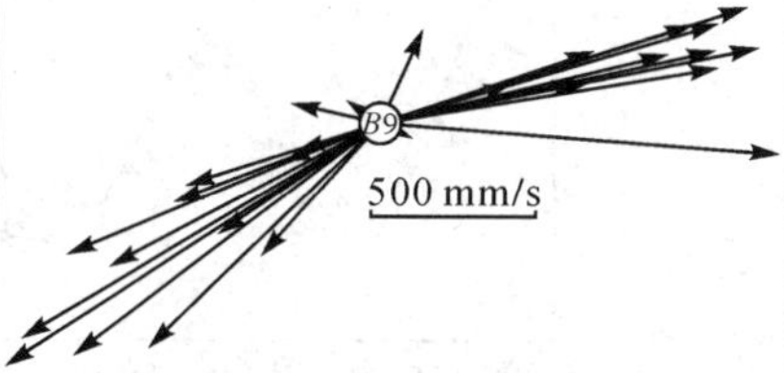 B9 500 mm/s	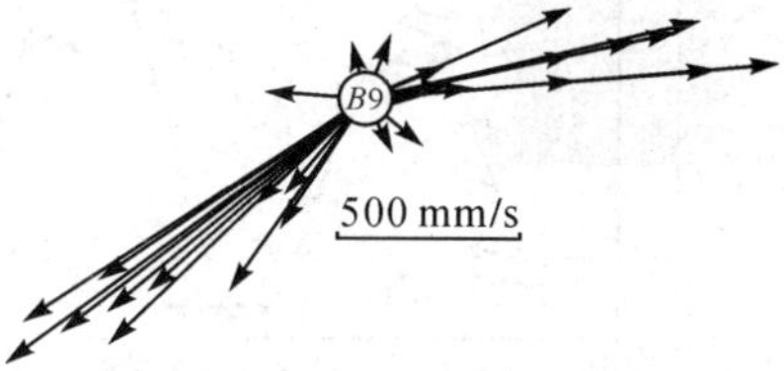 B9 500 mm/s
0.6H	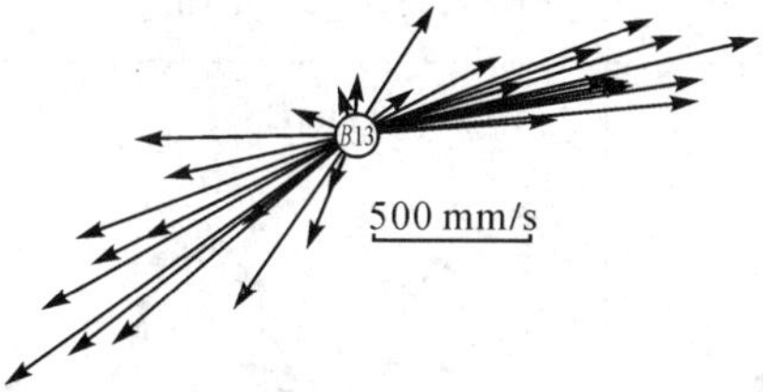 B13 500 mm/s	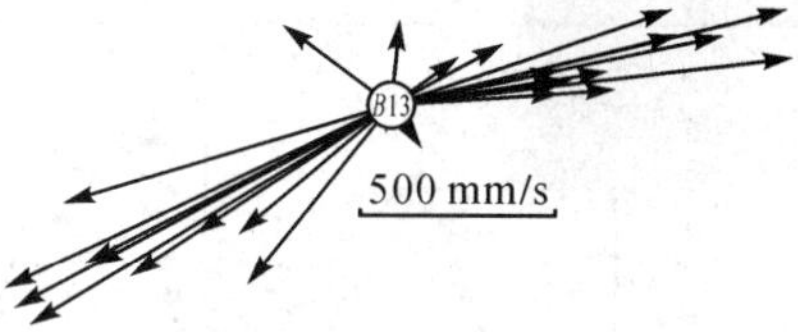 B13 500 mm/s
0.8H	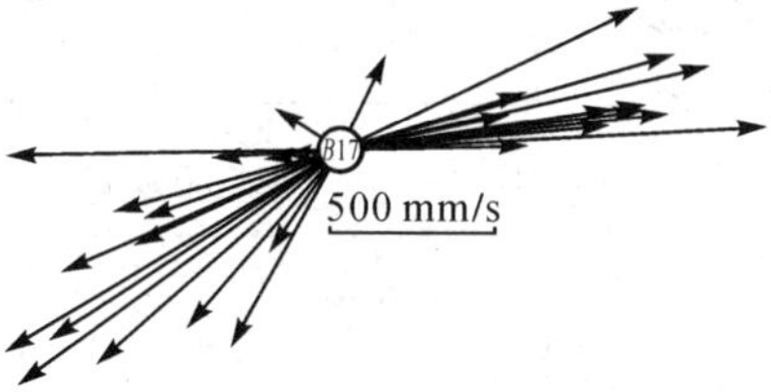 B17 500 mm/s	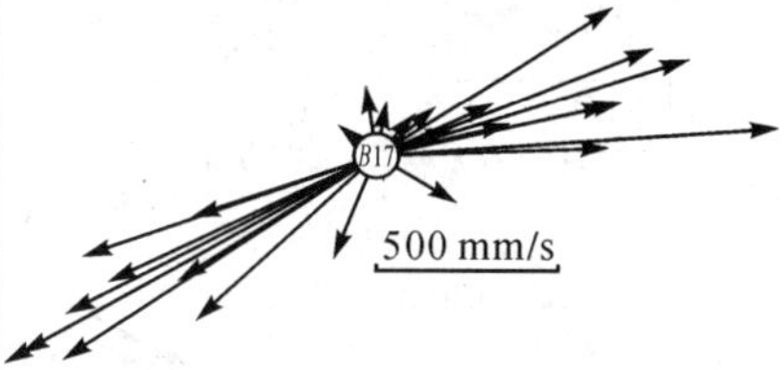 B17 500 mm/s
底层	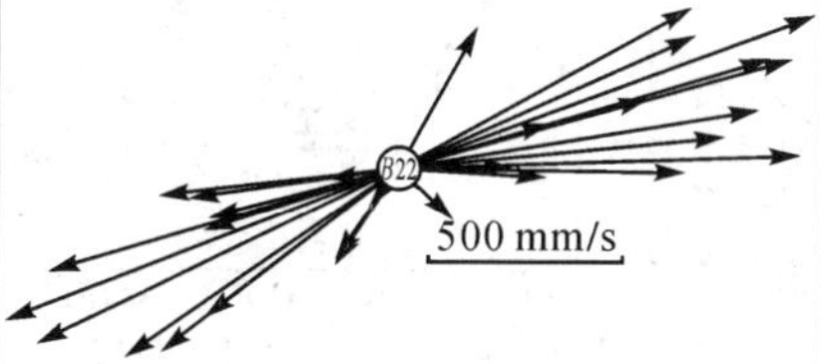 B22 500 mm/s	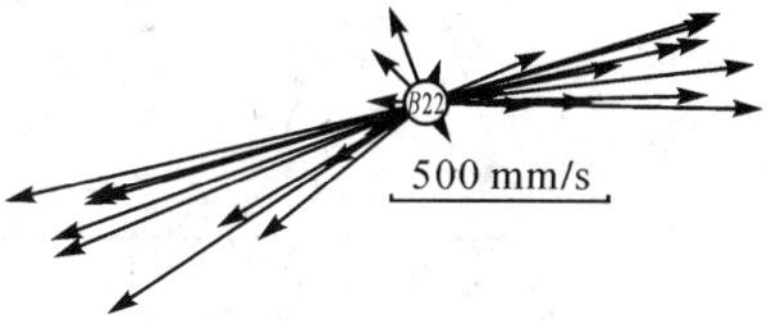 B22 500 mm/s

表 4.4 为验流点潮流矢量过程线图，绘制的一般步骤如下：

(1)检查与整理资料(包括潮流和潮汐水位观测资料)，消除错误数据。

(2)将实测磁流向加上磁偏角改正，归算到真流向。

(3)将每一层的流速和流向进行归类。

(4)绘制观测地点潮流观测期间的潮汐变化曲线。

(5)从表层开始绘制符号，矢量的起点为对应观测时刻与潮汐变化曲线的交点，矢量的长度表示流速(根据流速比例尺确定图上长度)，矢量的方向以潮高指向(即正北)为 0°方向(即流向的基准方向)，并标注流速比例尺。

(6)依次将每层大小潮观测的流速和流向分别标示在潮汐变化曲线上。

表 4.4 某定点站潮位—潮流关系

	大潮 2010.4.16—17	小潮 2010.4.21—22
表层	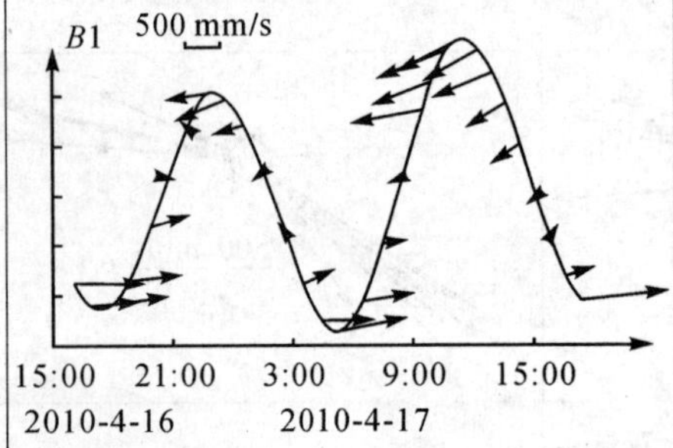 B1 500 mm/s 15:00 21:00 3:00 9:00 15:00 2010-4-16 2010-4-17	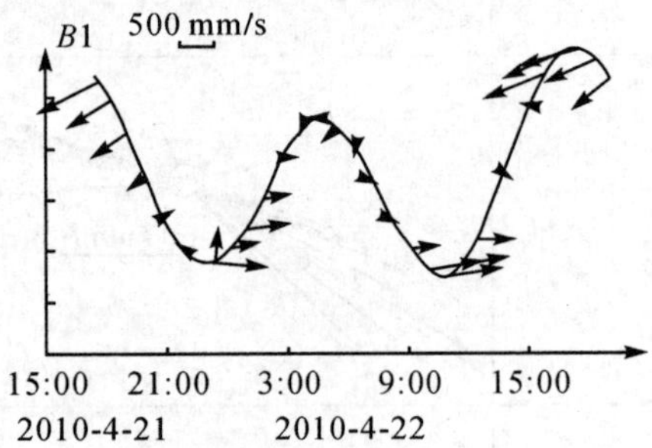 B1 500 mm/s 15:00 21:00 3:00 9:00 15:00 2010-4-21 2010-4-22
0.2H	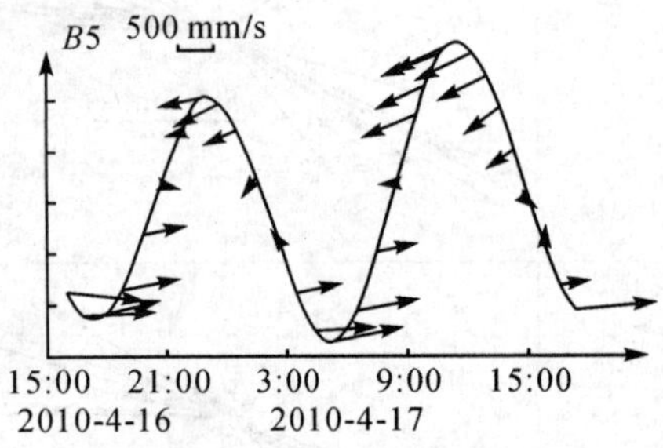 B5 500 mm/s 15:00 21:00 3:00 9:00 15:00 2010-4-16 2010-4-17	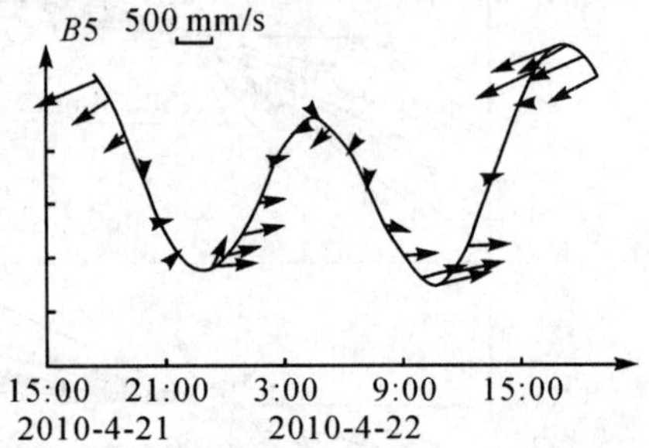 B5 500 mm/s 15:00 21:00 3:00 9:00 15:00 2010-4-21 2010-4-22
0.4H	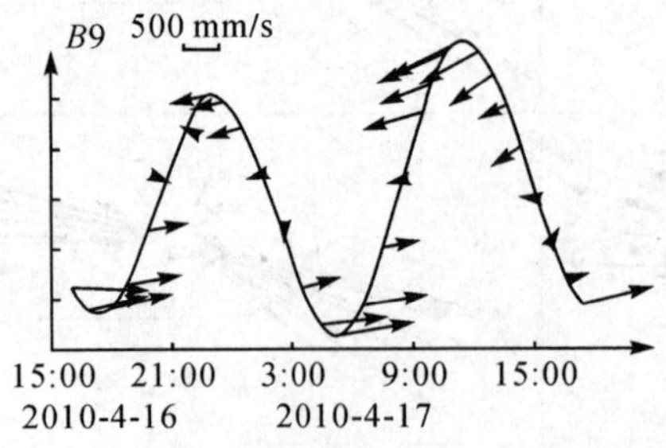 B9 500 mm/s 15:00 21:00 3:00 9:00 15:00 2010-4-16 2010-4-17	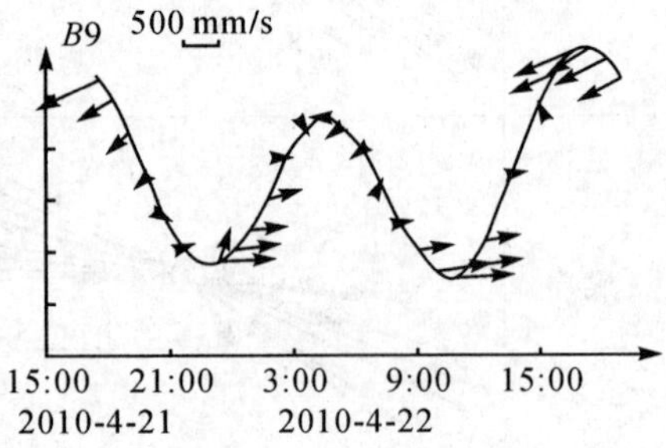 B9 500 mm/s 15:00 21:00 3:00 9:00 15:00 2010-4-21 2010-4-22

续表

	大潮 2010.4.16～17	小潮 2010.4.21～22
0.6H	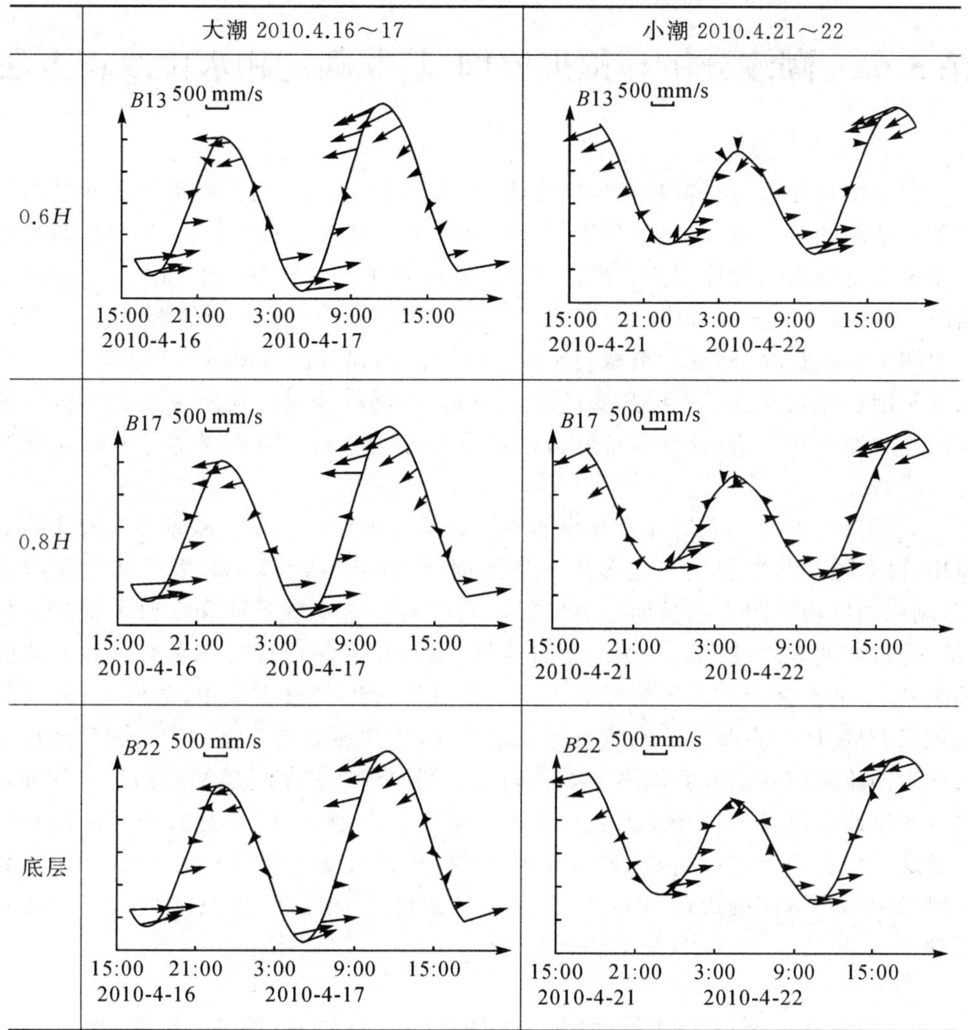	
0.8H		
底层		

第5章　潮汐分析与预报原理、基准确定和水位改正方法

潮汐调和分析与预报是潮汐规律研究和应用的核心问题，涉及天文变量的运动和复杂的数学计算，其整个分析与预报过程十分复杂。实际上，潮汐分析与预报的系统理论与详细计算方法已超出海道测量专业本科教育的要求和国际海道测量组织《国际海道测量师资格标准》(第11版)中"海洋潮汐"要求。然而，相对于我国海道测量实践状况，测量人员需要掌握一些潮汐调和分析与预报的基本知识，并能独立利用认证软件进行一些必要计算。为此，本章将简要论述潮汐调和分析与预报的基本原理和方法，详细理论和方法可参阅相关书籍(方国洪 等，1986；孟德润 等，1993)。

只有将海道测量人员外业获得的水深数据与水深基准建立联系才具有实际的应用价值，这些基准包括当地多年平均海面、深度基准面等。对海道测量实践而言，利用测区内或附近的长期验潮站资料确定测区的垂直基准和获取水位改正数(值)是最方便有效的方法。然而，受长期验潮站数量和地理分布及有效控制范围的限制，不能对整个测区实施有效控制。在具体海道测量实施中，为满足《海道测量规范》对测区垂直基准和水位改正限差要求，往往还需要布设一定数量和地理分布的短期验潮站和临时验潮站。如何确定短期验潮站和临时验潮站的垂直基准和测区水位改正值是海道测量人员经常面对的主要问题之一，也是必须解决的一项关键性工作。为此，本章将在简要概述潮汐分析预报基本原理基础上，详细论述海道测量中平均海面的确定与传递、深度基准面确定与传递，以及水位改正方法和原理。

§5.1　海道测量中潮汐调和分析与预报基本原理

5.1.1　潮汐调和分析基本原理

潮汐调和分析是利用过去一段时间内的潮汐水位观测资料计算分潮调和常数和平均海面的过程，分析成果将进一步用于潮汐预报、各种特征面(或特征值)和水位改正值计算等。

潮汐调和分析主要基于两个基本原理：①强制振动原理，由周期性力的作用引起的某系统的波动也是周期性的，而且其周期与力的周期相同，如引潮力与分潮振动；②波动合成原理，若几个力同时作用在某一系统上，则每个力所引起的分振动

(即分潮振动)可以分别进行计算,而诸力作用的响应则是所有分振动的总和。因此,任何一种周期性的运动都可以表示为许多简谐振动的组合形式。由潮汐静力学理论可知,海洋潮汐也是一种在引潮力牵引下的近似周期性运动,因而也可以分解为许多固定频率的分潮潮波(振动或波动),进而求得各分潮潮波的振幅和相位,这种分析潮汐的方法称为潮汐调和分析。

由第 2 章知,在一定时间段内的潮高可表示为

$$h(t)=S_0+\sum_{i=1}^{m}(fH)_i\cos(q_it+G(\nu_{0i}+u_i)-g_i)+\gamma(t) \tag{5.1}$$

令 $R_i=(fH)_i$、$\theta_i=-(G(\nu_{0i}+u_i)-g_i)$,代入式(5.1)得

$$\begin{aligned}h(t)&=S_0+\sum_{i=1}^{m}R_i\cos(q_it-\theta_i)+\gamma(t)\\&=S_0+\sum_{i=1}^{m}[R_i\cos\theta_i\cos(q_it)+R_i\sin\theta_i\sin(q_it)]+\gamma(t)\end{aligned} \tag{5.2}$$

令 $a_i=R_i\cos\theta_i$、$b_i=R_i\sin\theta_i$,则

$$\left.\begin{aligned}R_i&=\sqrt{a_i^2+b_i^2}\\\theta_i&=\tan^{-1}\frac{b_i}{a_i}\end{aligned}\right\} \tag{5.3}$$

代入式(5.2),化简得

$$h(t)=S_0+\sum_{i=1}^{m}[a_i\cos(q_it)+b_i\sin(q_it)]+\gamma(t) \tag{5.4}$$

式中,i 为分潮代号,对应某特定分潮,如 M_2、S_2、K_1、O_1 等;m 为选取的分潮个数;其他符号意义同式(2.25)。上述各式中,平均海面 S_0、各分潮的调和常数 H_i 和 g_i 为未知数,各分潮的交点因子 f_i、格林尼治零时天文初相角 ν_{0i} 和交点订正角 u_i 是可以预先求解的量,只与观测时段和分潮相关。因此,潮汐分析就是求解平均海面和各分潮调和常数的过程。

忽略式(5.4)的扰动项 $\gamma(t)$,并单独列出 i 分潮项,得

$$h(t)=S_0+a_i\cos(q_it)+b_i\sin(q_it)+\sum_{j=1}^{m-1}[a_j\cos(q_jt)+b_j\sin(q_jt)] \tag{5.5}$$

根据三角函数的正交性,在式(5.5)中欲保留 i 分潮,而消除其余的 j 分潮,则必须满足一定的分析长度 n,即满足分潮分离所需要的观测资料的时间跨度,在 5.1.5 节将论述 n 的求解方法。利用一定分析长度的潮汐水位观测资料求得 a_i、b_i 后,利用式(5.3)进而求得 R_i、θ_i,最后求得各分潮的调和常数 H_i、g_i。

世界各国研究人员经过几百年的研究和改进,相继提出了多种潮汐分析方法,如达尔文分析法、杜德森分析法、潮汐最小二乘分析法、响应分析法、傅里叶(Fourier)分析法、八分算法等,而小波分析法已成为目前研究潮汐的另一个研究

方向。下面将简述三种较常用的潮汐分析法基本原理。

5.1.2 达尔文分析法

达尔文分析法是由英国科学家乔治·达尔文于1883年提出的潮汐分析方法。此法是对30天潮汐资料连续观测序列进行处理的准调和分析方法，是一种传统的手工计算分析法。众所周知，分潮当中一些分潮的频率成倍数关系，如M_1、M_2、M_4、…、S_1、S_2、S_4、…，将这些频率成倍数的分潮称为分潮系。达尔文分析法就是利用潮汐由许多分潮系组成并以其周期不等的特点，先将分潮系从观测资料中分离，然后再将分潮系中的分潮逐个分离，最后求出各分潮的调和常数。对分潮系的分离依赖各分潮系的周期，即分潮日。例如，M分潮系的基准周期为1分潮日(24.84小时)，1分潮时等于1分潮日/24；S分潮系的基准周期为1分潮日(24小时)，1分潮时等与1分潮日/24。对某一分潮系而言，在该分潮系的不同分潮日的同一分潮时，其分潮的相位相同，而其他分潮系所含分潮的相位因周期不同是变化的。如果选择适当的分析天数，将某一分潮系的不同分潮日的同一分潮时的观测潮高相加，则该分潮系的分潮高越加越大，而其他分潮系则被抵消，从而达到分潮系分离的目的。各分潮系从观测资料中分离以后，由于分潮系中各分潮的频率成倍数，所以可以利用傅里叶方法求得各分潮的R_i、θ_i，又由于分潮系分离中在时间上进行了近似，还需对R_i、θ_i进行订正，并对一些利用30天资料无法分离的分潮引入振幅比和迟角差单独进行计算，最后求得各分潮的调和常数H_i、g_i。

5.1.3 杜德森分析法

杜德森分析法是英国科学家杜德森分别于1928年和1954年提出的潮汐分析方法，是一种传统的手工计算分析法，又称英国潮汐研究所方法。此法将分潮中所有周期相近的分潮称为一个分潮族，如半日分潮族、日分潮族、1/4分潮族等。首先从实测潮汐资料中分离分潮族，然后进一步将各分潮族中的各个分潮分离。为了进行分潮族的分离，杜德森不采用分潮时的潮高进行计算，而是直接利用平太阳时的潮高进行线性组合，给出了16种基本线性组合。利用这些基本组合再组合，消除其他分潮族的影响，得到主要包含某一分潮族贡献的函数值，其余分潮的影响忽略不计。利用这些函数值建立类似调和原理的方程，求解分潮族内各个分潮的调和常数。此法的特点是不采用分潮时的潮高计算，而直接以平太阳时的潮高进行线性组合。

5.1.4 潮汐最小二乘分析法

上述两种方法都是以手工计算为主要目的提出的，受限于当时的计算技术，并且分析数据时间跨度短，对某些分潮进行了合并和近似处理，导致分潮分离的调和常数不够准确和稳定，因此称为是准调和分析。随着电子计算机的普及，潮汐分析计算能力和效率提高，由霍恩于 1960 年提出了基于最小二乘原理的潮汐分析法，后经不断完善，目前已是潮汐分析普遍采用的标准分析方法。此法的基本思想是在一段时间内(不小于分析长度)每时的潮高 h_i 可以用 m 个分潮的叠加表示，其基本方程为

$$h(t)=S_0+\sum_{i=1}^{m}(fH)_i\cos(q_i t+G(\nu_{0i}+u_i)-g_i)+\gamma(t)$$

略去扰动项 $\gamma(t)$，作为噪声处理，则上式为

$$h(t)=S_0+\sum_{i=1}^{m}(fH)_i\cos(q_i t+G(\nu_{0i}+u_i)-g_i) \tag{5.6}$$

参见 5.1.1 节，将式(5.6)展开、替代、合并，可表示为

$$h(t)=S_0+\sum_{i}^{m}a_i\cos(q_i t)+\sum_{i}^{m}b_i\sin(q_i t) \tag{5.7}$$

式中，由 n 个观测时刻对应的 n 个观测潮高可以组成 n 个含有 $2m+1$ 个未知数(S_0、a_i、b_i)的方程组。

以 n 个观测时刻对应观测的潮高为已知量，将式(5.7)表示为间接平差的线性方程组形式，即

$$\boldsymbol{V}=\boldsymbol{BX}-\boldsymbol{L} \tag{5.8}$$

式中，$\boldsymbol{V}$ 为改正数，$\boldsymbol{V}=[v_1 \quad v_2 \quad \cdots \quad v_n]^{\mathrm{T}}$，$\boldsymbol{B}$、$\boldsymbol{X}$、$\boldsymbol{L}$ 分别为

$$\boldsymbol{B}=\begin{bmatrix} 1 & \cos(q_1t_1) & \cos(q_2t_1) & \cdots & \cos(q_mt_1) & \sin(q_1t_1) & \sin(q_2t_1) & \cdots & \sin(q_mt_1) \\ 1 & \cos(q_1t_2) & \cos(q_2t_2) & \cdots & \cos(q_mt_2) & \sin(q_1t_2) & \sin(q_2t_2) & \cdots & \sin(q_mt_2) \\ \vdots & \vdots & \vdots & & \vdots & \vdots & \vdots & & \vdots \\ 1 & \cos(q_1t_n) & \cos(q_2t_n) & \cdots & \cos(q_mt_n) & \sin(q_1t_n) & \sin(q_2t_n) & \cdots & \sin(q_mt_n) \end{bmatrix}$$

$$\boldsymbol{X}=[S_0 \quad a_1 \quad a_2 \quad \cdots \quad a_m \quad b_1 \quad b_2 \quad \cdots \quad b_m]^{\mathrm{T}}$$

$$\boldsymbol{L}=[h(t_1) \quad h(t_2) \quad \cdots \quad h(t_n)]^{\mathrm{T}}$$

利用最小二乘原则($\boldsymbol{V}^{\mathrm{T}}\boldsymbol{PV}=\min$)和测量平差原理中的间接平差方法，求解方程组得

$$\left.\begin{aligned} &\boldsymbol{X}=\boldsymbol{N}^{-1}\boldsymbol{W}=(\boldsymbol{B}^{\mathrm{T}}\boldsymbol{PB})^{-1}(\boldsymbol{B}^{\mathrm{T}}\boldsymbol{PL}) \\ &\sigma_0=\sqrt{\frac{\boldsymbol{V}^{\mathrm{T}}\boldsymbol{PV}}{n-t}}=\sqrt{\frac{\boldsymbol{V}^{\mathrm{T}}\boldsymbol{PV}}{n-2m-1}} \\ &\sigma_{x_i}=\sigma_0\sqrt{Q_{X_iX_i}} \\ &\boldsymbol{Q}_{XX}=(\boldsymbol{B}^{\mathrm{T}}\boldsymbol{PB})^{-1} \end{aligned}\right\} \tag{5.9}$$

式中，水位观测可以认为是等权观测，则 $\boldsymbol{P}=\boldsymbol{I}$。再根据 5.1.1 节的替代关系和上述计算结果，可求得 m 个分潮的调和常数、观测期间的平均海面及参数求解精度等，从而达到潮汐分析的目的。

基于上述原理和不同的水位观测时间长度,引入不同的处理方法。例如,对一年或一年以上的观测资料进行分析时,需引入交点因子和交点订正角,消除同一亚群中其他分潮对主要分潮的影响;而对于大于一个月且小于一年的观测资料进行分析时,则假定同一群和不同群分潮中的主要分潮和次要分潮之间有确定的(或可预先计算的)振幅比和迟角差,同时合理选择要分析的分潮,以便减少式(5.8)中未知数的个数,消除出现病态方程的可能性,达到解算方程的目的。

潮汐分析是一个非常复杂的过程,需要专门人员编程实现。目前,我国已经有许多单位研制了自己的潮汐与预报分析软件,如大连舰艇学院海测系、海洋测绘研究所、青岛海洋大学等已有了较好的潮汐分析软件,海道测量人员需要理解潮汐分析的基本原理,熟练使用这些分析软件。特别是 13 个分潮的调和常数和深度基准面的计算等要有较高的精度,才能够满足我国海道测量的需求。在实际应用过程中,海道测量人员可根据软件使用说明书和软件向导提示说明,按所要求的数据格式和其他技术要求创建潮汐分析水位观测数据文件,将水位观测数据输入潮汐分析软件即可获得某站的分潮调和常数和其他需要的潮汐特征值。图 5.1为某潮汐分析与预报软件的输入和输出窗口。潮汐预报对于多于 13 个分潮的调和分析和预报,仍需要专业潮汐人员去完成。

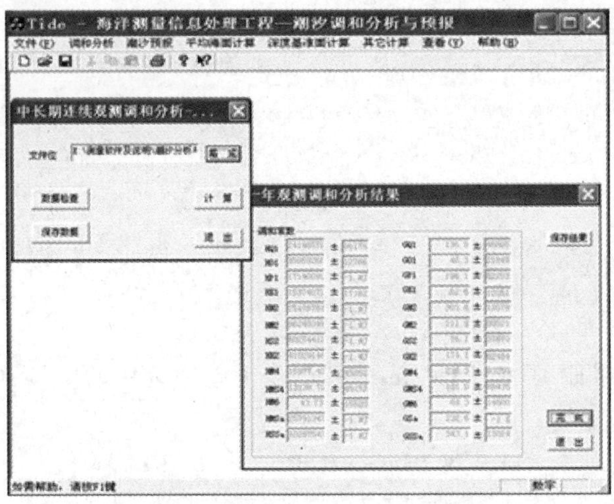

图 5.1　某潮汐分析与预报软件的输入与输出窗口

5.1.5　潮汐水位观测间隔与分析长度

潮汐是一个连续变化的过程。通过对其进行连续观测,可以得到一条连续变化的时间变化曲线(如划线式自记验潮仪的记录形式)。但实际应用水位观测资料和进行计算分析时,只有离散的时间序列水位数据才更具有实际的应用价值,如水位数据库建立、潮汐分析、海道测量水位改正计算等。这种对水位连续变化曲线按时间进行离散化处理和离散化记录的过程称为采样。实际上，鉴于大部分水位观测设备的观测能力和实际数据处理需求，水位观测数据的一般形式是离散的，但离散形式的水位观测序列的时间间隔和分析长度却不是任意的，在海道测量水位改正和潮汐分析中都有特定的要求，下面将分别论述。

从上述潮汐分析方法，特别是对潮汐最小二乘分析法而言，似乎只需要 $2m+1$ 个时刻的水位观测值即可计算出 m 个分潮的调和常数，但实际上并非如此，因为在实际计算中会因方程组病态而无法得到稳定的结果。其中的关键是受到两个隐含因素（即水位观测时间间隔和分析长度）制约。

1. 观测时间间隔与采样定理

水位观测实际上就是对连续变化曲线（如潮汐曲线）进行离散化的过程。由采样定理——瑞利(Rayleigh)准则可知，取采样间隔为 Δt 的连续等间隔水位观测序列，可以提取潮汐信号的最高频率 f_c（或最短周期 T）为

$$f_c \leqslant \frac{1}{2\Delta t} \tag{5.10}$$

式中，f_c 称为截止频率或奈奎斯特(Nyquist)频率，即对给定间隔的连续等间隔水位观测序列，只能提取小于频率 f_c 的潮汐信号。

在潮汐分析中，一般对于频率大于或等于每小时 0.5 周的振动（即周期为 2 小时的振动）忽略不计，则潮汐分析的截止频率 f_c 为每小时 0.5 周，那么由式(5.10)可得

$$\Delta t \leqslant \frac{1}{2f_c} = \frac{1}{2\times 0.5} = 1(\text{小时}) \tag{5.11}$$

即对应截止频率 f_c 为每小时 0.5 周，则可允许最大的水位观测时间间隔为 1 小时。若高于此截止频率，则必须选择更小的观测时间间隔；若低于此截止频率，则可选择更大的水位观测时间间隔。对于一般的潮汐分析，通常将周期大于 2 小时的分潮忽略不计，因此用于潮汐分析的采样数据间隔为 1 小时。

2. 混淆现象

假设某一实际存在的振动，其周期为 $T=2\pi f$，观测时间间隔为 Δt，图 5.2 中的黑点为采样时刻的数值，则通过黑点可以有两条曲线，实线为真实振动，虚线为更长周期的振动，周期为 T'，$T'>T$。在只知道 Δt 的情况下，无法区分振动是周期为 T 的振动还是周期为 T' 的振动。这种现象称为混淆现象，即不可分现象。

3. 分析长度

分析长度即为用于潮汐分析的连续观测水位的时间跨度，是制约潮汐分析的重要因素之一。由式(5.5)得

$$h(t) = S_0 + a_i\cos(q_i t) + b_i\sin(q_i t) + \sum_{j=1}^{m-1} R_j\cos(q_j t - \theta_j)$$

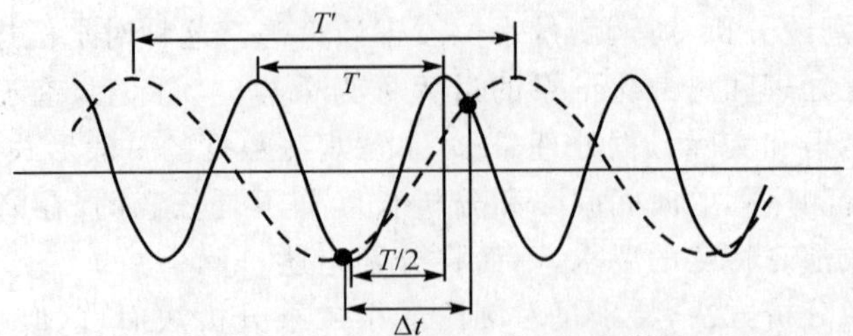

图 5.2 两种不同频率振动的混淆现象

取 i 分潮周期的整倍数 $n\tau_i$，对正余弦函数进行积分，由傅里叶系数的特点可得

$$\int_0^{n\tau_i}\cos(q_it)\mathrm{d}t=0,\quad \int_0^{n\tau_i}\sin(q_it)\mathrm{d}t=0,\quad \int_0^{n\tau_i}\sin(q_it)\cos(q_it)\mathrm{d}t=0$$

$$\int_0^{n\tau_i}\cos^2(q_it)\mathrm{d}t=\frac{n\tau_i}{2},\quad \int_0^{n\tau_i}\sin^2(q_it)\mathrm{d}t=\frac{n\tau_i}{2},$$

$$\int_0^{n\tau_i}\cos(q_it)\cos(q_jt)\mathrm{d}t=-\frac{q_j}{q_i^2-q_j^2}\sin(q_jn\tau_i)$$

$$\int_0^{n\tau_i}\cos(q_it)\sin(q_jt)\mathrm{d}t=-\frac{q_j}{q_i^2-q_j^2}[1-\cos(q_jn\tau_i)]$$

$$\int_0^{n\tau_i}\sin(q_it)\cos(q_jt)\mathrm{d}t=-\frac{q_i}{q_i^2-q_j^2}[\cos(q_jn\tau_i)-1]$$

$$\int_0^{n\tau_i}\sin(q_it)\sin(q_jt)\mathrm{d}t=-\frac{q_i}{q_i^2-q_j^2}\sin(q_jn\tau_i)$$

则有

$$\left.\begin{aligned}\int_0^{n\tau_i}h(t)\cos(q_it)\mathrm{d}t&=\frac{a_i}{2}n\tau_i-\sum_{j=1}^{m-1}R_j\frac{q_i}{q_i^2-q_j^2}\left[\sin\left(2n\pi\frac{q_j}{q_i}-\theta_j\right)+\sin\theta_j\right]\\ \int_0^{n\tau_i}h(t)\sin(q_it)\mathrm{d}t&=\frac{b_i}{2}n\tau_i-\sum_{j=1}^{m-1}R_j\frac{q_i}{q_i^2-q_j^2}\left[\cos\left(2n\pi\frac{q_j}{q_i}-\theta_j\right)-\cos\theta_j\right]\end{aligned}\right\}\tag{5.12}$$

对于式(5.12)右边第二项，当 $2n\pi\dfrac{q_j}{q_i}=2S\pi$ 时，S 为正整数，则第二项为 0，式(5.12)中仅包含 i 分潮项，即保留了 i 分潮而消除了其他分潮，故用分潮周期表示有

$$\left.\begin{aligned}\frac{q_j}{q_i}&=\frac{S}{n}\\ \frac{q_i-q_j}{q_i}&=\frac{n-S}{n}=\frac{r}{n}\\ n&=\frac{q_i}{q_i-q_j}r\end{aligned}\right\}\tag{5.13}$$

用分潮日表示

$$n=\frac{q_i}{p(q_i-q_j)}r \tag{5.14}$$

式中，q 为分潮角速率；r 为任意整数；n 为欲保留 i 分潮而消除 j 分潮所需 i 分潮的分潮日数，取正整数，即分析长度；p 为一分潮日内保留分潮的周期数，如日潮、半日潮、1/4 分潮等，p 分别为 1、2、4 等。

例如，求 S_2 分潮，消除 M_2 分潮，由式(5.14)得

$$n=\frac{30^\circ}{2\times(30^\circ-28.984\,1^\circ)}r=14.765\,23r$$

当 $r=1$ 时，n 为 14.765 23 分潮日，取整为 15 天。这说明了欲保留 S_2 分潮而消除 M_2 分潮至少要采用 15 天水位观测资料进行潮汐分析才能将其分开，即分析长度为 15 天。当 $r=25$ 时(即最小分析长度的 25 倍，也可以分开 S_2 分潮和 M_2 分潮)，分析长度约为 369 天。

又如，若求 M_2 分潮而消除 S_2 分潮，则由式(5.14)得

$$n=\frac{28.984\,1^\circ}{2\times(28.984\,1^\circ-30^\circ)}r=-14.265\,23r$$

当 $r=-1$ 时，n 为 14.265 23 分潮日，取为 15 天。当 $r=-25$ 时，n 为 356.6 分潮日，约 369 天。

因此，作为潮汐中影响最大的两个分潮 M_2 和 S_2，其 25 倍分析长度的天数被定义为 1 个分析的标准长度，也就是在潮汐分析中选择标准分析长度为1 年的原因。具体应用时，对分析长度取整。以此类推，得表 5.1 和表 5.2。表 5.1 中包含了 8 个主要分潮，对分析长度进行近似取整，最大长度为 1 个月，也就是利用 1 个月分析长度的水位数据能够分离主要分潮，这是《海道测量规范》进行基准确定要求至少 1 个月(29 天或 30 天)水位数据的主要理论依据。

表 5.1　主要分潮的部分分析长度

所求分潮	消除分潮	分析长度(分潮日数)	近似分潮日		近似平太阳日	
			半月	一个月	半月	一个月
M_2	S_2	14.265 23r	14.3	28.5	14.8	29.5
S_2	M_2	14.765 23r	14.8	29.5	14.8	29.5
N_2	M_2	26.121 47r	—	26.1	—	27.5
K_2	M_2	13.698 19r	13.7	27.4	13.7	27.3
O_1	K_1	12.698 19r	12.7	25.4	13.7	27.3
P_1	O_1	14.724 87r	14.7	29.5	14.7	29.6
Q_1	O_1	24.612 94r	—	24.6	—	27.5
M_4	S_4	7.132 65r	14.3	28.5	14.8	29.5

4. 可分离分潮频率限差

如图 5.3 所示，对于两种频率的振动，瑞利还指出，若采用 1 小时采样间隔的

水位观测序列进行分析,则还需满足

$$\left.\begin{array}{l}|f_i-f_j|\geqslant\dfrac{2f_c}{n}=\dfrac{2\times0.5}{n}=\dfrac{1}{n}\\[2ex]|\Delta f|\geqslant\dfrac{1}{n}\end{array}\right\}\qquad(5.15)$$

式中,n 为样本总个数。式(5.15)表示只有两种振动的频率差的绝对值大于或等于 $1/n$,才能将其分离。对潮汐分析而言,n 对应于分析长度,也是观测数据总数,该频率差的绝对值称为相应于分析长度的可分离分潮频率限差。若分析长度为 1 个月,则 $n=30\times24=720$;若分析长度为 1 年,则 $n=369\times24=8\,856$。

表 5.2 部分分析长度

所求分潮	消除分潮	近似分潮日	近似平太阳日	所求分潮	消除分潮	近似分潮日	近似平太阳日
M_2	S_2	357	369	λ_2	M_2	344	350
S_2	M_2	369	369	R_2	M_2	369	369
K_1	O_1	370	369	T_2	M_2	369	369
O_1	K_1	370	369	J_1	O_1	370	356
P_1	O_1	368	369	$2N_2$	M_2	333	358
N_2	M_2	340	359	$2SM_2$	M_2	366	354
Q_1	K_1	310	347	OO_1	K_1	382	355
L_2	M_2	353	359	$2O_1$	K_1	306	357
ν_2	M_2	333	350	ρ_1	K_1	326	363
μ_2	M_2	344	369	⋮	⋮	⋮	⋮

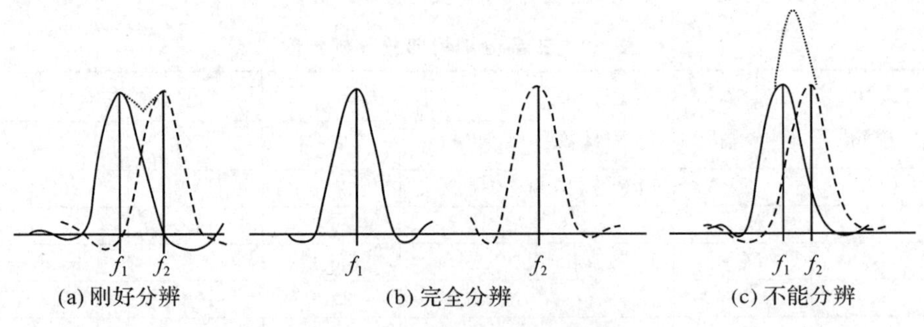

图 5.3 分离两频率的瑞利准则

又有角速率 $q=2\pi f$,式(5.15)两边同乘以 2π,则变换为

$$|\Delta q|\geqslant\frac{2\pi}{n}=\frac{360^\circ}{n}$$

若 n 为 1 个月的观测数据总数,则 $|\Delta q|\geqslant360^\circ/720=0.5(^\circ)/\mathrm{h}$,即 1 个月水位

资料只能将角速率之差大于或等于 0.5(°)/h 的分潮分离。若 n 为 1 年的观测数据总数，则 $|\Delta q| \geqslant 360°/8\,856 = 0.040\,65(°)/h$，即 1 年水位资料只能将角速率之差大于或等于 0.040 65(°)/h 的分潮分离。由此可知，是否能够分离两不同频率分潮与分析长度密切相关，分析长度越大，可分辨分潮能力越强；分析长度越小，可分辨分潮能力越弱。这也是利用一定分析长度观测资料分离超出(或小于)可分离分潮频率限差时造成病态方程组的根本原因。

综上所述和 5.4 节水位改正要求，标准的用于潮汐分析的水位观测间隔为 1 小时，而在海道测量中要求的水位观测间隔则根据水位观测能力和水位改正的处理能力在 1 s(如自记验潮仪)到几十分钟(如水尺观测)不等，因此用于水位改正的水位观测时间间隔和用于潮汐分析的水位观测时间间隔是不同的。但在实际水位观测过程中，兼顾两者的需求，目前世界上普遍采用从短间隔水位观测值序列提取用于潮汐分析的水位观测值序列的方法。例如，《海道测量规范》中规定，整点时刻必须进行水位观测，其他时间间隔有 60 s 至几十分钟不等；美国《海道测量规范与提交》则直接规定一般的水位观测时间间隔为 6 分钟，而用于潮汐分析的时间间隔可以每隔 9 个值提取 1 个值(恰好为整点值)，组成用于潮汐分析 1 小时间隔的水位观测时间序列。这一点对当前普遍采用的自动化水位观测与记录的验潮站而言，不是一件困难的事情，可以同时满足获取海道测量和潮汐分析两种水位观测数据信息的需要。

针对潮汐分析而言，根据连续观测资料的时间长度(或分析长度)不同，将长度为 1 年或 1 年以上的观测资料称为长期观测资料；将长度大于 1 个月但不足 1 年的观测资料称为中期观测资料；将长度小于 1 个月的观测资料称为短期观测资料。对不同长度的观测资料，采用不同的处理方法进行潮汐分析。

5.1.6　潮汐预报方法概述

通过对海洋潮汐进行分析和研究，掌握其变化规律和内部动力机制，利用潮汐变化规律推算未来潮汐变化状况的过程称为潮汐预报。随着人类生产和生活活动向海洋不断拓展，不但需要知道高、低潮的潮时和潮高，而且需要知道任何地点在任意时刻的潮高。特别是在海上军事活动中，潮汐信息是海上战场准备和准确掌握战场发展态势的重要基础信息之一，而且对预报值的准确性和可靠性要求越来越高。

目前，潮汐预报的方法多种多样，如适合半日潮的八分算法、月中天推算潮汐法、农历推算潮汐法等，适合浅水港口的浅海潮汐预报法，适合风暴潮常发区的短期预报订正法等。潮汐预报方法虽然多，但大体上可分为两类：一类是调和预报法，另一类是非调和预报法。前一类方法可提供较准确的预报值，能够最准确地进行计算机快速潮汐预报；后一种方法则提供概略的预报值，其方法都是近似的或不够完善。调和预报法主要是利用潮汐分析得到的各个分潮调和常数和水位基准进行预报，由于分潮的调和常数对当地潮汐的变化规律描述更细致、更准确，因而预报值也更准确。虽然相应的计算模型较复杂且计算量大，但相对于目前普及的高效率计算机，此问题已迎刃而解。

潮汐调和预报实际上就是潮汐分析的逆运算，其基本原理与潮汐分析相同，只是预报模型中潮高基准面和各分潮的调和常数变为已知量，而将来某时刻或某时间段内的潮高为未知量。参照调和分析的数学模型式(5.6)，潮汐调和预报模型为

$$h(t) = A + \sum_{i=1}^{m}(fH)_i\cos(q_i t + G(\nu_{0i} + u_i) - g_i) \tag{5.16}$$

式中，t 为所要预报的将来的某时刻；A 为潮高基准面，若以深度基准面为基准，则 A 为深度基准面值。当某地点的各分潮调和常数和潮高基准面已知时，利用式(5.16)推算未来某时刻或某时间段内潮高的计算过程要比潮汐分析简单得多，其推算过程不再详述，可参考相关书籍资料。目前，国内外推出多款潮汐预报软件，各国相关部门也定期发布下一年的多个港口的《潮汐表》。各款软件和《潮汐表》中由于采用的分潮个数、分潮调和常数精度不同，故预报成果精度也不同，海军司令部航海保证局版《潮汐表》的 1 年预报潮高精度为 20～30 cm，推算潮时精度为 20～30 分钟。

另外，海道测量中个别情况（如无法实施实时水位观测、测量等级较低等）下，经允许可采用调和预报法对测区进行潮汐预报，预报结果用于海区技术设计和特殊海域的水位改正。若将预报结果用于实际海道测量的水位改正，切记需利用上级业务主管部门认证的潮汐预报软件且根据测量项目的要求进行预报。

§5.2 海道测量中平均海面确定方法

海洋潮汐与国民经济发展、国防军事建设和科学研究都有着密切的关系。人们在日常活动中，经常会遇到山有多高、水有多深的问题。这其中涉及两个重要的垂直基准：一个为当地平均海面；另一个为深度基准。前一基准所描述的水深意指平均水深或无扰动水深，后一基准则体现为便于表示航海和其他海上活动使用的保守水深。当然，为将海底地形图与陆地地形图拼接为统一整体，则需要考虑平均海面与国家高程基准的关系，如海岸带地形图与海图的拼接。要回答此类问题就需要将大地测量学和海洋学进行联合研究，以解决起算基准面的问题。平均海面的精确定义是随着大地测量学的发展而确定的。为了确定大地测量高程的零点，人们假定在一定长的时间周期内，海水表面的平均高程是静止不动的。确定平均海面的高程主要依赖于对沿海潮汐信息的分析和研究。

在动态海面高度的描述中，平均海面具有极其重要的意义，它是海道测量水位改正中最基本的垂直基准。因为平均海面是周期性海面波动和异常信号抖动的平衡面，所以从根本上应定义该面为零面。基于这种零面的定义，平均海面就具有绝对意义，各地的平均海面高度均为 0。而水位观测记录采用的验潮站水尺零点对于各验潮站而言具有随机性和局域性，在这样的局域系统中，平均海面的表达具有明显的相对性，各验潮站处的数值实际上是不能直接用于比较的。反映深度基准面的数值 L 具有绝对性，用于描述当地的潮汐状态。当描述深度基准面的空间分布时，深度基准面又具有相对性，也就是说深度基准面的起伏是相对于平均海面这一零面的。

在英国，大地测量基准面是根据英国的纽林(Newlyn)验潮站在 1951—1956 年间的观测结果确定的。美国在 1929 年为了确定大地垂直基准面，采用美国和加拿大在大西洋和太平洋沿岸 26 个验潮站(其中美国 21 个，加拿大 5 个)的 19 年内的观测值推算出的平均海面作为固定值进行约束，对一等水准网进行整体平差，得到各水准点高程。这种平均海面不是任何一个地点的平均海面，而是一种校准基准面。美国目前采用的国家垂直基准面 NGVD88 则仅采用了加拿大魁北克的法泽珀恩(Father Point)验潮站基于 1985 国际大湖基准(international great lakes datum of 1985，IGLD 85)平均海面高的验潮站水准点高作为固定值进行约束，经对加拿大、美国和墨西哥 3 个国家的一等水准网进行整体平差得到，也不是严格意义上的平均海面，但与平均海面存在密切关系。我国目前采用的大地测量高程基准面是根据青岛验潮站 19 年以上连续观测资料确定的，称为 1985 国家高程基准。

事实上，对平均海面的研究和应用，已大大超出了大地测量学和海洋学的范畴。目前，世界各国普遍采用平均海面(或与平均海面密切相关的基准面)作为国家陆地高程起算面，而对其研究也一直是国际上的热门课题之一。研究现代的平均海面变化，可以直接解决海岸建设、环境保护、矿藏勘探及气象学、海洋学、地震学和大地测量学等方面的问题；研究地质时期的平均海面变化，对于地质学、地理学、地震学、地球物理学、沉积学、气候学、古生物学、历史学、人类学和考古学等学科具有重要意义。国际海面组织负责人布卢姆(Bloom)教授曾指出："海面是一个包含有很多变量的敏感的综合体。它的变化，尤其是上升，威胁着人类的命运。我们必须确保这项责任重大的科学研究的认真完成。"

对海道测量而言，根据验潮站的观测资料来讨论平均海面的变化、确定方法及其应用问题一直是一项非常重要的工作。

5.2.1　平均海面定义

根据不同的目的和不同的理解，在理论研究和实际应用过程中，平均海面有如下几种不同的定义：

(1)从验潮站零点起算的潮高,可表示为

$$h(t)=S_0+\sum_{i=1}^{m}R_i\cos(q_it-\theta_i)+\gamma(t) \tag{5.17}$$

式中,S_0 就是计算期间的平均海面,其他符号参见 5.1 节。

(2)将潮高视为时间 t 的单值连续函数 $\zeta(t)$,则一段时间内的平均海面 S_0 可由中值定理得

$$S_0=\frac{1}{b-a}\int_a^b\zeta(t)\,\mathrm{d}t \tag{5.18}$$

式中,b、a 分别对应潮汐函数曲线的终点和起点。

(3)将潮高视为一组时间离散观测序列 $h(t)(t=0,1,\cdots,n-1)$,则平均海面 S_0 定义为

$$S_0=\frac{1}{n}\sum_{t=0}^{n-1}h(t) \tag{5.19}$$

上述三个定义,实质上是统一的,但从滤波的角度来看,定义(1)最严格,它所体现的是:平均海面是消除各种随机振动和短期、长期波动之后的一种理想面。定义(2)的积分形式是理论上的定义,仅限于数学上的探讨,实际上很难给出一个能完全准确描述海面变化的连续函数或曲线。定义(3)是算术平均的含义,该定义也称为中数法定义。海道测量中常采用的是定义(3),原因之一是潮汐数据通常是采用离散化的形式,且定义(3)计算也简单可靠。

5.2.2 平均海面分类

在海道测量中,按平均海面计算的时间段长度分为日平均海面、月平均海面、年平均海面和多年平均海面。作为水位观测期间的必要计算量,需一并随资料上交。在实际应用时,通常是先计算日平均海面,然后以此为基础,进一步计算月平均海面、年平均海面和多年平均海面等。

日平均海面的计算方法主要有中数法、杜德森法、罗西特(Rossiter)法、陈宗镛法、戈丁(Godin)法等。实际计算结果表明,用上述几种方法计算年平均海面的结果很接近。在海道测量工作中,将 1 天 24 小时整点观测值的算术平均值作为日平均海面;30 天日平均海面的算术平均值称为月平均海面;12 个月平均海面的算术平均值称为年平均海面;多年的年平均海面的算术平均值称为多年平均海面。《海道测量规范》中规定:“长期验潮站采用二年(含)以上连续水位观测数据,取其每小时的平均值求得平均海面。”实际上,经过几十年的建设,我国许多验潮站已经拥有超过 19 年的连续水位观测资料,尽管有一些验潮站尚未纳入国家水位观测网,但计算一个长周期的多年平均海面(19 年)已经不是困难的事情,而且计算的多年平均海面更稳定。因此,应认识到《海道测量规范》对长期验潮站的规定要求有些偏低。

5.2.3　短期验潮站多年平均海面传递方法

验潮站的多年平均海面是实施海道测量所依据的一个重要垂直参考基准。对长期验潮站而言，每天都进行水位观测，从累积的观测资料中可以计算日、月、年平均海面，再将每年的平均海面取平均值就得到多年平均海面。影响多年平均海面计算精度的一个重要因素是观测资料的长度。观测资料长度（时间跨度）越长，多年平均海面变动越小，即稳定性越好。从天文潮汐的变化规律角度来看，19年是一个比较理想的时间周期（如第2章所述，19年是人类能够观测到的黄白交点的变化周期）。取19年的观测资料求出的平均值，其变化很小，互差达毫米级，可用于推算和确定国家高程基准面。

海道测量中需经常设置一定数量的短期验潮站（含临时验潮站及定点验潮站），但由于水位观测及测量时间长度的限制，无法直接计算其多年平均海面，这就需采取适当的方法推求短期验潮站的多年平均海面。下面介绍几种求短期验潮站多年平均海面的方法，在实际使用时应根据测区实际状况和采用方法的假设条件是否成立，具体实施推算。

1. 水准联测法

水准联测法假设条件为：假定多年平均海面在长期验潮站和短期验潮站是一致的，长期验潮站和短期验潮站的水准点均与国家水准网连接，或两站水准点间可直接进行水准观测。该法的实质是假定两站的海面地形数值相同，如图5.4所示。

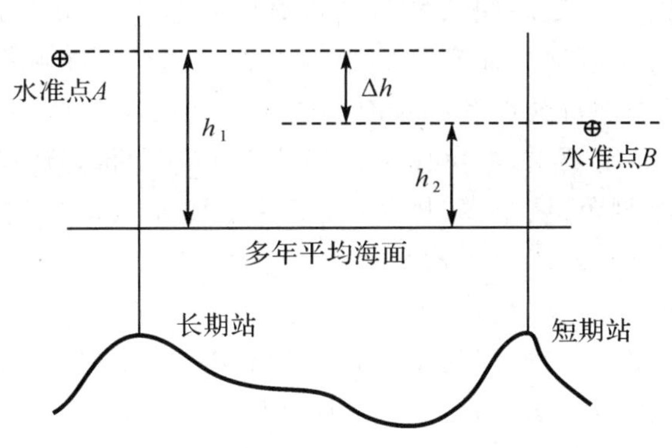

图5.4　水准联测法原理

水准联测法传递数学模型为

$$h_2 = h_1 - (H_A - H_B) = h_1 - \Delta h \tag{5.20}$$

式中，H_A 为长期验潮站附近水准点 A 的高程，H_B 为短期验潮站附近水准点 B 的高程，h_1 为长期验潮站多年平均海面与水准点 A 的高差，h_2 为所求短期验潮站多年平均海面与水准点 B 的高差。

该方法的适用条件是两站水准点之间的高差必须以较高精度计算或直接以水准测量法测得，因此验潮站必须设在陆地沿岸，而海岛验潮站则不能采用该方法。另外，两验潮站的平均海面处于相同等位面上，其实质是忽略了海面地形影响，这对于两站距离较近的情况是可以接受的。

水准联测法的实施步骤是：根据式(5.20)，利用两水准点的高差和 h_1 即可求得 h_2。求得 h_2 后，即可转换为短期验潮站相对水准点 B 的多年平均海面值。各高差的测定依据《海道测量规范》要求，均按四等水准测量实施。

2. 同步改正法

同步改正法假设条件为：长期验潮站与短期验潮站的平均海面同步变化，即两站的短期平均海面与多年平均海面的差值是一致的。因需要在两站进行一段时间的同步观测，故称为同步改正法。

同步改正法传递数学模型为

$$h-h_3=h_1-h_2$$

$$h=h_3+(h_1-h_2) \tag{5.21}$$

式中，h_1 为基于长期验潮站验潮零点的长期验潮站多年平均海面高差值，h_2 为基于长期验潮站验潮零点的长期验潮站短期平均海面高差值，h_3 为基于短期验潮站验潮零点的短期验潮站的短期平均海面高差值，h 为所求基于短期验潮站验潮零点的多年平均海面的高差值。

同步改正法依据的是两验潮站的水位对气象作用的平均效应及长周期分潮对海面变化的贡献相同，一定时间长度的平均海面已基本消除了主要潮汐成分的作用，因而潮汐性质的不同对传递精度的影响不大。用该法实施平均海面传递的可靠性取决于其假设条件符合性和同步时间长度。该法在两验潮站距离不太远时对验潮站的类型没有特定要求，即可以传递沿岸验潮站和传递岛屿验潮站的多年平均海面。《海道测量规范》要求，采用 30 天同步观测水位平均值，即以长期验潮站月平均海面与长期验潮站多年平均海面的高差为同步改正数，传递到短期站。

同步改正法的实施步骤是：如图 5.5 所示，在长期验潮站和短期验潮站进行同步观测，分别计算同步观测期间的基于各自验潮零点的短期平均海面；再求长期验潮站的多年平均海面与短期平均海面高差，代入式(5.21)可得到基于短期验潮站零点的短期站的多年平均海面。

若短期验潮站附近有两个以上(包括两个)长期验潮站可以利用时，应采用距离加权方法来求短期验潮站的多年平均海面。其数学模型为

$$\Delta h=\frac{\Delta h_A D_{BC}+\Delta h_B D_{AC}}{D_{AC}+D_{BC}} \tag{5.22}$$

式中，Δh_A、Δh_B、Δh 分别表示长期验潮站 A、B 及短期验潮站 C 的短期平均海面与多年平均海面的差值，D_{AC}、D_{BC} 分别表示长期验潮站 A、B 到短期验潮站 C 的

平面距离。时间同步要求与单站传递法相同。

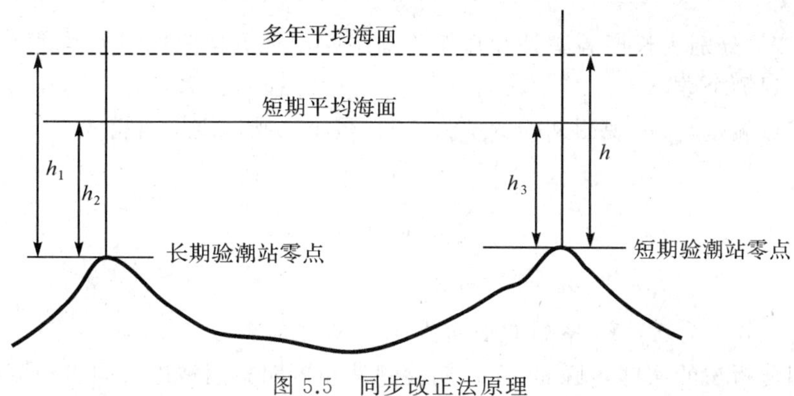

图 5.5　同步改正法原理

例如，A 站 30 天同步的短期平均海面与多年平均海面的差值为 25.97 cm；B 站30 天同步的短期平均海面与多年平均海面的差值为 22.4 cm；C 站 30 天同步的平均海面为 171.36 cm，C 站距 A 站的距离为 50 km，C 站距 B 站的距离为 9 km，则 C 站 30 天同步的短期平均海面与多年平均海面的差值由式(5.22)可得

$$\Delta h=\frac{22.4\times 50+25.97\times 9}{50+9}=\frac{1\,120+233.73}{59}=22.94(\text{cm})$$

则 C 站的多年平均海面为 171.36＋22.94＝148.42 (cm)。

3. 回归分析法

回归分析法假设条件为长期验潮站的日平均海面与短期验潮站的日平均海面线性相关。该假设与实际情况更接近，主要是这种比例关系考虑了天文、气象效应在不同的水深和岸形作用下表现的量值不同。图 5.6 可以概略看出短期验潮站与两长期验潮站对应日平均海面散点分布存在线性变化趋势。

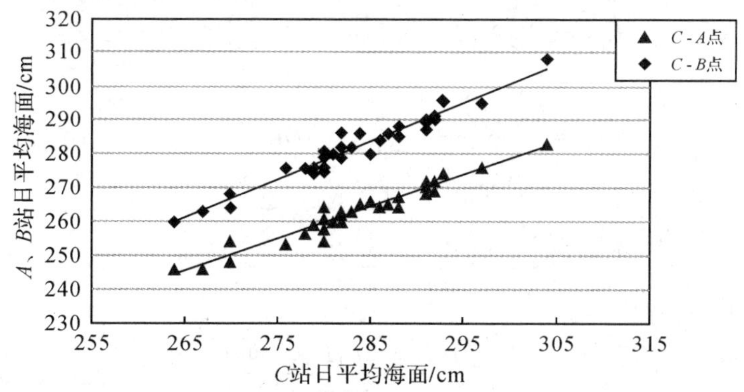

图 5.6　未知验潮站与两已知验潮站对应日平均海面散点及对应回归直线分布

单站传递数学模型为

$$Y_i = bX_i + b_0 \tag{5.23}$$

式中，X_i、Y_i 分别为长期验潮站和短期验潮站同步观测期间的日平均海面，i 表示两站同步观测个数（$i=1,2,\cdots,n$），b、b_0 为线性方程回归系数（其中，b_0 为两验潮站水尺零点偏差）。由观测期间的 X_i、Y_i，在最小二乘原则下可得

$$\left.\begin{aligned} b &= \frac{\sum(X_i-\overline{X})(Y_i-\overline{Y})}{\sum(X_i-\overline{X})^2} \\ b_0 &= \overline{Y} - b\overline{X} \end{aligned}\right\} \tag{5.24}$$

式中，$\overline{X}$、$\overline{Y}$ 分别为 X_i、Y_i 系列的平均值，n 为观测值个数。

回归分析法的实施步骤是：在长期验潮站和短期验潮站进行同步观测，分别计算同步观测期间的基于各自验潮零点的日平均海面 X_i、Y_i 及 X_i、Y_i 的平均值；代入式(5.24)求得回归系数 b、b_0；再将 b、b_0 及已知长期验潮站的多年平均海面值代入式(5.23)，可以得到短期多年平均海面值。

同理，对于两个长期验潮站和一个未知验潮站的情况，则构建回归平面表示为

$$Y_i = b_0 + b_1 X_{1i} + b_2 X_{2i} \tag{5.25}$$

式中符号意义与式(5.23)相同。利用最小二乘法原理可求得

$$b_0 = \overline{Y} - b_1\overline{X}_1 - b_2\overline{X}_2$$

$$b_1 = \frac{L_{22}L_{1y} - L_{12}L_{2y}}{L_{22}L_{11} - L_{12}L_{21}}$$

$$b_2 = \frac{L_{11}L_{2y} - L_{21}L_{1y}}{L_{22}L_{11} - L_{12}L_{21}}$$

其中

$$\begin{aligned} L_{11} &= \sum X_1^2 - (\sum X_1)^2/n \\ L_{12} &= \sum X_1X_2 - (\sum X_1)(\sum X_2)/n \\ L_{21} &= L_{12} \\ L_{22} &= \sum X_2^2 - (\sum X_2)^2/n \\ L_{1y} &= \sum X_1Y - (\sum X_1)(\sum Y)/n \\ L_{2y} &= \sum X_2Y - (\sum X_2)(\sum Y)/n \end{aligned}$$

Y 值的中误差为

$$\sigma_y = \pm\sqrt{\frac{n(L_{yy} - b_1L_{1y} - b_2L_{2y})}{(n-m-1)^2}} \tag{5.26}$$

式中，n 为参加计算观测值总个数，m 为已知验潮站个数，$L_{yy} = \sum Y^2 -$

$(\sum Y)^2/n$ 。

回归分析法推算结果的质量优劣主要取决于三个因素：①两验潮站潮汐性质，若一致可以获得最佳求解效果，故要求两验潮站潮汐性质尽可能相似；②同步观测时间长度，其越长基准求解越稳定，《海道测量规范》中要求不少于 30 天；③观测期间的数据观测质量，水动力和气象因素变化会导致低质量的观测数据，降低计算成果精度。另外，使用回归分析法的另一关键问题是对假设的验证，即必须进行线性显著性检验。

例：已知长期验潮站 A 站和 B 站多年平均海面分别在其验潮站零点上239 cm 和 264 cm，未知验潮站 C 站位于 A 站和 B 站之间，未知验潮站 C 站与两已知验潮站进行 1 个月的同步观测，其日平均值如表 5.3 所示，求 C 站的多年平均海面。

表 5.3　三验潮站日平均海面

日期	A 站 X_1/cm	B 站 X_2/cm	C 站 Y_1/cm	日期	A 站 X_1/cm	B 站 X_2/cm	C 站 Y_1/cm
76.7.08	262	286	282	76.7.23	265	286	284
76.7.09	283	308	304	76.7.24	267	288	288
76.7.10	269	290	292	76.7.25	264	285	288
76.7.11	272	291	292	76.7.26	264	284	286
76.7.12	276	295	297	76.7.27	265	286	287
76.7.13	268	287	291	76.7.28	263	282	282
76.7.14	261	279	280	76.7.29	259	274	279
76.7.15	274	296	293	76.7.30	266	280	285
76.7.16	264	281	280	76.7.31	260	279	282
76.7.17	259	276	279	76.8.01	254	268	270
76.7.18	258	275	280	76.8.02	246	260	264
76.7.19	272	290	291	76.8.03	248	264	270
76.7.20	270	289	291	76.8.04	246	263	267
76.7.21	260	280	281	76.8.05	254	276	280
76.7.22	256	276	278	76.8.06	253	276	276
月平均	263			282		283	

(1)绘制短期验潮站与两长期验潮站对应日平均海面散点分布图(单站情形，如图 5.6 所示)。

(2)按表 5.3 提供数据计算回归方程参数得

$$b_1=0.37,\quad b_2=0.54,\quad b_0=33.41$$

则回归方程为

$$Y=33.41+0.37X_1+0.54X_2$$

(3)方差分析与回归方程显著性检验：方差分析总平方和为 $L_{yy}=2\,272$，自由

度为 $n-1=30-1=29$，回归平方和为 $U=b_1L_{1y}+b_2L_{2y}=2\,190$，剩余平方和为 $Q=L_{yy}-U=82$，方差为 $S^2=Q/(n-m-1)=3$，F 值为 $F=\dfrac{U}{mS^2}=\dfrac{2\,190}{2\times3}=365$，查阅 F 分布表（可参阅与回归分析相关书籍）得 $F_{2.27}^{0.01}=5.49$。本例 $F=365>F_{2.27}^{0.01}$，故 Y 与 X_1、X_2 的线性关系显著。

(4) C 站多年平均海面计算：将给的两长期验潮站的多年平均海面代入回归方程得 C 站的多年平均海面为 $Y=33.41+0.37\times239+0.54\times264=264$ (cm)，中误差为 $\sigma_y=\pm2$ cm。

4. 最小二乘曲线拟合传递法

最小二乘曲线拟合传递法原理：由平均海面的定义可知，平均海面是根据潮位值取平均确定的，因此可依据两验潮站潮位 $Z(t)$ 之间的相关性来确定它们平均海面之间的关系，将长期验潮站多年平均海面传递推估至短期验潮站。该法顾及了潮时差、潮差比和基准差信息的三参数的传递模型，实质上是对传统方法从数学上进一步理论化和模型化。因此，该法的传递精度取决于同步观测时间长度和潮汐曲线的相似程度，也即潮差比和潮时差的计算精度。该法适用于潮汐性质相似海区的多年平均海面传递。

两验潮站潮位之间的关系表示为

$$Z_B(t)=\gamma_{AB}Z_A(t+\tau_{AB})+\varepsilon_{AB} \tag{5.27}$$

式中，$Z_i(t)$ 为验潮站 i 在 t 时刻的潮高，γ_{AB}、τ_{AB} 和 ε_{AB} 分别为两验潮站 A（已知验潮站）、B（未知验潮站）间的潮差比、潮时差和基准面偏差。通过两验潮站同步观测的潮位建立方程组，求解 γ_{AB}、τ_{AB} 和 ε_{AB}，详细求解过程参见 5.4.5 节。

对式 (5.27) 两端潮位求和取平均值，即 $MSL(x_B,y_B)=\dfrac{1}{n}\sum Z_B(t)$、$MSL(x_A,y_A)=\dfrac{1}{n}\sum Z_A(t)$，得

$$MSL(x_B,y_B)=\gamma_{AB}MSL(x_A,y_A)+\varepsilon_{AB} \tag{5.28}$$

式(5.28)即为确定短期验潮站（或未知验潮站）平均海面的最小二乘曲线拟合传递法的计算模型。该模型的传递精度取决于两验潮站的同步观测天数，按《海道测量规范》要求同步观测天数不少于 30 天。

针对上述传递方法，在条件允许情况下，应采用不同方法和多个邻近长期验潮站传递结果进行检核和评估。该检核和评估对提高传递成果精度和保证传递的可靠性具有重要作用。

5.2.4 海面水准

在海道测量中，常常会遇到高程联测问题，陆地上通常采用的方法是水准测量

和精密三角高程测量。但由于海道测量的特殊性，这些方法有时根本无法发挥其作用。例如，岛屿高程联测就无法使用水准测量方法，并且当岛屿远离陆地时，精密三角高程测量也不能满足精度要求。针对此类情形，在海道测量中采用海面水准进行联测。同样，在长滩涂区域实施多水尺水位观测时，无法利用水准测量测定远离海岸滩涂上的水尺基准的高差，则需要实施海面水准传递基准，最终将观测数据转换为同一基准同一验潮站的水位观测数据。

海面水准也称水面水准，是利用同时观测基于各验潮站水位零点的多次同步水位观测数据，求取两验潮站（或水尺）之间的基准差，从而实现基准传递的方法。海面水准有两种联测方法，即上述的同步改正法和回归分析法。两种联测方法所不同的是在进行海面水准联测时，还需再给定一个假设条件，即还需假定两验潮站间（已知验潮站和未知验潮站）的多年平均海面（或短期平均海面）呈直线或平面形态。这样就可利用平均海面将两验潮站的水位零点联系起来，从而进一步将两验潮站水位零点与其所依赖的陆地水准点联系起来，使它们归入同一高程系统。《海道测量规范》中规定，对两水尺基准进行水面水准测定时，要求两根水尺每隔 10 分钟同时进行 1 次读数，连续读数 3 次，其高差互差不得超过 3 cm，取中数使用，超限者应重测。

5.2.5　中国国家高程基准面

经国务院批准，国家测绘局于 1987 年 5 月 26 日发布了关于启用“1985 国家高程基准”及“国家一等水准网成果”的通告，从 1988 年 1 月1 日起，开始改用 1985 国家高程基准作为高程起算的统一基准，中华人民共和国水准原点设立在青岛市观象山，其高程即正常高为 72.260 m。1985 国家高程基准的确定，是在对原采用的高程基准 1956 黄海平均海水面进行调查研究，对全国主要验潮站做了实地调查，掌握了平均海面变化规律、计算方法和充分的观测资料等工作的基础上，经过多次全国水准测量学术会议讨论研究，综合了许多部门和专家的意见，从科学、实用和可行性出发确定的。

1. 1956 黄海平均海水面

由于历史的原因，1949 年以前，我国不同地区采用多个高程起算面，如大沽零点、吴淞零点、珠江基面、大连基面、坎门基面和罗星塔零点等。1954 年，统一测量全国海洋基准面时，总参谋部测绘局以青岛验潮站 1950—1954 年验潮资料计算出黄海平均海面为 2.39 m。

1956 年，总参谋部测绘局和水利部组成中国东南部地区精密水准网平差委员会，选定青岛 1950—1956 年 7 年的平均海面作为全国统一的高程基准面，命名为 1956 黄海平均海水面，又称 1956 黄海基面或 1956 黄海高程系。在青岛市观象山上建立 1956 黄海高程系水准原点，该点高出验潮站零点 74.679 m，高出 1956 黄海平均海水面 72.289 m，即水准原点的高程为 72.289 m。自从该面建立以来，对国防和经济建设、海洋测绘、科学研究等方面起了重要的作用。

但随着资料的累积、科学研究和应用实践，人们对 1956 黄海平均海水面存在的问题也有了进一步的认识。这些问题包括：

(1)采用的潮汐资料序列太短，求得的平均海面不稳定，也不具有较强的代表性。

(2)潮汐水位观测资料中记录有误，特别是 1950—1951 年有最大 20 cm 的系统偏差。

(3)确定基准时，没有从理论和实际上认识我国沿海海面南高北低的情况，也没有测定各地平均海面与黄海平均海水面的关系，不了解黄海平均海水面低于全国沿海平均海面的中值。致使若采用黄海平均海水面作为高程系统的零点，可能会影响一些海岸带图的拼接。

2. 重新确定高程基准的方案

考虑上述存在的问题，以及重新确定工作的主客观条件已具备，在 1976 年全国一等水准网布测和任务分工会议上，提出了重新确定国家高程基准，并在 1983 年提出了确定高程基准的四种方案，分别为：

(1)维持原高程基准不变，即仍然采用 1956 黄海平均海水面。

(2)采用青岛验潮站多组 19 年周期的平均海面或新中国成立以后全部潮汐资料计算的平均海面。

(3)采用沿海分布均匀的多个验潮站平均海面的平均值。

(4)采用与全球大地水准面吻合最好的平均海面。

经过专家讨论，认为不宜再继续采用第一方案，而第四方案目前的条件还不具备，因此建议从第二、第三方案中选定。考虑全国各部门的意见，最后选定第二方案，取青岛验潮站 10 组 19 年平均海面的平均值作为高程基准。

3. 1985 国家高程基准

1985 国家高程基准的确定，是用 5 种低通滤波对青岛验潮站 1952—1979 年的潮汐资料(时间跨度为 28 年)进行计算，分别得出了 10 组 18.61 年和 10 组 19 年的平均海面值。对这 10 组值再取平均值，它们都是等价的。考虑季节变化对平均海面的影响要比月球轨道升交点西退对平均海面的影响更重要，因此以取完整的年周期为宜，决定选取 10 组 19 年平均海面的量值。若取至毫米，这 5 种滤波公式的结果都相同。因此，得到中华人民共和国水准原点的高程平差结果即正常高平差结果为 72.260 m，其 1985 国家高程基准起算的平均海水面比 1956 黄海平均海水面高 0.029 m，水准原点在两种高程基准中的高程值的相互转换关系为

$$H_{85}=H_{56}-0.029\ \text{m} \tag{5.29}$$

对于 1985 国家高程基准需要进一步说明的是：

(1)它并不意味着历史上所形成的、现在仍在使用的各高程系统马上取消，而只是要各系统的高程值逐步归算到 1985 国家高程基准，以满足国防和经济建设的需要。

(2)对于沿海岛屿，根据实际情况能统一则统一，不能统一的暂作为独立系统，由当地平均海面确定。

(3)1985 国家高程基准的启用日期为 1988 年 1 月 1 日，在此前采用的为 1956 黄海平均海水面。

(4)国测〔1987〕65 号文中针对旧水准成果要求为："与国家一等水准网相联系的旧一、二等水准网线(包括一个和多个接点)，其同一节点新旧高程之差小于 20 cm，且各点差值的互差小于 10 cm 的路线均不进行外业检测，由内业平均后改化使用；未发生联系的旧一、二等水准网可联测后对成果进行改化，提供使用；其他情况即新旧高差大于 20 cm 或互差大于 10 cm 的地区应进行外业检测，分析原因后再进行内业处理；原则上降级使用。"

(5)在实际应用过程中，应特别注意式(5.29)仅表示在水准原点(青岛)两高程基准的差异，而不是全国水准网所有水准点上两种高程系统的高程差。在全国水准网水准点上两种高程系统的高程差随地点的不同而不同，需采用水准联测等方法求解或到当地水准点管理部门查阅水准点的转换高程差。

5.2.6　中国沿海各主要验潮站当地多年平均海面与 1985 国家高程基准的差值

在海道测量中，沿岸各验潮站的平均海面(主要指多年平均海面)是一个标准的起算面，其向上连接陆地高程基准，向下用于标定验潮站的深度基准面。随着 1985 国家高程基准的启用，在实际工作中，原先基于 1956 黄海平均海水面的各验潮站多年平均海面应标定为基于 1985 国家高程基准的多年平均海面，即获得当地多年平均海面的 1985 国家高程基准下的高程。

5.2.5 节中给出了青岛水准原点的 1956 黄海平均海水面和 1985 国家高程基准的高程差，而我国其他地点的两者差距因地而异。表 5.4 列出了以青岛验潮站的多年平均海面为高程起算面求得的中国沿海主要验潮站的多年平均海面高程，是 1985 国家高程基准与中国沿海主要验潮站的水准点进行联测的部分成果。从几何水准测量联测的结果可以看出，中国沿海各验潮站的多年平均海面的高程是不同的，即不在同一等位面上，存在自南向北下倾的趋势，南北相差约 60 cm，如图 5.7 所示。在实际工作中，应根据当地的水准点情况，标定或引用当地多年平均海面。

表 5.4　中国沿海主要验潮站的多年平均海面与两种高程基准的高差

单位:cm

序号	验潮站	与1956高程基准的高差	与1985高程基准的高差	序号	验潮站	与1956高程基准的高差	与1985高程基准的高差
1	大连	−7	−7	13	坎门	25	18
2	葫芦岛	3	−10	14	三沙	25	19
3	秦皇岛	3	−7	15	梅花	26	32
4	烟台	7	3	16	厦门	33	34
5	乳山口	4	2	17	东山	38	36
6	青岛	3	0	18	汕头	40	45
7	石臼所	6	−2	19	汕尾	34	49
8	连云港	3	−1	20	赤湾	38	52
9	吕泗	15	14	21	闸坡	36	52
10	吴淞	39	14	22	湛江	35	50
11	镇海	18	21	23	海安	37	49
12	海门	25	22	24	北海	37	49

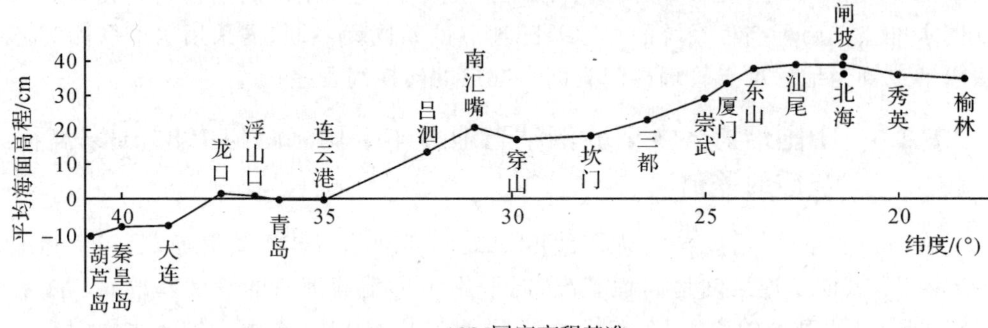

图 5.7　几何水准法测得中国沿海平均海面的倾斜示意

5.2.7　中国平均海面变化特点

1. 日平均海面

受气象因素变化和不能消除的潮汐的影响,日平均海面存在较大差异。这些差异中最突出的是气压变化引起的,气压的高低对海面的影响称为逆气压现象,气压高则水面低,气压低则水面高。气压的变化往往伴随着风的产生,风会对海面产生切向压力。向岸风使岸边海水堆积,水面增高;离岸风使岸边海水疏散,水面降低。表 5.5 为某年中国沿海部分验潮站日平均海面与年平均海面的差值及日平均海面变动统计值。

表 5.5　中国沿海部分验潮站日平均海面变化统计值　单位：cm

海区	站名	日平均海面在年平均海面上		最大变动
		最高	最低	
渤黄海	大连	41	−79	120
	营口	56	−114	170
	塘沽	50	−150	200
	烟台	54	−81	135
	青岛	46	−54	100
东海	定海	74	−46	120
	三都	60	−40	100
	厦门	72	−50	122
南海	汕头	65	−35	100
	广州	86	−44	130
	湛江	55	−35	90
	海口	72	−48	120
	榆林	43	−27	70
	洋浦	29	−31	60

从表 5.5 可以看出，中国沿海的日平均海面变化在 60～200 cm，北部海区变化大于南部海区，变化范围由北向南依次递减。

2. 月平均海面

中国海区的月平均海面的变化比日平均海面的变化要小得多，且平滑得多，相邻验潮站月平均海面的变化趋势比日平均海面的变化更趋向一致。图 5.8 是由某年中国部分验潮站同步观测资料计算的各月平均海面变化曲线，可以看出：

(1)中国海区的月平均海面变化为 40～70 cm，渤海变化最大，东海次之，南海变化最小。

(2)北部海区的月平均海面最高值出现在 7 月至 8 月，最低值出现在 1 月；随着纬度的降低，月平均海面的高、低值顺次推迟；在海南岛地区的月平均海面最高值出现在 11 月，而最低值出现在 5 月。

(3)另有统计结果显示中国沿海 100 km 范围内，月平均海面的差异一般不超过 2 cm。因此，100 km 是实施短期站平均海面传递的参考指标。

造成中国沿海月平均海面“夏高冬低”和“自北向南顺次推迟”基本趋势的原因，可归纳为以下几点：

(1)中国海区地处北纬，夏季太阳赤纬在北，对海水的引力大，夏至时最大，造成高纬度 7、8 月的高海面；反之冬季受到引潮力小，形成冬季低海面。

(2)中国海区夏季气压低而冬季气压高。气压对海面的反向作用，造成了夏季的低气压产生高海面而冬季高气压产生低海面，如青岛的海面与气压约以 1∶20 成反比例升降。

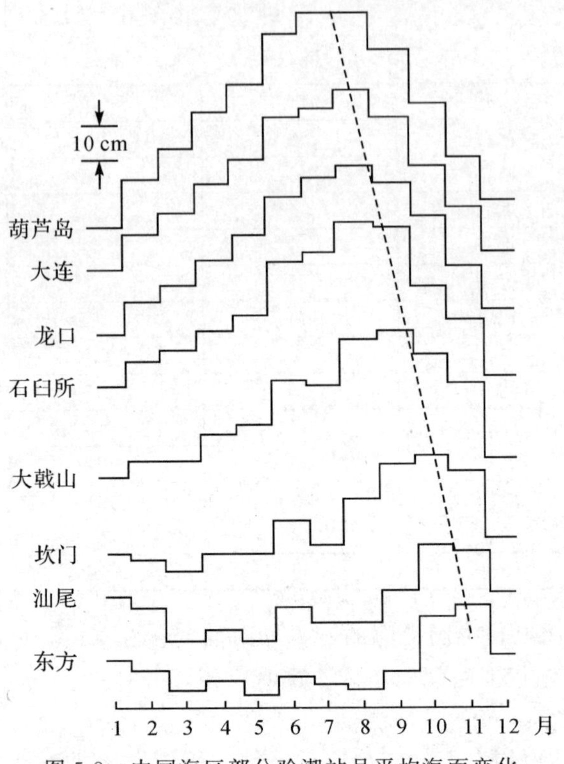

图 5.8 中国海区部分验潮站月平均海面变化

(3)风作用使海面夏高冬低。中国海区冬季多受北风和西北风影响,风对海面产生“吸空”作用,将海水吹离海岸,形成低海面;夏季多受南风和东南风影响,对中国沿岸海面产生“臃肿”作用,将海水吹向海岸,形成高海面。

上述三种因素对中国海区海面作用都是夏高冬低,其共同作用造成了中国海区海面的季节性变化特征。

3. 年平均海面与多年平均海面

我国海洋研究人员的研究成果显示,中国海区年平均海面的变化范围约为(10±5)cm,其比月平均海面变化更平缓。造成年平均海面变化的原因,除年度微弱的气象差异和验潮站地壳运动影响(验潮站年平均海面变化是相对于海岸基岩的变化)外,就是尚未滤除的长周期分潮等影响。而多年平均海面的变化比年平均海面的变化范围还要小,大约为几厘米,产生变化原因主要是地壳的长周期的升降等。另外,世界各国研究人员根据古代平均海面的变化(考古)及近代平均海面的变化资料,研究其对全球和局部海面变化趋势、变化因素和对未来沿海国家经济和生活的影响,取得了一些有益的成果,引起了广泛的重视。

§5.3　海道测量中海图深度基准面确定方法

海图水深是以海图基准面为参考的稳态深度，而且只有稳态的深度才可以在海图相应位置上以确定的数值表示。从海图应用的角度，需要的是现时水深。此时，可将实际潮位或预报潮位与海图图载深度叠加，重现某时刻的实际水深。由此可见，就水位数据处理而言，海道测量与海图使用的方式正好相反。前者需要从观测水深中移去动态的水位部分，而后者则是对瞬时水深的恢复。为使用方便，海道测量成果与海图标注基准应采用同一水位基准，且海图垂直基准与水位基准也应是统一的。

为了满足稳态水深表示的要求，则必须保证垂直基准是稳定的，其主要表现在用不同期间观测数据计算的数值应是一致的，或变化幅度在规定的限差之内。从深度和水位基准稳定性这一根本原则出发，有多种基准可以选择，主要取决于水深测量的模式和成果应用目的。例如，作为获得基础地理信息产品的海底地形测量更倾向于国家或地区高程基准，或以大地水准面为基准，有利于陆地和海底地形的无缝拼接与流畅显示，而陆地采用的高程基准是由水准网控制和维持的。由于海洋上无法实现常规的水准测量，因此国家和地区高程基准向海部延伸存在诸多困难。作为以航行为主要应用目的的海道测量，测量人员更愿意采用特别低的水位作为海图深度基准面，即水深为“0 m”。这主要基于航行安全的目的，使有很少的水位低于此基准面，且不管潮汐变化如何总能最大可能地确保海图水深最小可利用性。反之，在使用海图时，根据预报或实时发布的当地基于海图基准面的潮高加上海图标注的当地水深信息，航海人员可以方便地得到所操纵船只在该海域的航行可行性评估信息。

海图深度基准面尽管在世界沿海各国有不同的定义方式和计算方法，但实质都是顾及当地潮汐性质，并遵循海图使用的航海保证率和航道利用率两个基本准则，即要求深度基准（同时是水位基准）选在低潮面或接近低潮面处。这样在该基准下，水位基本能以正值形式表示。当然，由于水位是通过验潮站测量的，故验潮站零点应看成最初的非常重要的水位基准。

在水深测量中所获得的深度是以测量时刻的海面起算的，即从瞬时海面起算。海面的高度受到天文、气象等因素的影响，是随时间变化的，因此即使在同一地点，若不在同一时刻测深，则所测得的深度是不一样的。为了将观测水深绘制在海图上及使用海图，则必须规定一个统一的固定水面作为海图深度的起算标准。这样就可以将不同时刻所得到的深度化算到以某个固定水面为标准的统一深度基准系统之中，这个固定的水面在海道测量中称为深度基准面。海图的深度基准面一般也是《潮汐表》的潮高起算面，故有时又称为潮高基准面。

5.3.1 深度基准面确定原则

深度基准面确定的一般原则是：既要考虑舰船航行的安全，又要顾及航道的使用率。从确定原则可以看出，深度基准面就是一个“航行安全”与“航道使用率”之间的“折中”基准面。深度基准面定得过高，舰船依海图水深航行则不安全；定得过低，会使航行人员面对海图较小的水深时产生“恐惧”心理，且降低了航道的利用率。通常用航行保证率来表达这一概念，保证率是全年水位出现在所采用深度基准面以上的低潮面次数与全年低潮总次数的比值，即

$$P=\frac{n_1}{N} \tag{5.30}$$

式中，P 为保证率，n_1 为全年水位出现高于深度基准面的低潮次数，N 为全年低潮总次数。

保证率一般采用百分比(%)表示，我国一般取 95%作为确定深度基准面的标准。例如，某验潮站全年的低潮总次数为 730 次，出现高于基准面的低潮为 700 次，则其保证率为 95.9%。因此，深度基准面取接近最低低潮面的平面作为深度基准面比较合适。

同时，深度基准面只有确定其在国家高程基准网中的位置才具有更高的实用价值和意义。确定深度基准面的位置，实质上是首先确定深度基准面与平均海面的差值 $L(x,y)$。求出 $L(x,y)$，便可确定深度基准面相对于验潮站零点的位置，即

$$L_0(x,y)=MSL_0(x,y)-L(x,y) \tag{5.31}$$

式中，$L_0(x,y)$为某点深度基准面相对于验潮站零点的位置高度，$MSL_0(x,y)$为某点从验潮站零点起算的平均海面高度，$L(x,y)$为某点深度基准面与平均海面的差值。

深度基准面相对于国家高程基准面的位置进一步为

$$L_1(x,y)=L(x,y)-\zeta(x,y) \tag{5.32}$$

式中，$L_1(x,y)$为深度基准面相对于国家高程基准的位置；$\zeta(x,y)$为平均海面与国家高程基准的差值，即海面地形。因此，关键问题是确定 $L(x,y)$，下文将详细讨论 $L(x,y)$的确定方法。

5.3.2 世界各国常用和曾经采用的几种深度基准面

世界各个沿海国家根据其海区潮汐性质的不同，选择使用了多种深度基准面。随着各国长期验潮站获得的观测数据的时间长度不断增长，目前世界沿海国家一般采用两类方法确定当地深度基准面。一类是统计计算方法，是对一段时间的潮汐水位观测数据进行数据统计分析与计算，确定验潮地点的深度基准面。该法以

美国为代表，如目前美国《海道测量规范与提交》中明确规定：美国国家海洋与大气局所控制管理的有潮水域的验潮站海图基准面采用的是根据当地验潮站 19 年(1983—2001)连续水位观测数据统计分析与计算得到的平均低低潮作为当地深度基准面，又称 2001 国家潮汐基准历元(national tidal datum epoch，NTDE)。另一类是数值计算方法，利用当地验潮站长期水位观测资料进行调和分析，而后将调和分析计算结果代入各国法定的深度基准面计算模型求解当地的深度基准面。目前，后一种方法在世界各国使用得较普遍，美国国家海洋与大气局也允许外业人员在某些情形下使用。而内陆无潮水域(包括内陆航道、河道、湖泊等)深度基准面的确定有其独特性，与有潮水域深度基准面的确定方法有所不同，将在下文中单独论述。

在实际海道测量过程中，应根据不同国家的法定要求或实际测量项目要求选择适当的深度基准面。以下为一些海洋国家常用和曾经采用的几种深度基准面及其定义。

1. 平均大潮低潮面

平均大潮低潮面计算公式为

$$L = H_{M_2} + H_{S_2} \tag{5.33}$$

式中，H_{M_2} 和 H_{S_2} 分别为 M_2 和 S_2 分潮的平均振幅，L 为自平均海面向下计算的深度。

此面适合于日分潮极小的半日潮海域，对日潮地区和浅海河口区域不适用。采用此面作为深度基准面的国家有意大利、巴拿马(太平洋)、哥伦比亚(太平洋)、丹麦(北海)、希腊、埃及(地中海)、土耳其(地中海)、委内瑞拉、秘鲁、厄瓜多尔、叙利亚、索马里、英国等。

2. 平均低潮面

平均低潮面计算公式为

$$L = H_{M_2} \tag{5.34}$$

采用此面作为深度基准面的国家有古巴、多米尼加、墨西哥(大西洋)、巴拿马(大西洋)、哥伦比亚(大西洋)、哥斯达黎加(大西洋)、海地、美国(大西洋沿岸，曾经采用)等。约 50%的低潮低于该面。

3. 可能最低低潮面

可能最低低潮面(lowest possible low water，LPLW)的计算公式为

$$L = 1.2(H_{M_2} + H_{S_2} + H_{K_2}) \tag{5.35}$$

采用此面作为深度基准面的国家有法国、摩洛哥、阿尔及利亚、西班牙和葡萄牙等。

另外，英国海军军部海图深度基准面与可能最低低潮面接近，其模型为 $L = 1.1(H_{M_2} + H_{S_2} + H_{K_2})$。20 世纪 60 年代末，英国在本国海域开始采用最低天文

潮面(lowest astronomical tide,LAT)。最低天文潮面的确定方法为:对于某一固定地点,首先对潮位观测数据进行调和分析,再利用计算得到的调和常数预报一个19年周期的最低潮面,则可得到最低天文潮面,作为海图深度基准面。该基准面也是目前国际海道测量组织推荐使用的海图深度基准面。

4. 平均低低潮

平均低低潮的计算公式为

$$L = H_{M_2} + (H_{K_1} + H_{O_1})\cos 45° \tag{5.36}$$

采用此面作为深度基准面的国家有美国(太平洋)、菲律宾、洪都拉斯(大西洋)、墨西哥(太平洋)等。值得注意的一点是,此处的平均低低潮与美国国家潮汐基准历元的平均低低潮同名,但内涵不同。

5. 略最低低潮面

略最低低潮面的计算公式为

$$L = H_{M_2} + H_{S_2} + H_{K_1} + H_{O_1} \tag{5.37}$$

有的文献将此面称为印度大潮低潮面(Indian spring low water,ISLW),采用此面作为深度基准面的国家有中国(1956年以前)、印度、日本、巴西、埃及(红海)、苏丹、沙特、伊朗、伊拉克、朝鲜、肯尼亚等。

6. 平均海面

平均海面的计算公式为

$$L = 0 \tag{5.38}$$

采用此面作为深度基准面的国家有罗马尼亚、保加利亚、芬兰、瑞典、土耳其(黑海)、俄罗斯(波罗的海和黑海)、丹麦(波罗的海)、波兰、德国等。

7. 理论最低潮面

过去国内曾称理论最低潮面(lowest normal low water,LNLW)为理论深度基准面,其基本模型是由苏联弗拉基米尔提出的,主要考虑了8个分潮的组合可能产生的最低潮面。采用此面作为深度基准面的国家有加拿大、巴基斯坦、缅甸、葡萄牙、罗马尼亚、保加利亚、泰国、新西兰、印度尼西亚、马来西亚、安哥拉、俄罗斯(太平洋和大西洋)、智利等。目前,我国海道测量人员对弗拉基米尔模型进一步改化,并在我国统一称为理论最低潮面。

由于理论最低潮面基本适合我国大部分海区的潮汐性质,所以我国采用此基准面作为深度基准面。我国在1990年以前计算的深度基准面都是采用8个分潮的理论最低潮面计算求得,而且目前我国大部分主要验潮站都采用此法计算其深度基准面。在1990年后,我国海道测量人员根据多年实践和我国海洋潮汐的特性对理论最低潮面进行了改进,除考虑了弗拉基米尔提到的8个分潮组合,还附加了3个浅海分潮(M_4、MS_4、M_6)和2个长周期分潮(S_a、S_{sa})。该面又称为可能最低潮面,是目前我国法定的深度基准面。其计算公式为

$$L_{13}=\min(L_{11}+\mathrm{S_a}\cos\varphi_{\mathrm{S_a}}+\mathrm{S_{sa}}\cos\varphi_{\mathrm{S_{sa}}}) \tag{5.39}$$

式中

$$L_{11}=L_8+\mathrm{M_4}\cos\varphi_{\mathrm{M_4}}+\mathrm{MS_4}\cos\varphi_{\mathrm{MS_4}}+\mathrm{M_6}\cos\varphi_{\mathrm{M_6}} \tag{5.40}$$

$$L_8=\mathrm{K_1}\cos\varphi_{\mathrm{K_1}}+\mathrm{K_2}\cos(2\varphi_{\mathrm{K_1}}+2g_{\mathrm{K_1}}-g_{\mathrm{K_2}}-180^\circ)-(R_1+R_2+R_3) \tag{5.41}$$

其中

$$R_1=(\mathrm{M_2^2}+\mathrm{O_1^2}+2\mathrm{M_2}\mathrm{O_1}\cos\tau_1)^{1/2},\quad R_2=(\mathrm{S_2^2}+\mathrm{P_1^2}+2\mathrm{S_2}\mathrm{P_1}\cos\tau_2)^{1/2}$$

$$R_3=(\mathrm{N_2^2}+\mathrm{Q_1^2}+2\mathrm{N_2}\mathrm{Q_1}\cos\tau_3)^{1/2},\quad \tau_1=\varphi_{\mathrm{K_1}}+(g_{\mathrm{K_1}}+g_{\mathrm{O_1}}-g_{\mathrm{M_2}})$$

$$\tau_2=\varphi_{\mathrm{K_1}}+(g_{\mathrm{K_1}}+g_{\mathrm{P_1}}-g_{\mathrm{S_2}}),\quad \tau_3=\varphi_{\mathrm{K_1}}+(g_{\mathrm{K_1}}+g_{\mathrm{Q_1}}-g_{\mathrm{N_2}})$$

$$\mathrm{M_2}=(fH)_{\mathrm{M_2}},\quad \mathrm{K_1}=(fH)_{\mathrm{K_1}},\quad \mathrm{S_2}=(fH)_{\mathrm{S_2}},\quad \mathrm{O_1}=(fH)_{\mathrm{O_1}}$$

$$\mathrm{N_2}=(fH)_{\mathrm{N_2}},\quad \mathrm{P_1}=(fH)_{\mathrm{P_1}},\quad \mathrm{K_2}=(fH)_{\mathrm{K_2}},\quad \mathrm{Q_1}=(fH)_{\mathrm{Q_1}}$$

$$\mathrm{M_4}=(fH)_{\mathrm{M_4}},\quad \mathrm{MS_4}=(fH)_{\mathrm{MS_4}},\quad \mathrm{M_6}=(fH)_{\mathrm{M_6}},\quad \varphi_{\mathrm{M_4}}=2\varphi_{\mathrm{M_2}}+2g_{\mathrm{M_2}}-g_{\mathrm{M_4}}$$

$$\varphi_{\mathrm{MS_4}}=\varphi_{\mathrm{M_2}}+\varphi_{\mathrm{S_2}}+g_{\mathrm{M_2}}+g_{\mathrm{S_2}}-g_{\mathrm{MS_4}},\quad \varphi_{\mathrm{M_6}}=3\varphi_{\mathrm{M_2}}+3g_{\mathrm{M_2}}-g_{\mathrm{M_6}}$$

$$\varphi_{\mathrm{S_2}}=\tan^{-1}\frac{\mathrm{P_1}\sin\tau_2}{\mathrm{S_2}+\mathrm{P_1}\cos\tau_2}+180^\circ,\quad \varphi_{\mathrm{M_2}}=\tan^{-1}\frac{\mathrm{O_1}\sin\tau_1}{\mathrm{M_2}+\mathrm{O_1}\cos\tau_1}+180^\circ$$

$$\varphi_{\mathrm{S_a}}=\varphi_{\mathrm{K_1}}-0.5\varepsilon+g_{\mathrm{K_1}}-0.5g_{\mathrm{S_2}}-g_{\mathrm{S_a}}-180^\circ$$

$$\varphi_{\mathrm{S_{sa}}}=2\varphi_{\mathrm{K_1}}-\varepsilon+2g_{\mathrm{K_1}}-g_{\mathrm{S_2}}-g_{\mathrm{S_{sa}}},\quad \varepsilon=\varphi_{\mathrm{S_2}}-180^\circ$$

其中，H_i、g_i、f_i 分别对应 8 个主要天文分潮（$\mathrm{M_2}$、$\mathrm{S_2}$、$\mathrm{N_2}$、$\mathrm{K_2}$、$\mathrm{K_1}$、$\mathrm{O_1}$、$\mathrm{P_1}$、$\mathrm{Q_1}$）、3 个浅海分潮（$\mathrm{M_4}$、$\mathrm{MS_4}$ 和 $\mathrm{M_6}$）及 2 个长周期分潮（$\mathrm{S_a}$ 和 $\mathrm{S_{sa}}$），共 13 个分潮的调和常数及节点因数；$\varphi_{\mathrm{K_1}}$ 为分潮 $\mathrm{K_1}$ 的相角，它的变化范围为 0°～360°。由式(5.39)可以求得 L 的最小值，其相应的潮面称为理论最低潮面。交点因子 f_i 由表 5.6 查出。

表 5.6　交点因子 f 选用数值

分潮	f	
	半日潮海区	日潮海区
$\mathrm{Q_1}$	0.807	1.183
$\mathrm{O_1}$	0.806	1.183
$\mathrm{P_1}$	1.000	1.000
$\mathrm{K_1}$	0.882	1.113
$\mathrm{N_2}$	1.038	0.963
$\mathrm{M_2}$	1.038	0.963
$\mathrm{S_2}$	1.000	1.000
$\mathrm{K_2}$	0.748	1.317
$\mathrm{M_4}$	1.077	0.928
$\mathrm{MS_4}$	1.038	0.963
$\mathrm{M_6}$	1.118	0.894
$\mathrm{S_a}$	1	1
$\mathrm{S_{sa}}$	1	1

对于混合潮海区，分别根据 f 的两组数值，依式(5.39)计算深度基准值的两组结果，取其大者为最终结果。

M_2、S_2、N_2、K_2、K_1、O_1、P_1、Q_1、M_4、MS_4 和 M_6 的调和常数 H_i、g_i 由至少连续 30 天的水位观测资料用潮汐分析法解算求得，S_a 和 S_{sa} 分潮的调和常数则以 1 年的水位观测资料求得，对短期验潮站的 S_a 和 S_{sa} 分潮的调和常数可采用邻近长期验潮站 S_a 和 S_{sa} 分潮的调和常数资料求得。

在《海道测量规范》中对小于 15 天水位观测资料的海上定点验潮站的深度基准面确定，还有特殊规定，其应根据海区潮汐传播情况，选择下列方法求得深度基准面：

(1)根据 1 次或 3 次 24 小时观测的水位资料，采用准调和分析法求得 M_2、S_2、K_1、O_1 分潮的调和常数，然后计算理论最低潮面。

(2)根据 15 天水位观测资料，采用调和分析法求得 M_2、S_2、N_2、K_2、K_1、O_1、P_1、Q_1 分潮的调和常数，然后按式(5.41)计算理论最低潮面，此时不考虑浅海分潮和气象分潮改正。

(3)根据海上定点验潮站 4 个主要分潮 M_2、S_2、K_1、O_1 的调和常数，计算深度基准面，即

$$L=\left[\frac{1}{n}\sum_{i=1}^{n}\frac{L_i}{(H_{M_2}+H_{S_2}+H_{K_1}+H_{O_1})_i}\right]\times(H_{M_2}+H_{S_2}+H_{K_1}+H_{O_1}) \tag{5.42}$$

式中，L 为定点验潮站深度基准面至其平均海面之间的高差(cm)，n 为可利用的长期验潮站的个数，L_i 为第 i 个长期验潮站的深度基准面至其平均海面之间的高差(cm)，$(H_{M_2}+H_{S_2}+H_{K_1}+H_{O_1})_i$ 为第 i 个长期验潮站的分潮调和常数(cm)，$H_{M_2}+H_{S_2}+H_{K_1}+H_{O_1}$ 为定点验潮站的分潮调和常数(cm)。

实际上，上述海上定点验潮站的规定仅基于短期验潮而言。随着海上水位观测手段技术的发展，特别是长期连续观测海底验潮仪的推广应用，海上定点验潮站的深度基准面确定完全可以按式(5.39)进行深度基准面独立求解。另外，在科学研究、海洋工程设计与施工及内陆水域测量中，可能会采用适合实际需求的其他水深基准面，如筑港零点、国家高程零点、地区深度基准面、码头零点、当地多年平均海面等。

在我国，对沿岸和岛礁地区的深度基准面一旦确定，一般将其与陆地高程基准建立联系(而对岛礁的验潮站至少与当地的多年平均海面建立联系)，将两者之间的高差关系长期固定，并做好标志和点之记，以便于长期保存和以后该区域测量的基准恢复。对某地而言，其当地深度基准面与当地多年平均海面之间存在的高差为常数，但这个常数大小随地点的不同而不同，这主要是由各地的潮汐性质不同造成的。当地多年平均海面基本上消除了潮汐的影响，一般非常稳定；而深度基准面

一般是由潮汐分析结果获得的，其与当地的潮汐性质密切相关。因此不同地点的当地深度基准面与当地多年平均海面之间的高差因地而异，一般情况下当地的潮差越大，两者之间的高差就越大。

5.3.3 深度基准面传递原理与方法

5.3.2 节主要论述了深度基准面确定的理论方法，是针对具有足够时间长度的水位观测资料的某一地点(x_0，y_0)(即长期验潮站)的深度基准面确定方法，但这些站点大都稀疏地分布在海岸上，数量有限，在我国约 18 000 km 的海岸线上，这样的长期验潮站仅有 70 余个(2007 年)。显然，仅靠长期验潮站远不能满足不同地点和不同测量范围的海道测量，还需要设立一定数量的短期验潮站或临时验潮站等才能有效地实施测区垂直控制。在实际海道测量中，短期验潮站依据经长期验潮站差分订正的 11 个主要分潮调和常数和相邻长期验潮站的 S_a、S_{sa} 分潮调和常数，直接按理论最低潮面公式计算。而临时验潮站和定点验潮站有时可能仅进行 1 天或数天的测量，观测时间长度可能远不能满足上述理论方法所要求的水位观测时间长度，导致不可能利用这些有限的水位观测数据直接求得验潮站理论上的深度基准面值。因此，如何利用有限的测区水位观测资料获得这些验潮站的深度基准面是海道测量外业需要解决的另一个关键问题。世界各国海道测量人员进行了广泛而深入的研究，提出了多种利用潮汐基准面传递技术确定测区深度基准面的有效方法。这些方法不仅用来传递深度基准面，还可传递推估理论最高潮面等其他潮汐基准面，以满足实际应用需要。

下面介绍几种确定临时验潮站(包括定点验潮站)的深度基准面的方法。

1. 直接传递法

直接传递法类似于平均海面的水准联测法，其假设临时验潮站的深度基准面和其多年平均海面的差值与附近长期验潮站的深度基准面和其多年平均海面的差值相同，如图 5.9 所示，其传递模型表示为

$$L(x_B,y_B)=L(x_A,y_A) \tag{5.43}$$

式中，$L(x_B,y_B)$、$L(x_A,y_A)$分别为临时验潮站 B 及长期验潮站 A 的深度基准面(与平均海面)差值。

当附近有两个或两个以上长期验潮站可以利用时，可采用距离加权法确定临时验潮站的深度基准面，其模型表示为

$$L=\frac{L_A D_{BC}+L_B D_{AC}}{D_{AC}+D_{BC}} \tag{5.44}$$

式中，D 表示两验潮站之间的直线距离。该法的应用前提是临时验潮站和长期验潮站的距离一般较近(一般小于 10 km)，且潮汐性质相同。

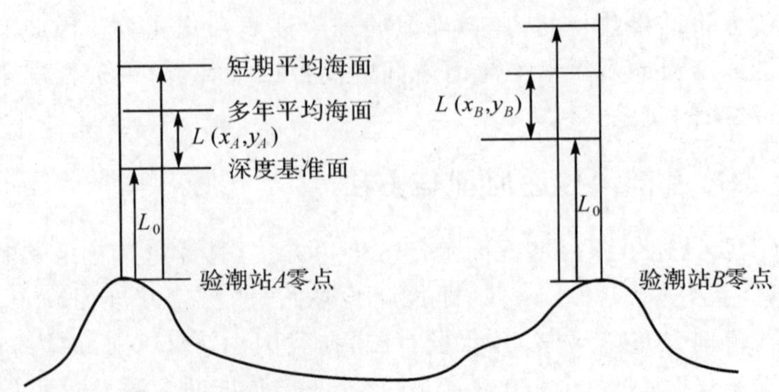

图 5.9 深度基准面的直接及同步改正传递法

2. 同步改正法

同步改正法假定两个验潮站的深度基准面与多年平均海面的差值是相同的，且同步观测期间两验潮站的短期平均海面与多年平均海面的差值也相同。如图 5.9所示，由假设条件可得

$$L_0(x_B,y_B)=MSL_S(x_B,y_B)+L_0(x_A,y_A)-MSL_S(x_A,y_A) \quad (5.45)$$

式中，$MSL_S(x_B,y_B)$及 $MSL_S(x_A,y_A)$分别为同步观测期间验潮站 B 及 A 的短期平均海面至各自验潮站零点起算的高度，$L_0(x_B,y_B)$及 $L_0(x_A,y_A)$为两个验潮站从各自验潮站零点起算的深度基准面高。

B 站深度基准面与其基于验潮站零点的多年平均海面 $MSL_L(x_B,y_B)$(确定方法参见 5.2 节)的差值 $L(x_B,y_B)$为

$$L(x_B,y_B)=MSL_L(x_B,y_B)-L_0(x_B,y_B) \quad (5.46)$$

3. 潮差比传递法

潮差比传递法假设深度基准面实质为理论最低潮面，潮差越大，深度基准面越低，则深度基准面与平均海面(或低潮面)的差值与潮差的大小成比例，如图 5.10所示。

假设条件用数学模型可表示为

$$\frac{L_B(x_B,y_B)}{L_A(x_A,y_A)}=\frac{R_B}{R_A} \quad (5.47)$$

$$\frac{C_B(x_B,y_B)}{C_A(x_A,y_A)}=\frac{R_B}{R_A} \quad (5.48)$$

化简得

$$L_B(x_B,y_B)=\frac{R_B}{R_A}L_A(x_A,y_A)=\gamma_{AB}L_A(x_A,y_A) \quad (5.49)$$

式中，R_A、R_B 分别为同步观测期间长期验潮站 A 和临时验潮站 B 的潮差；γ_{AB} 为同步观测期间两验潮站的潮差比；L_B 为临时验潮站深度基准面与其多年平均海

面的差值；L_A 为长期验潮站（或已知验潮站）深度基准面与其多年平均海面的差值；C_B 为临时验潮站深度基准面与低潮面的差值；C_A 为长期验潮站深度基准面与低潮面的差值；(x_B, y_B) 和 (x_A, y_A) 分别表示临时验潮站和长期验潮站平面位置，与相应参数共同表示临时验潮站和长期验潮站的参数。

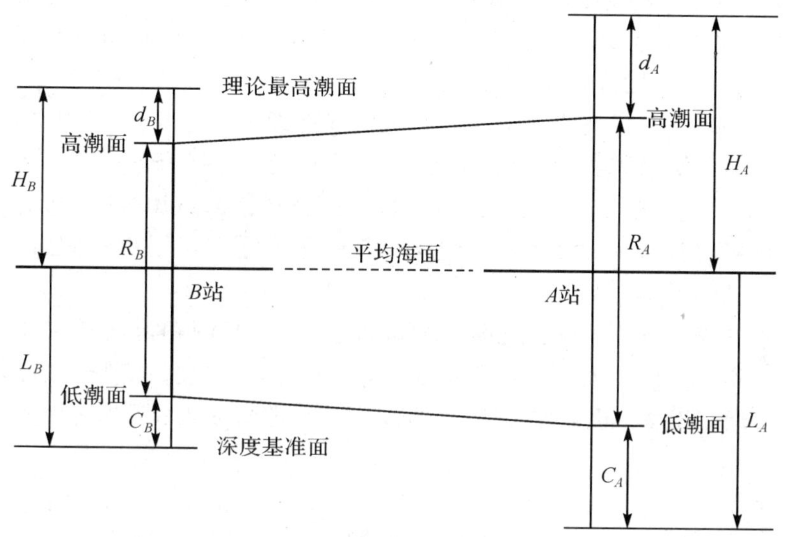

图 5.10　深度基准面的潮差比传递法

考虑 $C_B(x_B, y_B) = L_B(x_B, y_B) - \dfrac{R_B(x_B, y_B)}{2}$、$C_A(x_A, y_A) = L_A(x_A, y_A) - \dfrac{R_A(x_A, y_A)}{2}$，代入式(5.48)得

$$\frac{L_B(x_B, y_B) - \dfrac{R_B(x_B, y_B)}{2}}{L_A(x_A, y_A) - \dfrac{R_A(x_A, y_A)}{2}} = \frac{R_B(x_B, y_B)}{R_A(x_A, y_A)} \tag{5.50}$$

将式(5.50)进一步化简可推得式(5.47)，因此式(5.47)和式(5.48)是等价的。

另外，潮差比传递法也可用于确定临时验潮站的理论最高潮面，其假设条件是：理论最高潮面与平均海面（或高潮面）的差值与潮差的大小成比例，潮差越大，理论最高潮面越高。

假设条件用数学模型可表示为

$$\frac{H_B(x_B, y_B)}{H_A(x_A, y_A)} = \frac{R_B}{R_A} \tag{5.51}$$

$$\frac{d_B(x_B, y_B)}{d_A(x_A, y_A)} = \frac{R_B}{R_A} \tag{5.52}$$

化简得

$$H_B(x_B, y_B) = \frac{R_B}{R_A} H_A(x_A, y_A) = \gamma_{AB} H_A(x_A, y_A) \tag{5.53}$$

式中，H_B 为临时验潮站理论最高潮面与其多年平均海面的差值，H_A 为长期验潮站（或已知验潮站）理论最高潮面与其多年平均海面的差值，d_B 为临时验潮站理论最高潮面与高潮面的差值，d_A 为长期验潮站理论最高潮面与高潮面的差值。式(5.51)和式(5.52)同样也是等价的。

潮差比传递法一直被认为是标准的深度基准面的传递方法，在国内外海道测量中普遍使用。使用该法应特别注意：①两验潮站的潮汐性质应一致；②尽量使潮差比小于1；③需要利用3～6天的同步水位观测资料，通过比较高、低潮位来确定潮差比。在确定深度基准面绝对位置时，需首先确定多年平均海面（参见5.2节内容）。

在日潮区或日潮不等现象显著的海区，应利用高高潮和低低潮来计算潮差和潮差比。但我国的研究人员在作业实践中，经研究认为针对日潮不等现象显著的海区求取深度基准面，将潮差比改为半潮差比（半潮差为该站平均海面下的低低潮高）更合适。

4. 最小二乘曲线拟合传递法

最小二乘曲线拟合传递法原理与5.2.3节平均海面的传递方法相同。深度基准面是一种与潮汐性质更密切相关的基准面，基于潮汐性质相似或相关的特征，利用两验潮站潮位 $Z(t)$ 之间的相关性来确定它们深度基准面之间的关系，将长期验潮站（或深度基准面已知的验潮站）的深度基准面传递推估至临时验潮站的深度基准面。该法适用于潮汐性质相似站点的深度基准面传递，其传递精度取决于同步观测时间长度和潮汐曲线的相似程度，即潮差比和潮时差的计算精度。

两验潮站潮位之间的关系表示为

$$Z_B(t) = \gamma_{AB} Z_A(t + \tau_{AB}) + \varepsilon_{AB} \tag{5.54}$$

式中，$Z_i(t)$ 为验潮站 i 在 t 时刻的潮高，γ_{AB}、τ_{AB} 和 ε_{AB} 分别为两验潮站 A（已知验潮站）与 B（未知验潮站）之间的潮差比、潮时差和基准面偏差。通过两验潮站的同步观测潮位序列建立方程组求解 γ_{AB}、τ_{AB} 和 ε_{AB}，详细求解过程参见5.4.5节。

基于深度基准面为一个水位面，则未知验潮站（或未知验潮站）和已知验潮站的深度基准面同样满足式(5.54)，略去潮时差项，则得

$$L(x_B, y_B) = \gamma_{AB} L(x_A, y_A) + \varepsilon_{AB} \tag{5.55}$$

式(5.55)即为确定临时验潮站（或未知验潮站）深度基准面的最小二乘曲线拟合传递法的计算模型，只要求得两验潮站之间的潮差比和基准差，即可利用已知验潮站深度基准面推求未知验潮站的深度基准面。

利用临时验潮站进行水位观测是海道测量及港口工程测量最常见、使用最

多的一种水位观测方式。由于临时验潮站(尤其是海上定点验潮站)仅有几天的观测数据,无法按定义独立确定精确的平均海面及深度基准面,故只能采用潮汐基准面传递推估技术。要利用上述方法传递临时验潮站深度基准面至少需要利用3～6天的同步水位观测资料。相关研究表明,深度基准面的传递推估误差小于 20 cm。

临时验潮站深度基准面经由一个相邻长期验潮站传递确定后,若有可能则再利用另外一个长期验潮站进行传递和比较检核,消除可能存在的系统误差,或利用两长期验潮站进行距离加权内插。

5.3.4 潮汐基准面历元问题

目前,世界各国普遍采用一段时间的验潮站水位观测数据序列推算该站的垂直基准,这里称为潮汐基准面。很显然,这些基准面与潮汐性质有关,而各地海洋潮汐变化是复杂多变的。采用不同时间长度的水位资料,得到的垂直基准是不同的,采用的时间越长,获得的基准面就越稳定,因此潮汐基准面具有历元特性。例如,在第 2 章中提到黄道与白道的升交点和降交点沿黄道向西移动,其周期为 18.61 年,使潮汐产生了 18.61 年的长周期变化,这也是目前人类利用现有潮汐资料能够分辨的最长周期的分潮。1999 年,刘雁春等分析了我国不同月份观测资料调和常数计算的海图深度基准面,指出了海图深度基准面具有明显的时变特性。早在 20 世纪中叶,美国就对潮汐基准引入了以 19 年为时间段的国家高程历元,目前建立了由大于 19 年连续观测资料的长期验潮站组成的水位观测网络,并先后引入了 1941—1959、1960—1978 和 1983—2001(采用美国沿岸及大湖地区的 210 个 1 级验潮站,2013 年)的 3 个潮汐基准历元,计划再引入以 25 年为时间段的国家高程历元作为新的潮汐基准历元。

对于中国的海图深度基准面,虽自 1956—1990 年,均统一采用苏联弗拉基米尔方法计算的理论最低潮面作为海图深度基准面进行计算,但在确定过程中却存在着一些问题。这主要体现在:①按照《海道测量规范》的要求,同一地点可以利用一年或更长时间的水位观测资料计算海图深度基准面,但实际上以此计算的海图深度基准面具有一定的不稳定性,不同年份观测资料得出的海图深度基准面值之间存在着较大的变动(图 5.11 和表 5.7);②中国现行的大多数主要验潮站(或港口)海图深度基准面值是 50 多年前由弗拉基米尔方法确定且确定后未进行过更改;③现有历年的海道测量资料的深度基准面计算公式不统一,我国《海道测量规范》针对深度基准面的计算采用过 8 个分潮(弗拉基米尔法)、11 个分潮和 13 个分潮,不同年份的深度基准面没有实现统一。因此,加之海图深度基准面的时变效应,这些海图深度基准面值已影响现代高精度海图测量数据使用的有效性、航行安全性及其他用途。

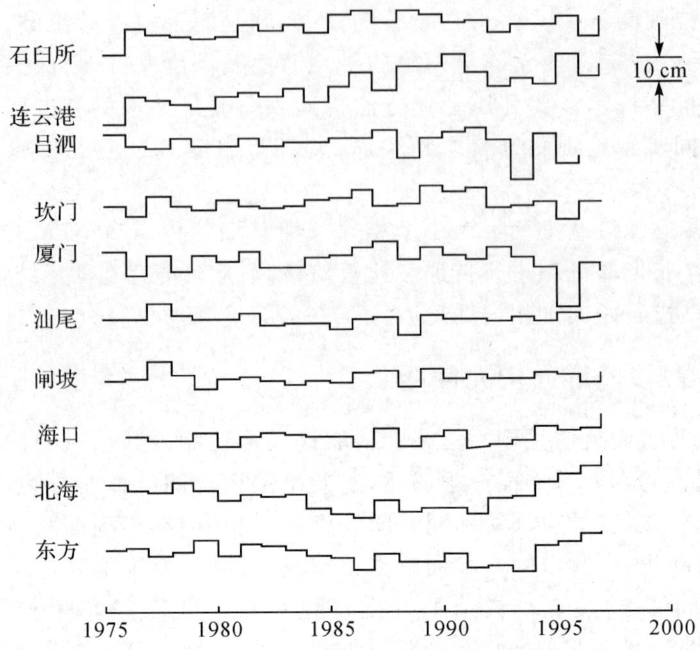

图 5.11 各站以一年作为历元周期所得的深度基准面的变化

表 5.7 各站理论最低潮面 L 的最大互差 单位:cm

验潮站	各年 L 最大互差	每 10 年 L 最大互差	每 18 年 L 最大互差	每 18.61 年 L 最大互差	每 19 年 L 最大互差	每 20 年 L 最大互差
石臼所	18.9	6.8	1.8	1.5	1.5	1.2
连云港	29.6	13.7	4.3	3.3	3.4	2.8
吕泗	23.0	8.5	4.9	4.6	3.6	0.8
坎门	17.5	3.4	0.6	0.4	0.3	0.3
厦门	28.7	8.6	5.5	5.2	5.3	5.0
汕尾	14.3	1.9	0.6	0.4	0.6	0.4
闸坡	11.9	1.9	0.6	0.3	0.5	0.2
海口	15.9	2.1	1.2	0.8	1.2	0.9
北海	28.0	6.1	1.6	1.1	1.3	1.2
东方	17.4	5.1	0.9	0.9	1.0	0.7

采用潮汐基准面历元的最大优点是能够最大限度地消除气象、地壳沉降、海面长期变化等因素造成的影响，获得更稳定的符合当地潮汐变化的基准面，以满足航行、科学研究、经济建设等对基准提出的更新更高的要求。

齐珺等(2007)对我国海图深度基准面的引入历元问题进行了较详细的分析和论证，认为我国采用 19 年的 1987—2005 国家深度基准面历元确定为当前中国海的海图深度基准面较为合适(表5.7)。目前,经过多个部门的长期建设,超过19年连续水位观测的我国沿海长期验潮站数量实际上已经超过100个,这为中国海区海图深度基准面引入历元提供了必要的数据基础和可行性,因此利用这些长期验潮站多年的潮汐数据来统一我国的海图深度基准面历元,对实现我国各海区的海图深度基准面时间上的一致性和一定时期内的时效性与稳定性具有重要意义和应用价值。

§5.4　海道测量中水位改正方法

水位改正是海道测量中水深测量数据处理的一项重要工作内容,其实质是从瞬时测深值 Z_s 中"扣除"海面时变影响部分 ΔZ_c,将测得的瞬时深度测量值转化为基于某一基准的、与时间无关的"稳态"深度的数据处理过程。最常用的深度表示形式是基于当地深度基准面的海图图载水深值 ΔZ_D,如图5.12所示。在我国海道测量中,目前法定的深度基准面是理论最低潮面。另外,在国际海道测量组织《海道测量标准》和我国《海道测量规范》中明确规定,只有当测区深度大于200 m或对水深总不确定度贡献很小时,不再需要进行水位改正。其主要原因是:一是测区深度大于200 m时,测区潮差一般较小而对水深的影响也相对较小;二是测区深度大于200 m时,往往测区潮汐对水深测量的影响远小于其他因素对水深测量的影响,如声速、姿态等。

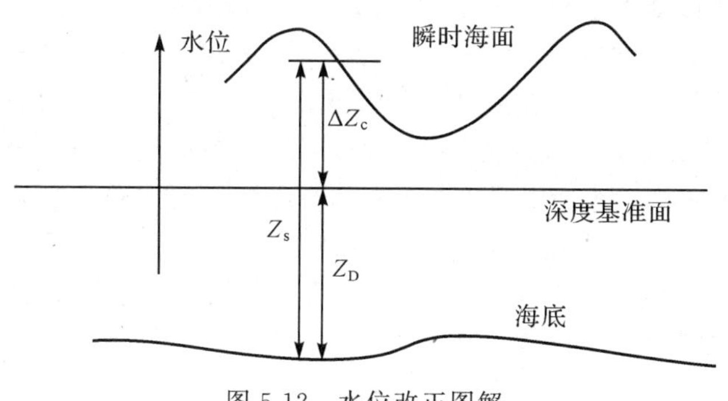

图5.12　水位改正图解

如前所述,海上各地潮汐变化多样,而只有观测到测区内每一点的潮汐变化,并从瞬时水深测量值中"扣除",才能得到"稳态"深度值。但在实际海道测量过程中,观测到测区内每一点的潮汐变化既不现实也不可能。为此,根据海洋潮汐在一定区域变化相对缓慢的特点,在海道测量实践中往往在损失一定测量精度(或潮时差和潮高差)条件下,采用"以点代面"模式,获取一定区域内潮汐的变化信息,即通过在测区内及周围合理布设有限的验潮站监测各站的潮汐变化。然后利用各个验潮站监测到的潮汐变化信息采用一定的方法推估测区内任意点和任意时刻的潮汐变化,进而获取测区内测量时刻的任意点潮汐变化信息。这种利用各个验潮站监测到的潮汐变化信息推估测区内任意点和任意时刻基于深度基准面的潮高的方法称为水位改正法。"以点代面"的"面"所对应的区域称为验潮站有效范围。在验潮站有效范围内,"点"(验潮站)的潮汐变化与"面"(验潮站有效范围)内各点的潮汐变化一致。这里的"点"不但包括实际测区设立和已有的验潮站,还包括通过一定方法推估得到的"虚拟"的验潮站(称为虚拟验潮站),参见 5.4.3 节。实际应用和理论已证明,在验潮站有效范围内,验潮站的水位变化可以代表此区域的潮汐变化且能够满足海道测量精度要求。

在海道测量中,测区内某点某时刻的水位值是由一个或多个验潮站上的水位观测值序列提供或推估求得的。验潮站的分布、数量和密度取决于验潮站的测区潮汐控制能力和内插测区内各点水位的精度。按采用的验潮站数量及其代表性、测区分布和潮汐变化特征,水位改正可分为单站、二站、三站和多站改正模式或方法。据此,反演出多种水位改正方法,如单站水位改正法、线性内插法、水位分带法、时差法、最小二乘曲线拟合内插法等。当然,每一种方法都有其应用的假设条件,在具体实施海道测量时应根据实际情况选择合适的改正方法。将利用选择改正方法求得的某点某时刻的水位改正值加入相对应地点和时刻的测深值,则实现测深值的水位改正工作。

目前,海道测量水位改正方式主要为两种:一种是调用数据改正文件方式,预先将水位改正计算结果编制为表示测区某点(或各验潮站和各虚拟验潮站)基于深度基准面的潮高(水位改正值)时间变化序列,测量数据处理软件根据测线上测深点位置和测深时刻直接导入相应的水位改正文件并进行必要的内插,再进行水位改正;另一种是直接计算方式,在数据处理过程中,根据测深点位置和时间及其附近的验潮站水位观测信息,利用软件直接计算测深点的水位改正值并进行水位改正。虽然近几年来,国内外已经使用无验潮模式实施海道测量,但该测量模式受制于多种因素而尚未被大范围推广,如作用距离、测量精度、水深基准的标定等问题。下面将主要叙述常用的水位改正方法。

5.4.1 单站水位改正法

当测区处于一个验潮站(或虚拟验潮站)的有效范围内时,可直接用该验潮站基于深度基准面的水位资料进行水位改正。如图 5.12 所示,ΔZ_c 为水位改正数(从深度基准面起算的水位),Z_s 为瞬时水深观测值,则图载水深 Z_D(从深度基准面起算的水深)为

$$Z_D = Z_s - \Delta Z_c \tag{5.56}$$

为了求得与测深点相应的不同时刻的水位改正数,一般可采用图解法和解析法。

1. 图解法

图解法是一种手工绘制水位曲线图求取水位改正数的方法，以横坐标表示时间、纵坐标表示验潮站基于深度基准面的水位（称为水位改正数），以水位观测数据为节点连接绘制光滑曲线，按一定的水位差（如 0.1 m）量取对应时间段的水位值，即为该时间段的水位改正数。如图 5.13 所示，从图中的时间段与水位的对应关系可求得任意时刻的水位改正数，如 0800 的 $\Delta Z_c = 0.56$ m、0815 的 $\Delta Z_c = 0.40$ m 等。若 ΔZ_c 只取到 0.1 m，则在 0.15～0.25 m 范围内的水位改正数为 0.2 m，对应时间段为 0831～0915；在 0.26～0.35 m 范围内的水位改正数为 0.3 m，对应时间段为 0821～0830；以此类推，得到图 5.13 中所示的水位改正表。

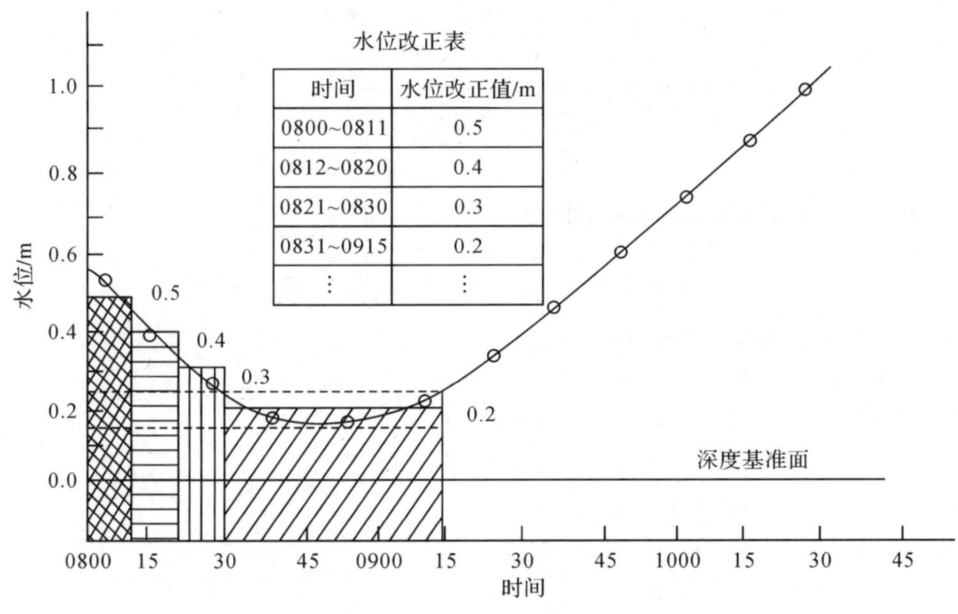

图 5.13　单站图解法水位改正示意

2. 解析法

针对单个验潮站，解析法是以观测数据为采样点（节点）、利用水位改正计算软件通过数值内插求得各测深点相对应时刻的水位改正数的方法，在目前的海上作业中广泛使用。常用的数值内插模型有分段抛物线插值、二次样条函数插值等。

1）分段抛物线插值法

给定 $N+1$ 个时间序列的水位观测数据 $Z(t_i)$（令 $Z(t_i)=Z_i$ 为观测水位，t_i 为水位观测时刻，i 为序列数，$i=0、1、2、\cdots、N$），表示为

$$(t_0, Z_0), (t_1, Z_1), \cdots, (t_N, Z_N) \quad (t_0 < t_1 < \cdots < t_N)$$

如图 5.14 所示，则任意时刻 t 相应水位的抛物线插值公式为

$$Z_t=\frac{(t-t_i)(t-t_{i+1})}{(t_{i-1}-t_i)(t_{i-1}-t_{i+1})}Z_{i-1}+\frac{(t-t_{i-1})(t-t_{i+1})}{(t_i-t_{i-1})(t_i-t_{i+1})}Z_i+\frac{(t-t_{i-1})(t-t_i)}{(t_{i+1}-t_{i-1})(t_{i+1}-t_i)}Z_{i+1} \tag{5.57}$$

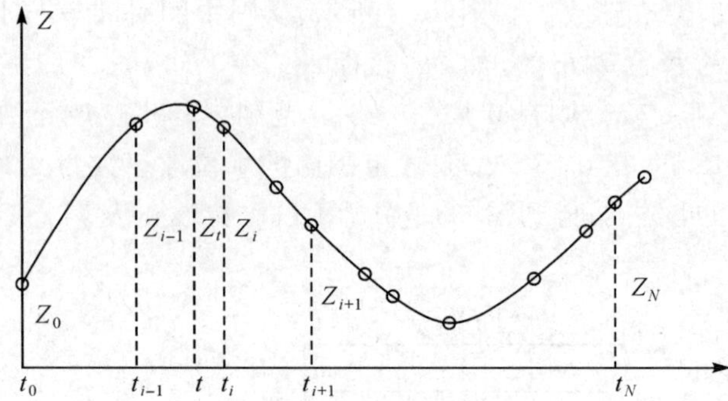

图 5.14 抛物线插值曲线

如采用等时间间隔 Δt 取点，则式(5.57)简化为

$$Z_t=\frac{(t-t_i)(t-t_{i+1})}{2\Delta t^2}Z_{i-1}-\frac{(t-t_{i-1})(t-t_{i+1})}{\Delta t^2}Z_i+\frac{(t-t_{i-1})(t-t_i)}{2\Delta t^2}Z_{i+1} \tag{5.58}$$

为提高插值精度，i 的取值为

$$i=\begin{cases}1, & t\leqslant t_1\\ m-1, & t_{m-1}<t\leqslant t_m \text{ 且 } |t-t_{m-1}|\leqslant|t-t_m|\\ m, & t_{m-1}<t\leqslant t_m \text{ 且 } |t-t_{m-1}|>|t-t_m|\\ N-1, & t\geqslant t_{N-1}\end{cases}$$

式中，$m=2,3,\cdots,N-1$。

2）二次样条函数插值法

给定 $N+1$ 个时间序列的水位观测数据 $Z(t_i)$ 为

$$(t_0,Z_0),(t_1,Z_1),\cdots,(t_N,Z_N)\quad(t_0<t_1<\cdots<t_N)$$

二次样条函数定义为：对任意函数，其中 $Z(t_i)=Z_i\,(i=0,1,\cdots,N)$；在时间段$[t_0,t_N]$上，$Z(t)$具有一阶连续导数；在时间段$[t_{i-1},t_i]$上，$Z(t)$是 t 的二次多项式。这样的 $Z(t)$称为二次样条函数。

将 $N+1$ 个水位观测值 Z_0、Z_1、…、Z_N 分成 N 段，而每一段可以用二次多项式表示为

$$Z_t=A+B(t-t_i)+C(t-t_i)^2 \tag{5.59}$$

若求得式中的系数 A、B、C，则这个二次多项式就可以唯一地确定。下面讨论系数的确定。

对式(5.59)求导，得

$$Z'_t = B + 2C(t - t_i) \tag{5.60}$$

令 $t = t_i$，由式(5.59)和式(5.60)可得

$$A = Z_t = Z_i \tag{5.61}$$

$$B = Z'_t \big|_{t=t_i} = F \tag{5.62}$$

当 $t = t_{i+1}$ 时，由式(5.59)得

$$Z_{i+1} = A + B(t_{i+1} - t_i) + C(t_{i+1} - t_i)^2 \tag{5.63}$$

将式(5.61)和式(5.62)代入式(5.63)得

$$C = \frac{(Z_{i+1} - Z_i) - F(t_{i+1} - t_i)}{(t_{i+1} - t_i)^2} \tag{5.64}$$

将 A、B、C 代入式(5.59)即得水位曲线二次样条函数插值公式，即

$$Z_t = Z_i + F(t - t_i) + \frac{(Z_{i+1} - Z_i) - F(t_{i+1} - t_i)}{(t_{i+1} - t_i)^2}(t - t_i)^2 \tag{5.65}$$

式中，$i = 0, 1, \cdots, N-1$。

式(5.65)得到的是一段曲线，而整条水位曲线就是这样一段段曲线连接起来的。由于在每个节点上左侧曲线的一阶导数与右侧曲线的一阶导数相等，所以整条曲线是光滑的，如图 5.14 所示。

这里特别说明 F 的两种确定方法。

(1)如图 5.15 所示，取

$$F = Z'_t \big|_{t=t_i} = \frac{Z_i - Z_{i-1}}{t_i - t_{i-1}} = \tan\theta_1 \tag{5.66}$$

$$F = Z'_t \big|_{t=t_i} = \frac{Z_{i+1} - Z_i}{t_{i+1} - t_i} = \tan\theta_2 \tag{5.67}$$

这是一种差商近似方法，即利用节点在左侧或右侧割线的斜率作为曲线在该节点的切线的斜率。

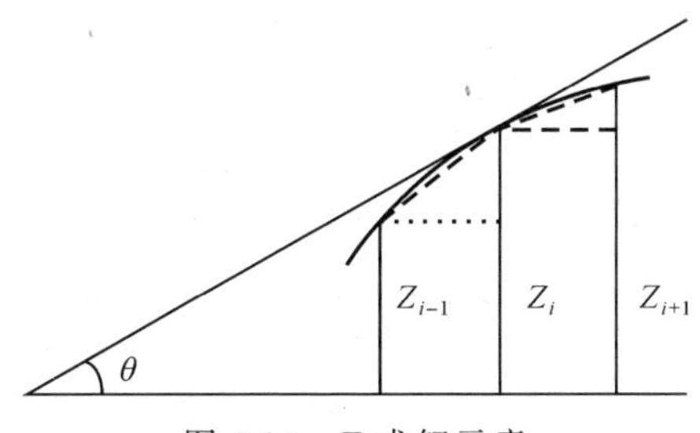

图 5.15　F 求解示意

(2)取左、右割线斜率的平均值为

$$F = \frac{1}{2}\left(\frac{Z_{i+1} - Z_i}{t_{i+1} - t_i} + \frac{Z_i - Z_{i-1}}{t_i - t_{i-1}}\right) \tag{5.68}$$

以上介绍的两种插值方法适应于计算机编程计算。实践表明，只要按《海道测量规范》要求的水位观测间隔采集水位数据，其内插结果都可满足测量精度要求。另外，一般的数据插值方法也适合于水位内插，如牛顿插值、拉格朗日插值等，这里不再重复。笔者在经过大量计算的基础上发现，最小二乘拟合插值计算结果的方差较小且稳定，并且以拟合多项式次数为4、节点数为7～8个为最佳(分段滑动拟合插值)。

5.4.2 线性内插法

当测区位于A、B两验潮站之间且部分测区超出两验潮站各自的有效控制范围时，对测区内各点的任意时刻水位改正方法一般为：一是在海区测量技术设计时增加验潮站的数量(由于此法浪费人力、物力，故不是在特别要求的情况下，一般不采用此法)；二是在一定条件下，利用A、B两验潮站的观测资料对控制不到的区域(即超出各站的有效控制范围)选用适当的内插方法和处理措施。

线性内插法是实施两验潮站之间任意时刻内插的方法之一，其假设同一时刻两验潮站之间的瞬时海面为直线，又称模拟法水位改正。如图5.16所示，由平面几何中的等比定理可推得两验潮站之间任意一点t时刻的水位改正数(或待求点X在t时刻的潮高)为

$$Z_X(t)=Z_A(t)+(Z_B(t)-Z_A(t))\frac{D}{S} \tag{5.69}$$

式中，t为任意时刻，$Z_A(t)$、$Z_B(t)$分别表示已知验潮站A、B在t时刻的潮高(基于各自的深度基准面)，$Z_X(t)$表示未知验潮站(或待求测点或待求测深点)X在t时刻的潮高，D为已知验潮站A至未知点X之间的直线距离，S为已知验潮站A至已知验潮站B之间的直线距离。

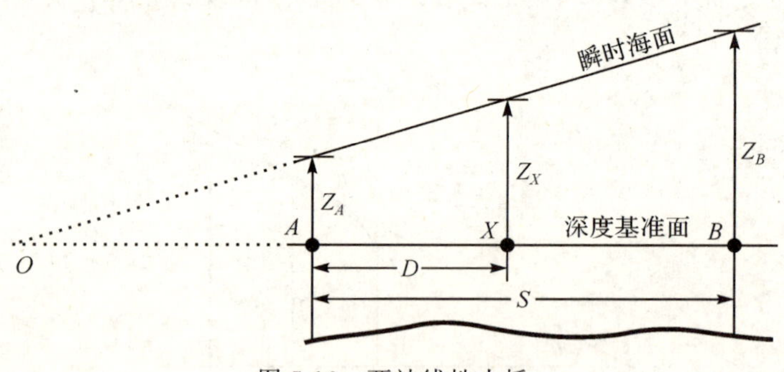

图5.16 两站线性内插

同理，对于测区三个验潮站之间的任意点任意时刻的水位改正数求解情形，模拟法的假设是同一时刻三站之间的瞬时海面为平面，则待求测点X为该空间平面上的点；由空间解析几何知识可推得测区内三个验潮站之间的瞬时海面高(或三站

水位改正数模)为

$$\begin{vmatrix} x_X-x_A & y_X-y_A & Z_X(t)-Z_A(t) \\ x_B-x_A & y_B-y_A & Z_B(t)-Z_A(t) \\ x_C-x_A & y_C-y_A & Z_C(t)-Z_A(t) \end{vmatrix}=0$$

将上式化简得

$$\begin{aligned} Z_X(t)=Z_A(t)+\{&(x_X-x_A)[(y_C-y_A)(Z_B(t)-Z_A(t))-(y_B-y_A)(Z_C(t)-\\ &Z_A(t))]+(y_X-y_A)[(x_B-x_A)(Z_C(t)-Z_A(t))-(x_C-x_A)(Z_B(t)-\\ &Z_A(t))\}/[(x_B-x_A)(y_C-y_A)-(x_C-x_A)(y_B-y_A)] \end{aligned} \tag{5.70}$$

式中,Z_i 为对应 i 点(站)t 时刻的水位值(换算为各自验潮站深度基准面上的潮高值),(x_i, y_i)为对应 i 点(站)的平面坐标。图 5.17 为由三个已知站 A、B、C 内插 t 时刻待求点 X 水位改正值(潮高)示意。

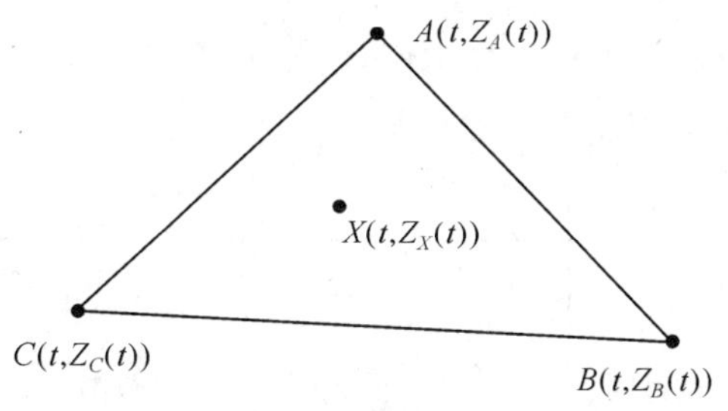

图 5.17　三站水位改正示意

线性插法计算简单,但由于将实际弯曲的海面视为直线(或平面)形态来处理,则势必明显地引入一定的插值误差(潮时误差和潮高误差)。从实际应用看,存在问题不在于线性内插法本身,而是缺少一个判别准则——确定在何种情形下可以使用线性内插法。因为测区范围大小不同、潮波传播是否均匀及海面形态弯曲程度等都会导致潜在的插值误差,因此目前一般不采用此法进行水位改正处理,而采用分带法、时差法、最小二乘曲线拟合内插法等顾及潮时差和潮差比的水位改正法。

5.4.3　水位分带改正法

上述两种方法仅顾及了潮高的均匀与线性变化,将实际弯曲的海面视为直线(或平面)形态来处理,这对于不大的区域而言,可以控制引入的插值误差。但由于潮汐变化的多样性,特别是易受到海底地形和沿岸地形的影响,故实际瞬时海面是弯曲的,验潮站之间用直线(或平面)形态无法在容许插值限差内对整个测区的实际形态进行较准确的描述,因而上述方法可能会导致较大的插值误差。为此,在海道测量中,根据潮汐变化的特点,引入与实际较接近的假设(即同时引入两验潮站间的同相潮时和同相潮高的变化与距离成比例),采用了将测区进行分带(对应两个验潮站情形)或分块(即分区,对应三个验潮站情形)方法进行处理,即水位分带改正法。水位分带改正法按采用的验潮站数量的不同分为两站水位分带改正和三站水位分带改正(又称三角分带)。

1. 两站水位分带改正法

如图 5.18 所示,水位分带改正法的实质是根据 A、B 验潮站水位观测信息和一定的假设对测区进行分块处理,并通过一定的内插方法求得 C、D 区的水位改正数(这里的 C、D 区相当于设立了两个虚拟验潮站,且 C、D 区都超出 A、B 验潮站的有效范围),其与线性内插法的区别在于其对海面形态的变化假设。分带法所依据的假设条件是:两验潮站间潮波传播均匀;两验潮站间的同相潮时和同相潮高的变化与距离成比例。其中假设的关键是“同相”,即将两验潮站潮汐变化处于同一相位或同一个变化形态(如同处于高潮或同处于低潮状态)。实际上,应理解为假定两个或三个验潮站在同一潮汐变化形态下之间的海面为直线或平面,在此形态下两验潮站之间的潮高与距离成比例,特别注意此处与 5.4.2 节最大不同是该假设不是基于同一时刻(或瞬时)的潮高。

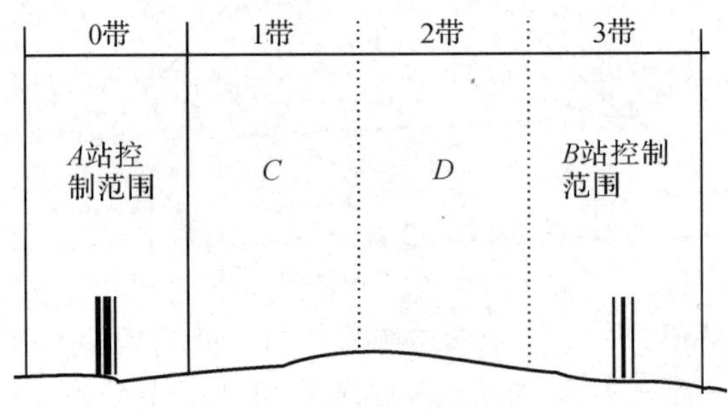

图 5.18 验潮站的控制区域

分带的条件:①当测区有潮波图时,可以判断主要分潮的潮波传播是否均匀,来确定分带与否;②若测区无潮波图时,可根据海区自然地理(海底地貌、海岸形状等)条件,以及潮流等因素加以分析。一般而言,潮波经过岛屿、海角等地区,变形较大,分带应特别注意。若没有把握,则应设立验潮站。当然,实际潮波在沿岸区域很难达到真正传播均匀,只是相对而言。当两验潮站距离较近、当地的地理条件对潮波自由传播影响不大时,可以认为潮波传播均匀。

分带的基本原则:分带的界线方向尽可能与潮波传播方向垂直,如图 5.19 所示。

分带原理:两验潮站之间分为几个带是由测区潮汐变化状况决定的。两验潮站之间的水位分带数为

$$K=\frac{2\Delta h}{\delta_Z} \tag{5.71}$$

式中，K 为分带数，δ_Z 为测深精度，Δh 为两验潮站深度基准面重叠时同一时刻两验潮站间的最大水位差。分带时，相邻带的水位改正数最大差值(带边界处)不超过测深精度 $\delta_Z/2$。在式(5.71)中的常数 2 表示水位改正误差在测深误差中的最大贡献为 $\delta_Z/2$。各验潮站之间构成的边上的边界点为将该边 $2K$ 等分的奇数点，界线通过边界点与潮波方向垂直并向测区延伸。图 5.19 给出了 $K=5$ 的分带情形，则第 1 带为第 1 等分点与第 3 等分点之间，第 2 带为第 3 等分点与第 5 等分点之间，以此类推；等分线过奇数等分点垂直潮波方向。

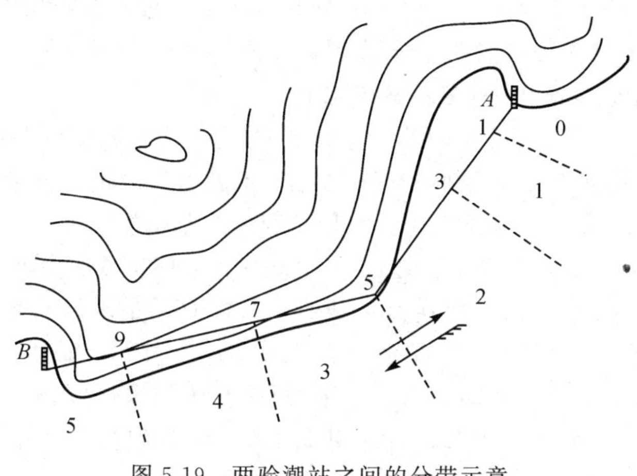

图 5.19　两验潮站之间的分带示意

下面简要概述图 5.18 中 C、D 带的水位内插曲线的图解绘制程序，如图 5.20 所示。

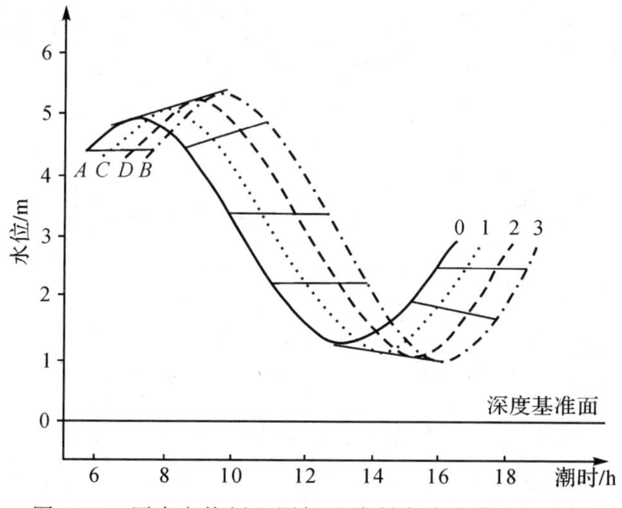

图 5.20　厘米方格纸上图解法绘制水位分带内插曲线

(1)在厘米方格纸上,以水位为纵坐标和时间为横坐标,同时绘制基于深度基准面的A、B两验潮站的水位变化曲线。

(2)在高、低潮中间部分,绘制数条平行于深度基准面的短线,在短线上自A至B方向进行三等分。

(3)在高、低潮附近水位曲线弯曲较大处,短线应与A、B两验潮站的高(低)潮连线近似平行,以后短线逐渐平行深度基准面,同样进行三等分。

(4)将各短线的相应等分点前后依次连接成光滑曲线,即得到各分带的内插水位曲线。图5.20分别得到C、D带的水位内插曲线。按测深点所在带和测深点时刻,量取基于深度基准面的各带的水位值即得到某时刻测深点的水位改正数。

2. 三站水位分带改正法(三角分带法)

分带的原则、条件、假设与两站水位分带改正法基本相同,主要是为了加强对潮波传播垂直方向可能的海面倾斜进行控制,才采用三站水位分带改正法。

如图5.21所示,其基本原理为:先进行两两验潮站之间的水位分带,在计算分带数时应注意使其闭合(两边分带数等于第三边,本例AB分为5带,AC分为3带,BC分为2带,闭合);这样在每一带的两端都有一条水位曲线控制(求法与前述相同),如在第Ⅱ带,一端为C站的水位曲线,另一端为AB边上的第2带的水位曲线;若每带两端水位曲线同一时刻的Δh值大于测深精度$\delta_Z/2$,则该带还需再分带(或称分区)。图5.21中分区在第Ⅱ带时,各区分别为Ⅱ_0、Ⅱ_1和Ⅱ_2。Ⅱ_1水位曲线由C站和AB边的第2带的水位曲线内插获得。

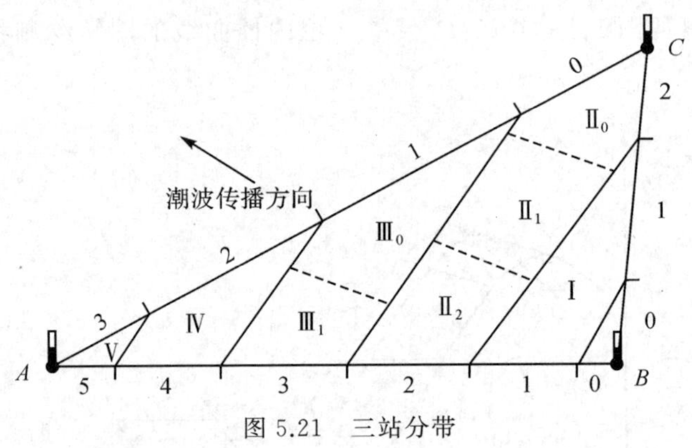

图5.21 三站分带

5.4.4 时差法水位改正

为了提高水位改正值的计算效率和计算机技术支撑下测量数据的自动处理能力,谢锡君等(1988)提出了时差法水位改正。该法是水位分带改正法的一种计算机实现算法,是对水位分带改正法的合理改进和补充。该法假设条件与水位分带改正法所依据的假设条件相同，即两验潮站之间的潮波传播均匀，验潮站之间潮高和潮时的变化与其距离成比例。该法要求实际参与计算的各站水位观测数据是转换为基于各站深度基准面的水位观测数据。

时差法是在上述假设的前提下，运用数字信号处理技术中互相关函数的变化特性，将两个验潮站 A、B 的观测水位时间序列视作信号，这样 C、D 站的水位变化曲线问题就转化为两信号的波形变化问题(图 5.22)。通过对两信号波形的比较计算求得两信号之间的时差，进而求得两个验潮站的潮时差，以及待求点相对于验潮站的时差，并通过时间归化，最后求出待求点的水位改正值。下面详细叙述该法的基本原理。

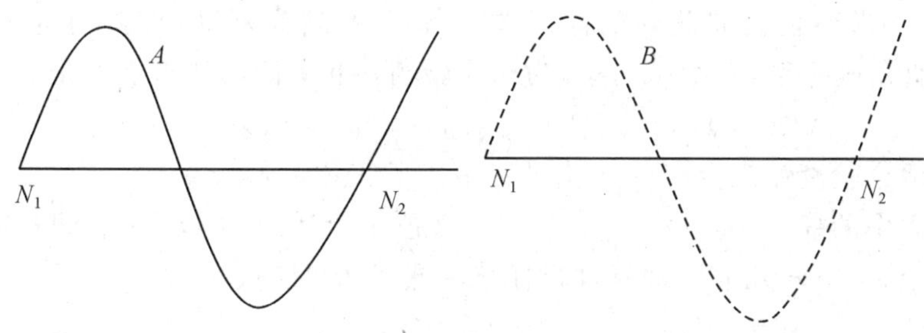

图 5.22　两验潮站的水位变化曲线

1. 两个验潮站之间潮时差求解

若 A、B 两验潮站在时间段$[N_1, N_2]$内进行同步定时水位观测，则两验潮站的水位观测值分别构成了与时间相关的序列 X_1、X_2、…、X_n 和 Y_1、Y_2、…、Y_n($N_1 < n < N_2$)，依两序列可得到两验潮站各自的水位变化曲线，如图 5.22 所示。

首先，在进行改正前，分析两验潮站水位曲线的相似程度。从离散数学原理可知，两曲线的相似程度由一定采样值的相关系数决定。相关系数 ρ 的计算公式为

$$\rho_{xy}(N_1, N_2) = \frac{\sum_{n=N_1}^{N_2} X_n Y_n}{\sqrt{\sum_{n=N_1}^{N_2} X_n^2 \sum_{n=N_1}^{N_2} Y_n^2}} \tag{5.72}$$

若$|\rho|$越接近 1，两曲线就越相似；若$|\rho|$越接近 0，两曲线就越不相似。因此 ρ 的大小是对 X_n 与 Y_n 相似程度的度量。

两验潮站之间存在或大或小的潮时差，要确定两验潮站水位曲线的相似性则必须对其中一个验潮站的水位曲线进行延时处理，即研究在时移中 X_n 与 Y_n 序列的相似性。这里把 Y_n 序列延时 τ，则变为 $Y_{n-\tau}$。

X_n 与 $Y_{n-\tau}$ 的相关系数 $\rho_{xy}(\tau)$ 是 τ 的函数，又称为 X_n 与 $Y_{n-\tau}$ 的互相关函数，τ 为 Y_n 的延时时间，则

$$\rho_{xy}(\tau)=\frac{\sum_{n=N_1}^{N_2}X_nY_{n-\tau}}{\sqrt{\sum_{n=N_1}^{N_2}X_n^2\sum_{n=N_1}^{N_2}Y_{n-\tau}^2}} \tag{5.73}$$

针对不同的 τ，$\rho_{xy}(\tau)$也不同。当 τ 为某一个值 τ_0 时，$\rho_{xy}(\tau)$达到最大值，也说明 Y_n 延时时间 τ_0 后，与 X_n 最相似。实际上，τ_0 就是两曲线的相似时差，也就是 A、B 两验潮站之间的潮时差。因此，可以看出 τ_0 的求解过程实际上是一个迭代计算过程。

同样，对于三个验潮站的情形，如图 5.21 的 A、B、C 三个验潮站，可以利用上述方法，分别求得它们彼此间的潮时差。若以 A 站为基准(即潮时为 0，则建立 $xy\tau$ 空间直角坐标系，其中(x_i,y_i)为相应验潮站和测区内待求点的坐标)，有

$$A(x_A,y_A,0),\quad B(x_B,y_B,\tau_B),\quad C(x_C,y_C,\tau_C)$$

根据两个验潮站间潮时的变化与其距离成正比的假设条件，三个验潮站所控制的区域内中的任意一点 $X(x_X,y_X,\tau_X)$必位于上述 A、B、C 三点同相时组成的空间平面上，由空间几何原理可推得任意一点 X 的时间延时为

$$\tau_X=\frac{(x_X-x_A)[(y_C-y_A)\tau_B-(y_B-y_A)\tau_C]+(y_X-y_A)[(x_B-x_A)\tau_C-(x_C-x_A)\tau_B]}{(x_B-x_A)(y_C-y_A)-(y_B-y_A)(x_C-x_A)} \tag{5.74}$$

2. 任意点水位改正数求解

由于上面求得的时间延时 τ_B、τ_C、τ_X 均以 A 点为基准，欲求待定点 X 的 t 时刻水位改正数，则需求得与待定点 X 在 t 时刻相对应的 A、B、C 三点的同相时刻 t_A、t_B、t_C，求解公式为

$$\left.\begin{aligned}t_A&=t+\tau_X\\t_B&=t+\tau_X-\tau_B\\t_C&=t+\tau_X-\tau_C\end{aligned}\right\} \tag{5.75}$$

根据 t_A、t_B、t_C 可分别求出对应时刻 A、B、C 各验潮站从各自深度基准面起算的水位值。计算时，对于定点站可采用预报值，而对于沿岸站用水位插值。最后将各站水位值归算到深度基准面上的水位值 Z_A、Z_B、Z_C。同样，建立 xyZ 空间直角坐标系，则三站坐标分别为 $A(x_A,y_A,Z_A)$、$B(x_B,y_B,Z_B)$、$C(x_C,y_C,Z_C)$。

1)两站间线性内插模式水位改正数求解

若测区为条带形状，且条带宽度内水位变化满足“两站之间潮波传播均匀，两站间的同相潮时和同相潮高的变化与距离成比例”的假设条件，如图 5.23 所示，则可推得两个验潮站(如 A 和 B)间待求测点 X 在 t 时刻的水位为

$$Z_X(t)=Z_A(t-\tau_{AX})+(Z_B(t+\tau_{XB})-Z_A(t-\tau_{AX}))\frac{D}{S} \tag{5.76}$$

式中，$\tau_{AX}=\dfrac{D}{S}\tau_{AB}$为$A$站与待求测点$X$之间的时差，$\tau_{XB}=\dfrac{S-D}{S}\tau_{AB}=\tau_{AB}-\tau_{AX}$为$B$站与待求测点$X$之间的时差，$D$为$A$站至待求测点$X$之间的直线距离，$S$为$A$站至$B$站之间的直线距离。

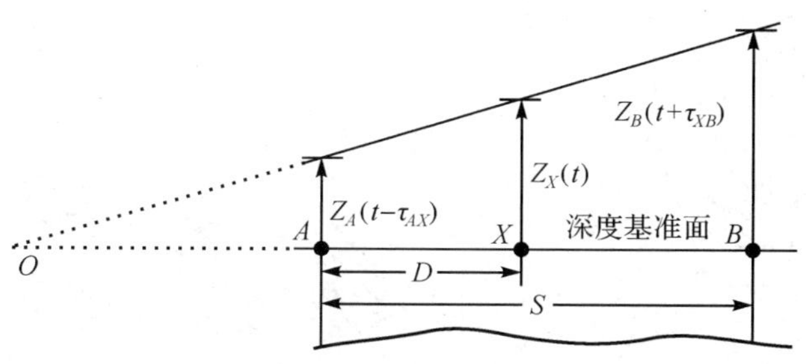

图 5.23　两个验潮站线性内插示意

2）站间面域模式水位改正数求解

根据该方法的假设条件，三个验潮站内的待求测点$X(x_X, y_X, Z_X)$在t时刻必位于上述A、B、C三个验潮站与X点在t时刻同相潮高组成的空间平面上，如图 5.24 所示，则由空间几何原理可推得待求测点X在t时刻的水位改正值Z_X为

$$Z_X(t)=Z_A(t_A)+\{(x_X-x_A)[(y_C-y_A)(Z_B(t_B)-Z_A(t_A))-(y_B-y_A)(Z_C(t_C)-Z_A(t_A))]+(y_X-y_A)[(x_B-x_A)(Z_C(t_C)-Z_A(t_A))-(x_C-x_A)(Z_B(t_B)-Z_A(t_A))]\}/[(x_B-x_A)(y_C-y_A)-(x_C-x_A)(y_B-y_A)] \quad (5.77)$$

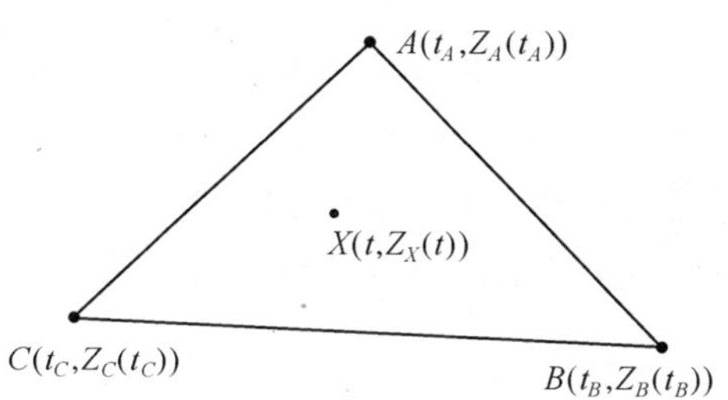

图 5.24　两个验潮站线性内插示意

以上介绍的是两个验潮站和三个验潮站的水位改正方法。在应用过程中，对于大范围测区或变化复杂的海区，因不满足验潮站之间潮波传播均匀这一假设，则需要设立的验潮站数目多于三个。针对此类情形，测区水位改正应先以验潮站为顶点将测区划分为由彼此相连而不重叠的三角形构成的覆盖整个测区的三角网格或以相邻验潮站构成的带状分段网络，如图 5.25 给出的两个典型水位改正网。当测深点位于某个三角形内时，利用该三角形顶点水位观测数据按上述改正法计算测深点的潮时差和水位改正数；当测深点在另外三角形内时，则采用另一组三角形

计算测深点潮时差、水位改正数；以此类推，直至计算每个测深点的水位改正数。

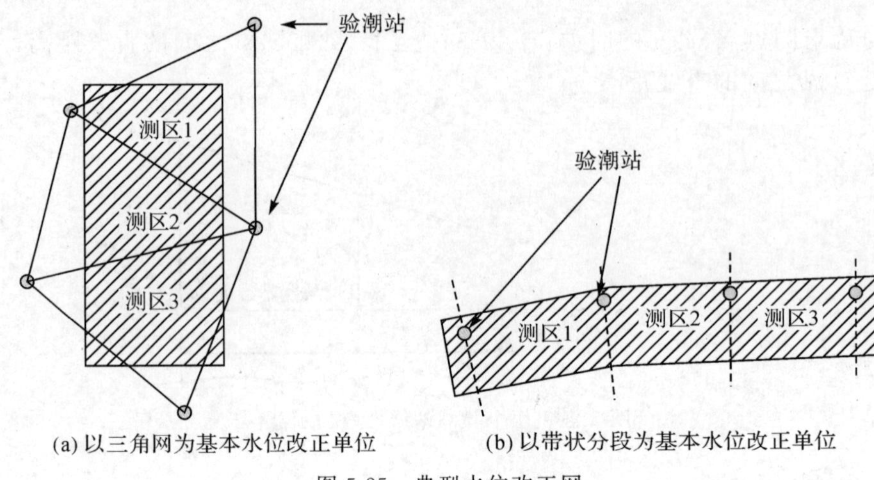

(a) 以三角网为基本水位改正单位　　(b) 以带状分段为基本水位改正单位

图 5.25　典型水位改正网

5.4.5　最小二乘曲线拟合内插法

最小二乘曲线拟合内插法所依据的假设条件与时差法相同，该法顾及了潮时差、潮差比和基准差信息三参数的传递信息，实质上是对传统水位改正方法在最小二乘原则下进行进一步理论化和模型化。最小二乘曲线拟合内插法的基本原理和计算步骤如下：

(1)对两个已知验潮站(点)的潮位数据进行最小二乘曲线拟合，构建两条水位变化曲线之间的函数关系，确定传递参数 γ_{AB}、τ_{AB} 和 ε_{AB}，即

$$Z_B(t)=\gamma_{AB}Z_A(t+\tau_{AB})+\varepsilon_{AB} \tag{5.78}$$

式中，γ_{AB}、τ_{AB} 和 ε_{AB} 分别为两验潮站 A、B 之间的潮差比、潮时差和基准面偏差。

假设条件为

$$\left.\begin{aligned}\gamma_{AX}&=1+(\gamma_{AB}-1)R_{AX}/R_{AB}\\ \tau_{AX}&=\tau_{AB}R_{AX}/R_{AB}\\ \varepsilon_{AX}&=\varepsilon_{AB}R_{AX}/R_{AB}\end{aligned}\right\} \tag{5.79}$$

则验潮站 A、B 之间的待求测深点 X 处的瞬时潮位值为

$$Z_{AX}(t)=\gamma_{AX}Z_A(t+\tau_{AX})+\varepsilon_{AX} \tag{5.80}$$

式中，$Z_{AX}(t)$ 表示由验潮站 A 推估的 t 时刻 X 点处的潮高值。

(2)同理，可得由验潮站 B 推估 X 点处的潮高值为

$$Z_{BX}(t)=\gamma_{BX}Z_B(t+\tau_{BX})+\varepsilon_{BX} \tag{5.81}$$

式中，γ_{BX}、τ_{BX} 和 ε_{BX} 由假设求出，即

$$\left.\begin{aligned}\gamma_{BX}&=1+(\gamma_{BA}-1)R_{BX}/R_{BA}\\ \tau_{BX}&=\tau_{BA}R_{BX}/R_{BA}\\ \varepsilon_{BX}&=\varepsilon_{BA}R_{BX}/R_{BA}\\ R_{AB}&=R_{BA}\\ R_{BX}&=R_{AB}-R_{AX}\end{aligned}\right\}\tag{5.82}$$

理论上，应该有

$$\left.\begin{aligned}\gamma_{AB}&=1/\gamma_{BA}\\ \tau_{AB}&=-\tau_{BA}\\ \varepsilon_{AB}&=-\varepsilon_{BA}\end{aligned}\right\}\tag{5.83}$$

然而，在实际计算中，由于数据采样、数据插值和拟合误差的影响，上述关系式只能近似满足，且 $Z_{BX}(t)$ 与 $Z_{AX}(t)$ 略有差异，因此取 $Z_{BX}(t)$ 与 $Z_{AX}(t)$ 的距离加权均值作为待求测深点处潮位值 $Z_X(t)$，即

$$Z_X(t)=\frac{Z_{AX}(t)\cdot R_{BX}+Z_{BX}(t)\cdot R_{AX}}{R_{AX}+R_{BX}}\tag{5.84}$$

以上为断面瞬时海面起伏形态的最小二乘曲线拟合内插潮位数学模型。

上述数学模型的关键是确定两验潮站 A、B 之间的潮差比 γ_{AB}（或 γ_{BA}）、潮时差 τ_{AB}（或 τ_{BA}）及基准面偏差 ε_{AB}（或 ε_{BA}）。

如图 5.26 所示，设 A、B 两站潮位曲线的离散采样序列为

$$Z_A(t_0+n\Delta t_0),\quad Z_B(t_0+n\Delta t_0)$$

式中，t_0 为初始时刻；Δt_0 为采样间隔，可取 $\Delta t_0=5$ 分钟、10 分钟、20 分钟、30 分钟、60 分钟；n 为采样点数，$n=0,1,\cdots,N$；N 为采样总个数。

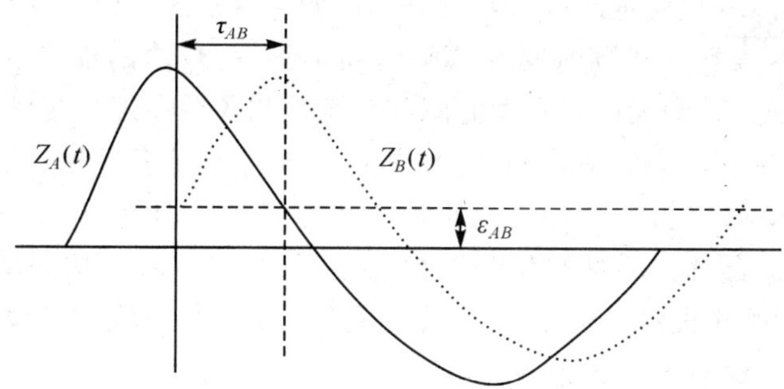

图 5.26　验潮站潮位比较拟合原理

建立两个验潮站潮位比较拟合误差方程为

$$v_n=\gamma_{AB}Z_A(t_0+n\Delta t_0+\tau_{AB})+\varepsilon_{AB}-Z_B(t_0+n\Delta t_0)\tag{5.85}$$

给定初值 γ_0、τ_0 和 ε_0，对式(5.85)进行线性化，并写成矩阵形式为

$$\mathbf{V}=\mathbf{AX}-\mathbf{L}\tag{5.86}$$

式中，$\boldsymbol{V}$ 为闭合差向量；$\boldsymbol{A}$ 为设计矩阵，其行元素为$[Z_A(t_0+n\Delta t_0+\tau_0)\ \ \gamma_0 Z'_A(t_0+n\Delta t_0+\tau_0)\ \ 1]$，$Z'_A(t_0+n\Delta t_0+\tau_0)$为 Z 对 τ 的导数；$\boldsymbol{X}=[\Delta\gamma\ \ \Delta\tau\ \ \Delta\varepsilon]^{\mathrm{T}}$ 为未知参数向量；$\boldsymbol{L}$ 为常数向量，其行元素为 $\gamma_0 Z_A(t_0+n\Delta t_0+\tau_0)+\varepsilon_0-Z_B(t_0+n\Delta t_0)$。

根据最小二乘原则$[\boldsymbol{V}^{\mathrm{T}}\boldsymbol{V}]=\min$，可得

$$\boldsymbol{X}=(\boldsymbol{A}^{\mathrm{T}}\boldsymbol{A})^{-1}\boldsymbol{A}^{\mathrm{T}}\boldsymbol{L} \tag{5.87}$$

进而得

$$\begin{bmatrix}\gamma_{AB}\\ \tau_{AB}\\ \varepsilon_{AB}\end{bmatrix}=\begin{bmatrix}\gamma_0\\ \tau_0\\ \varepsilon_0\end{bmatrix}+\begin{bmatrix}\Delta\gamma\\ \Delta\tau\\ \Delta\varepsilon\end{bmatrix} \tag{5.88}$$

实际计算中，需采用迭代法进行计算，初值取 $\gamma_0=1$、$\varepsilon_0=0$、$\tau_0=0$。在计算设计矩阵 $\boldsymbol{A}$ 时，需将离散数据连续化，采用函数插值技术，利用实测数据内插时间间隔不得大于 3 分钟的水位数据实现。当验潮站水位观测数据是基于各自验潮站的深度基准面时，$\varepsilon=0$。针对多个验潮站，测深点水位改正值的计算思路与时差法水位改正模型式(5.77)相同。

《海道测量规范》规定，实际应用时差法和最小二乘曲线拟合内插法进行水位改正求解时，应用函数插值技术(4 次多项式、2 次或 3 次样条函数)拟合验潮站实测水位时，拟合中误差不得大于 3 cm。在计算 2 个验潮站间的时差时，要求潮位的内插时间间隔不得大于 3 分钟，3 个验潮站之间潮时差的闭合差不得大于 6 分钟，以此作为数据质量控制的 1 个判断标准或依据。同步时间水位观测长度根据测区潮汐性质而定，但一般为 7～24 小时，且至少包含 1 个或几个极值为佳(如高潮或低潮)，同步时段小于 7 小时或大于 24 小时都会引入较大的代表性误差。该规定适合于大多数潮汐变化稳定测区，但有的海区(如河口地区、复杂海岸地区等)的潮时差并不稳定，主要表现在涨潮时间和落潮时间不等、一日内的涨潮和落潮时间不等(半日潮和不正规半日潮测区)、涨潮时间和落潮时间还存在逐日变化的现象等，其主要原因是该海区受到浅海潮波、海底与海岸地形、河水径流及气象等因素的影响。

另外，通过提取测船外业各测线的定位和时间信息，利用时差法和最小二乘曲线拟合内插法，综合各验潮站水位观测数据序列(基于各验潮站深度基准面数据)，可生成一条水位改正曲线(图 5.27)或改正文件，由后处理软件自动提取水位改正信息，完成测船测深点的水位改正。

总之，图解法的优点是它比较直观地反映出两个验潮站的水位变化过程，而且允许曲线形状相对于标准简谐振动曲线的形状有些变异，同时最大潮差(水位差)计算中纳入了深度基准面影响。但其较大的工作量和手工操作方式是不适于目前海道测量数据自动化处理的。时差法和最小二乘曲线拟合内插法实际上是水位分带方法的具体计算机编程实现的算法，在一定程度上是将传统方法软件化和模型化，非常适于目前海道测量数据自动化处理。上述方法都是目前海道测量中常用的水位改正方

法。具体应用时，在满足测量精度要求的前提下，可根据实际情况选用。

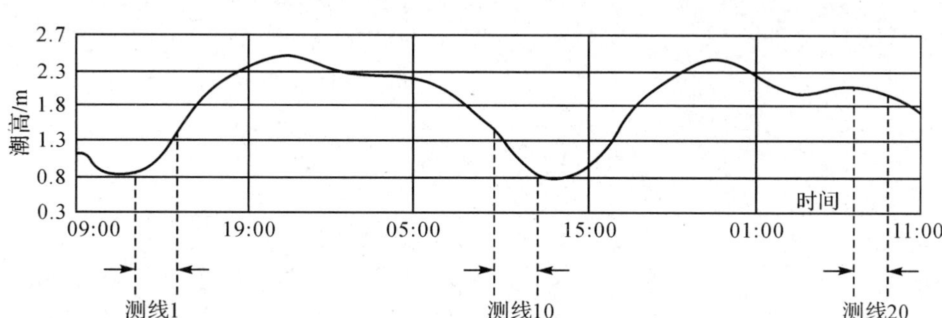

图5.27　测线与水位改正曲线

5.4.6　潮汐分区法

潮汐分区法在英、美、法等国家的海道测量中应用较为广泛，与我国的分带(或分区)原理类似，但也存在差异。该法分为离散潮汐分区法(discrete tide zoning method)和连续潮汐分区法(continuous tide zoning method)。离散潮汐分区法主要依据该测区的历史观测资料，计算该区的各点相对某一已知验潮站的潮时差和潮高差比值，再按一定的潮高差(或潮差比)和潮时差，将测量区域分成若干多边形区域。例如，美国《海道测量规范与提交》中采用的分区原则是将潮差变化0.06 m、潮时差变化0.3小时分为一个区；法国的分区原则是将潮差比变化0.05、潮时差变化10分钟分为一个区。测量过程中，根据已知验潮站的观测资料推算各子区中点的水位改正值，表示各子区某时刻的水位改正值，如第k区内任意点(x,y)在t时刻的水位改正数为

$$C_k(x,y,t)=f_k H(t+\Delta t_k) \tag{5.89}$$

式中，C_k为k区内任意点(x,y)在t时刻的水位改正数，f_k为测区验潮站水位与第k区水位的比例因子或潮差比，H为测区基准验潮站的观测水位，Δt_k为第k区与测区基准验潮站的时间延迟或潮时差。值得注意的是，当第k区与测区验潮站存在基准差ε时，式(5.89)还应加入基准差，即

$$C_k(x,y,t)=f_k H(t+\Delta t_k)+\varepsilon \tag{5.90}$$

如图5.28所示，如用i、j表示一个子区k，其中i对应等潮差线分区标号，j对应同潮时线分区标号，则式(5.90)为

$$C_{ij}(x,y,t)=f_i H(t+\Delta t_j)+\varepsilon \tag{5.91}$$

测区任一点的水位改正数求解的一般步骤如下：

(1)绘制基于某一已知验潮站的测区潮时差曲线和潮差比曲线，如图5.29、图5.30所示(Jong et al,2002)，是以A站为基准绘制的测区潮时差曲线和潮差比

曲线图。

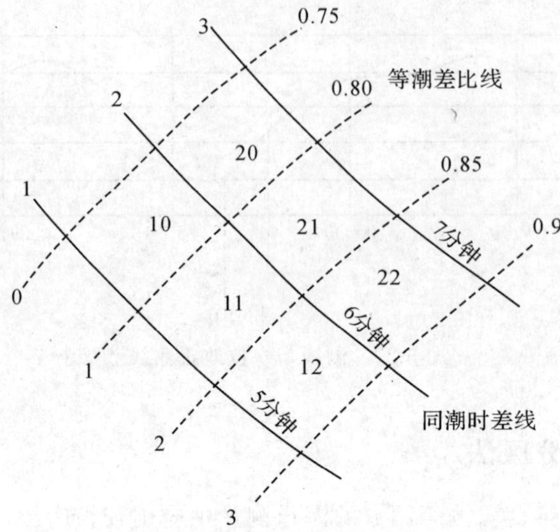

图 5.28 将测区分成若干子区

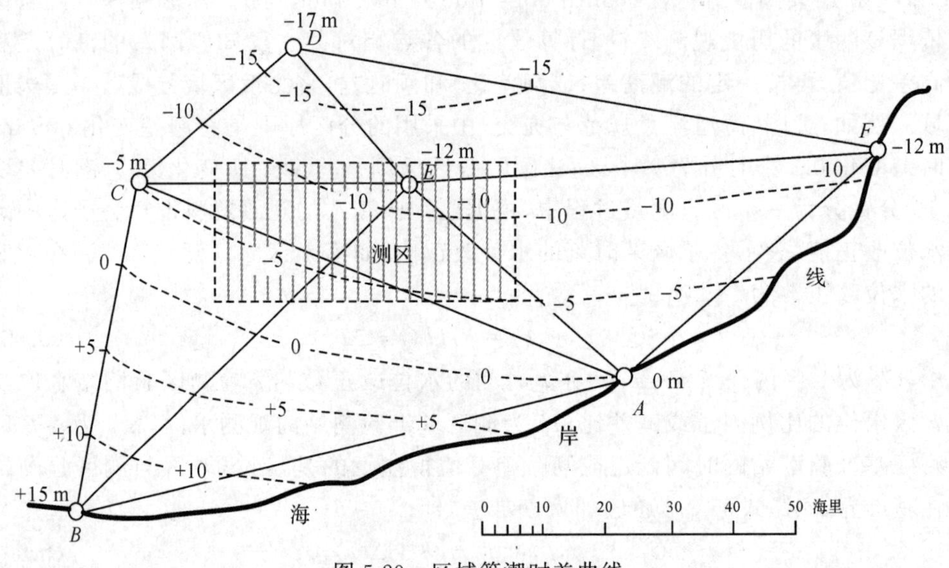

图 5.29 区域等潮时差曲线

(2)按一定潮时差和潮差比将测区分成若干子区,如图 5.28 所示。

(3)求解测深点与已知验潮站的潮时差 Δt。

(4)求已知验潮站潮汐曲线 $t+\Delta t$ 时刻的潮高。

(5)根据潮差比曲线获得测深点的潮差比 f_k。

(6)测深点 t 时刻的水位改正数为(4)和(5)的乘积。

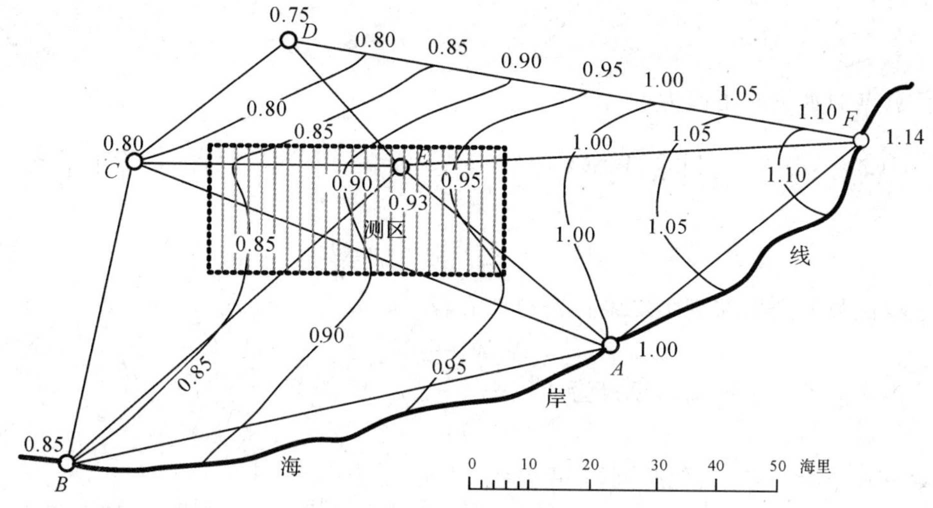

图 5.30　区域等潮差比曲线

离散潮汐分区法存在一些不足之处，其基于每一个分区水位与其临近验潮站之间的潮差比和潮时差存在常值固定关系，会在某些时间与海区的潮汐变化不一致，进而引入插值误差。

针对离散潮汐分区法的不足，赫斯(Hess)等在 1999 年提出了连续潮汐分区法(continuous tide zoning method)，后被美国国家海洋与大气局推荐使用。连续潮汐分区法是将水位分离为天文潮部分和非潮汐部分，并单独进行处理。该法首先对测区的各分潮振幅和相角进行空间内插并进行潮汐预报，然后将潮汐预报值加入非潮汐水位和基准差，此法又称为潮汐分潮与残差内插法(tidal constituent and residual interpolation，TCARI)，其数学模型可表示为

$$C=A+R+O \tag{5.92}$$

对任一验潮站，式(5.92)右边三项都可以通过观测资料计算，A(天文潮潮高)和 O(基准面差)通过潮汐资料计算求得，R(余水位)必须通过测量期间的验潮站潮汐水位观测数据求得。但在实际测量过程中，上述三项对离开验潮站一定距离的测点而言都是未知的，对此引入了加权距离求解的方法，其中 R 表示为

$$R(x,y)=\sum_{n=1}^{N_r}W_n^r(x,y)R_n \tag{5.93}$$

式中，W^r 为权函数，N_r 为测区所能利用的验潮站数。进行余水位观测，则水位改正值为

$$C(x,y,t)=\sum_{n=1}^{N_a}W_n^a(x,y)A_n+\sum_{n=1}^{N_r}W_n^r(x,y)R_n+\sum_{n=1}^{N_o}W_n^o(x,y)O_n \tag{5.94}$$

这里不是进行潮位和潮差的内插，而是采用分潮调和常数内插。若天文潮部分可以用分潮振幅 A_{ni} 和天文初相角 ϕ_{ni} 表示，即

$$A_n = \sum_{i=1}^{\max} A_{ni}\cos(\omega_i t - \phi_{ni}) \tag{5.95}$$

则任意点的水位改正值为

$$C(x,y,t) = \sum_{i=1}^{\max}\left[\left(\sum_{n=1}^{N_a} W_n^a(x,y)A_{ni}\right)\cos\left(\omega_i t - \left(\sum_{n=1}^{N_a} W_n^a(x,y)\phi_{ni}\right)\right)\right] + \sum_{n=1}^{N_r} W_n^r(x,y)R_n + \sum_{n=1}^{N_o} W_n^o(x,y)O_n \tag{5.96}$$

权函数的选取需满足二维拉普拉斯方程，即

$$\nabla^2 W_n = 0 \tag{5.97}$$

内边界条件在验潮站设置为

$$W_j = \delta_{jn} \tag{5.98}$$

在第 n 站，$W=1$，在其他验潮站，$W=0$。

为提高计算效率，实际测量过程中水位改正数的求取，一般在一定精度限差下进行分区处理，将测量区域分成若干近似正方形的格网和多边形格网(测区边缘或海岸附近)。每个区都内插出一条水位改正曲线，当测深点位于某个区时，则利用该区的水位改正曲线内插计算测量时刻的水位改正数。

5.4.7 差分法水位改正

随着各国对多种水位观测手段采集的大量水位观测数据的研究，多种不同海区的高精度潮汐模型被提出，为此多个国家引入了差分法水位改正，用于测区的海道测量水位改正。

1. 基于潮汐模型和验潮站数据支持的差分改正

在测区已有潮汐模型情况下，由潮汐模型预报各验潮站潮位，由验潮站实测水位与预报潮位求得余水位；对测区内任一测深点，空间内插其余水位和深度基准面，叠加该点潮位预报值和余水位空间内插值得到水位改正数。

2. 基于验潮站数据的差分改正

测区在没有可利用潮汐模型情况下，由验潮站同步观测水位分析得到的调和常数预报验潮站水位，与实测数据比较获得余水位。测区任一测深点的潮汐调和常数通过验潮站调和常数内插获得，由预报值、基准内插值和余水位内插值求得水位改正数。

5.4.8 其他水位改正方法

有关资料还推荐了其他的水位改正的方法：针对大于三个验潮站的测区，应用曲面拟合法求测区内任意点水位改正值；通过设立测区验潮站观测网的方法对测区的水位进行有效观测和控制，但原理基本是上述方法的扩充；设立实时潮汐信息发布系统，将已有的验潮站改造转化为实时发布验潮站信息台，不但有利于船只的航行，而且对其有效范围内实时海道测量也非常便利；针对当前实时高精度三维卫星定位技术（如GPS RTK技术），实时监测和发布海面的起伏信息以实现实时水位改正，此法已经在一些试验中获得很好的效果，目前存在的主要问题是区域测深基准的转换和确定问题、整周模糊度解算的稳定性和有效作用距离问题，相关技术有待进一步完善，但对实现真正的海道测量一体化快速测量和成果输出而言具有重大意义和广阔的应用前景。

另外，在开阔海域实施测量过程中，受沿岸验潮站控制范围的限制，往往无法对海上测量的整个测区实施水位控制，因此尽可能利用海上固定钻井平台设立验潮站或设立海底压力验潮仪，这是实施水位控制的有效方法。但有时鉴于海底压力验潮仪的高昂费用和低安全性，许多国家在实施海上测量时还采用预报潮汐进行水位改正。例如，《海道测量规范》中规定，当进行近海或远海水深测量时，需要在海上增设验潮站（海上定点验潮站），进行1次或3次24小时水位观测，求得调和常数后进行潮汐预报，提供近海或远海水深测量的水位改正值，进行预报的分潮为4个主要分潮 M_2、S_2、K_1 和 O_1 或11个主要分潮 M_2、N_2、S_2、K_2、K_1、O_1、P_1、Q_1、M_4、MS_4 和 M_6。再如，法国海道测量局（EPSHOM）在英吉利海峡采用23个分潮的潮位预报系统，可实时或近实时提供测区的水位改正值。预报法的主要问题是：测区气象原因造成的异常水位主要是基于沿岸验潮站获得的异常水位，这在某种意义上说可能是在计算测区水位改正值时因引入了测区与验潮站不同的异常水位而造成误差，并且潮汐的预报精度还取决于分潮个数和分潮调和常数的计算精度。建议采用此法实施近海水位改正时尽可能利用足够精度和数量的分潮调和常数，以及采用更有效的异常水位监测手段，以提高水位改正精度，如布设海底压力验潮仪、采用精确异常水位计算动力模型推算潮位等。

§5.5　海道测量中垂直基准与确定基本流程

5.5.1　海道测量垂直基准与一般确定步骤

1. 两个主要的海道测量水深基准面

海道测量中的测深数据与某一垂直基准相关联才具有实际意义，但根据不同的数据用途和测量目的，一个测区可能存在多种垂直基准，如潮汐基准、设计水位、平均高潮面、海图深度基准面等，这些基准一般都与测区的潮汐性质密切相关。无论选择哪个基准，一般情况下都尽量与某个高程水准点建立联系，即建立固定的高差关系。在实际测量过程中，对测量数据应明确注明所采用的基准，如船只净空一般采用平均大潮高潮位、法定的海图图载水深一般采用海图深度基准面等。这里特别说明海道测量中水深测量的两个重要基准：测深基准和海图深度基准面。

(1)测深基准。测深基准是水深测量时所采用的基准,该基准可作为归算水深值、标注外业图板的水深和描述潮汐的起算面。测深基准选取的一般惯例是:该基准面尽量接近最低潮面,并且一般要略低一些。该最低潮面是由引潮力引发的低潮面,而不是由异常气象条件下引发的低潮面(如台风或寒潮期间的低潮面)。外业测量期间,水位观测值也是基于该面的水位高或潮高;而进行水位改正时,扣除高于此基准的测深值部分(水面在测深基准之上,即 $h<0$),而加上低于此基准的测深值部分(水面在测深基准之下,即 $h>0$)。测深基准具有一定的任意性,可以是海图深度基准面,也可以是其他的深度基准面,如测量时可以采用理论最低潮面、驻港零点、设计低水位或其他基准等,如图 5.31 所示。但是在测量期间应保证测深基准与附近水准点的高差 H 是固定值或限差之内。

(2)海图深度基准面。海图深度基准面是最终用于海图出版所采用的深度基准面,以及《潮汐表》采用的潮高基准面,是一种理论的或多年数据统计的低潮面,其向下增加为正(又称为图载深度,图上表示为正值),向上为负,即"干出高度"(图 5.32)。此基准一般是国家法定的深度基准(如我国目前采用的理论最低潮面),在使用海图时将预报潮高或《潮汐表》潮高加上图载水深即得到实际概略水深。海图深度基准面的另一个特点是强制性和确定任意性,这主要表现在某些区域由于历史的或者其他的原因,确定的海图基准面并不是严格意义上当前的法定基准面,其精度和相对于当地潮汐性质存在一定差异,但仍一直沿用,这也可能出于资料延续性原因。只有海道测量管理机构有权进行强制改变,否则在未改变海图基准之前用于海图出版的数据必须基于已有的海图基准面。例如,当前秦皇岛港的海图深度基准面,由于当时确定基准面采用的水位观测长度太短,确定的深度基准面较《海道测量规范》计算得到的深度基准面要高,因而造成一年中约 30%左右的低潮低于此基准面,该值远大于《海道测量规范》中 5%的要求,但现在仍在使用。当然,一些工程用图可根据实际需要采用适当的水深和地形基准面。

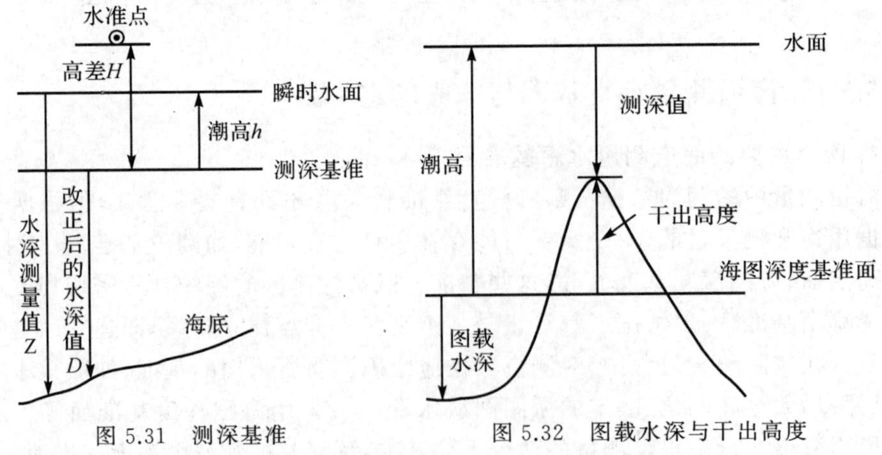

图 5.31 测深基准

图 5.32 图载水深与干出高度

由此可见，测深基准和海图深度基准面是不同的，后者较前者更具强制性，前者更为随意。但建议在进行外业测量时测深基准与当地海图深度基准面尽可能一致，这样可以将改正后测深值直接转化为图载水深。另外，海图深度基准面主要是基于航行安全需要而设定的基准面，其水深表示为较浅的可利用水深；而在海洋科学研究及海岸工程中，有时采用当地平均海面或国家高程基准为深度基准，所描述海底与海岸地形之间是无缝连接，便于陆海整体设计与施工。在实际测量过程中，应根据实际需求和项目要求选择适合的基准。

以出版航海图为目的的海道测量选择基准时应注意以下几点：

(1)尽可能选择当地海图深度基准面作为测深基准。

(2)若确定海图深度基准面需较长时间的水位观测，那么应先设定某一测深基准，并确定其与陆地水准点的固定高差关系，待海图深度基准面确定后，重新将测量水深归算到海图深度基准面上。

(3)所选择的基准使得海面很少在低潮时低于此面，但也不能选择得太低。目前我国采用的理论最低潮面是保证 95%的低潮面高于此基准的原则。

海图上的各要素所采用的垂直基准面存在差异，《海道测量规范》规定，沿岸地形、地物、明礁高度以国家高程基准面向上起算，海底及各种水下障碍物的深度以当地深度基准面向下起算，干出滩(礁)的高度以当地海图深度基准面向上起算，固定航标灯(塔)以平均大潮高潮面向上起算。另外，海道测量和航海中一些常用术语的相互关系如图 5.33 所示。

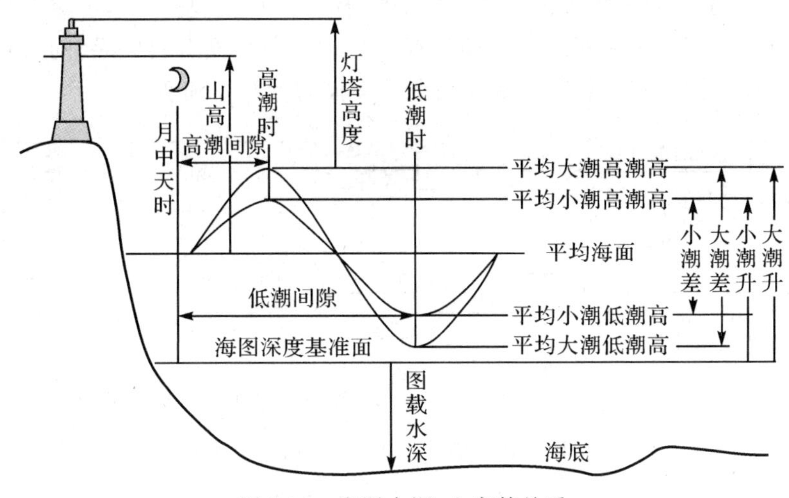

图 5.33 海图水深、山高等关系

2. 测区垂直基准确定的一般流程

在实施海道测量过程中，垂直基准确定是一项非常重要而复杂的工作，融合了水准测量、工程设站、水位观测、基准传递、潮汐分析与特征值计算等多项工作。在进场测量前，测量工程师首先需要考虑三个问题：测区内有无多年平均海面和深度基准面？若测区存在某些基准面，是否能直接利用，或是否满足基准面传递条件？若无可以利用的基准面，该如何建立测区的垂直基准？下面将对后两个问题进行说明。

(1)若测区存在某些基准面，是否能直接利用，或是否满足基准面传递条件？如果测区内或附近存在长期验潮站，则根据同步观测资料确定测区的潮汐性质、验潮站的有效范围，判断是否需要设立临时验潮站和短期验潮站，判断基准面的传递可能性等。一般情况下，利用传递可以满足对整个测区的垂直控制。同样，对测区临近的长期验潮站，一般进行同步观测判断传递基准面的可能性，以建立测区垂直控制。

(2)若无可以利用的基准面该，如何建立测区的垂直基准？如果测区内和附近没有长期验潮站，或者有长期验潮站但不满足传递条件——这种情况在许多野外测量中经常遇到，那么建立测区垂直控制的方法是：设立临时验潮站，选取某一基准作为潮高基准面或验潮站零点，并将其与工作水准点和主要水准点进行联测；确定水位观测仪器的读数零点与验潮站零点的高差关系，并将此关系作为以后检查的依据；设立验潮站后，验潮站按《海道测量规范》要求的时间长度进行连续的水位观测；待水位观测数据长度满足垂直基准要求，再进行潮汐分析，求得分潮的调和常数，然后利用相关公式求得平均海面和深度基准面。当然，此时的水位观测资料是基于假设的统一验潮零点的资料，待求得验潮站的垂直基准后，再重新确定其与国家高程基准的联系，从而便于长期保存资料和统一数据资料成果，同时对水深重新进行归算。图 5.34 给出建立测区垂直基准控制的基本流程。

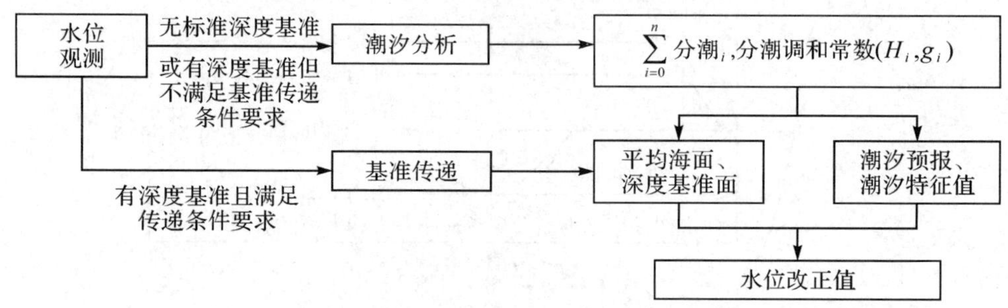

图 5.34　建立测区垂直基准面的基本流程

5.5.2　内陆水域测量中深度基准面的选取与确定

1. 内陆水域深度基准面的确定原则

因内陆水域的范围及影响水位因素的独特性，对其进行水深等测量有别于对广阔海洋的测量。对特别大的内陆水域(如美洲五大湖水域)和通海河口及河口部分下游河段(如我国的长江),其同样受到潮汐的影响;该部分水域的基准仍采用上面的深度基准面计算和传递方法确定。而大部分内陆水域主要受到降雨、蒸发、渗透、灌溉与饮用水汲取等因素影响,总体上呈季节性长周期缓慢变化;有的水域受到潮汐的影响较弱,且大多被其他因素的影响淹没。本书称该区域为无潮水域或非感潮水域。无潮水域的水深测量成果的基准面选取具有很大的灵活性,一般应根据实际工程或其他需求选择适当的深度基准面。

确定可通航内河的深度基准面时,对保证通航条件要求的程度和自然条件的允许程度加以衡量,还应考虑六个方面的因素:①年内通航的平均历时;②相应年内通航保证率的保证通行历时,通航保证率取决于水深和吨位,表 5.8 给出了我国内河航道各等级通航保证率;③高水断航历时的平均值;④相应于高水断航设计频率的许可断航时;⑤低水断航历时的平均值;⑥相应低水断航设计频率的许可断航时。

采用枯水位为深度航行基准面(即利用通航水位保证率计算航行基准面)时,不考虑风、雾、船闸故障等影响而造成的不通航。水位保证率为每年等于或大于设计最低通航水位的天数与全年总天数的百分比,如表 5.8 所示。

表 5.8　内河航道通航保证率

航道等级	通航吨位/t	最小水深/m	保证率/(%)
Ⅰ	3 000	3.5～4.0	98～99
Ⅱ	2 000	2.6～3.8	98～99
Ⅲ	1 000	2.0～2.4	95～98
Ⅳ	500	1.6～1.9	95～98
Ⅴ	300	1.3～1.6	90～95
Ⅵ	100	1.0～1.2	90～95
Ⅶ	50	0.7～1.0	90～95

2. 内陆水域深度基准面的选取

一般情况下,内陆水域深度基准面的选取应遵循如下规定:

(1)对感潮河口与河段、潮汐特征明显的广阔水域测量,我国采用理论最低潮面。

(2)对内河航道无潮水域测量,应采用航行基准面。

(3)对内河航道整治、维护性测量,可采用特征水位。

(4)对内河人工河渠、河工模型试验和修建通航建筑物的测量,可采用特定的基准面。

(5)当采用其他基准面时,应尽量注明其与理论最低潮面或航行基准面或国家高程基准面之间的关系值(即高差)。

(6)内陆湖泊和其他水域开发时,为便于与陆地地形的拼接、施工和设计,可采用国家高程基准，但在成果图上应标注测量期间的水边线等（如用蓝色虚线表示水边线，并注记水位高程和测深日期）。

水位高程即河面的高程，是通过水位站的水位观测或水位联测求得。水道地形图是用测点的高程和等高线表征水下地形的。例如，图上某点的高程为 8 m，水文部门电台定时发布的该段水位高程为 10 m，则该天该段的实际深度为 2 m。

3. 内陆水域水位站分类与站址设置要求

内陆水域测量一般也通过设立验潮水尺或其他水位观测手段进行水位观测，其观测水位的地点通常称为水位站。内陆水域水位站分为基本水位站、基本水尺或临时站。基本水位站主要用于连续长期水位观测，连续观测水位在 20 年以上，其水位资料可以推算包括洪、中、枯水典型年的日平均水位数据，为研究内陆水域的长期变化、工程建设和水深测量提供基础信息；基本水尺主要为基本水位站的补充，沿河按 5～10 km 间隔设置，一般进行较长时间水位观测，但观测时间可以不连续，在枯水期或接近航行基准面时应进行观测，可作为临时航行基准面推算用；临时站仅在测量期间临时设立，主要作用是对水位的实时观测，为水深测量提供基准。内陆水域水位站的布设应满足：①能充分反映测区的水位变化；②无沙洲、浅滩阻隔，无壅水、回流现象；③不直接受风浪、急流冲击影响，不易被船只碰撞；④能牢固设置水尺或自记水位计，便于水位观测和水准测量；⑤对河口、港湾及狭窄航道、分汊水道等水位变化复杂地区，应在测量前设立水位站观测水位；⑥对非感潮河段还应根据河段两岸、河心与两岸、上下游的同步水位观测的差值和不同的需要合理布设横纵比降水尺或比降点。

内陆水位站的水位观测手段与沿海验潮站的观测手段相同，如自记水位仪、水尺、声学水位计等。水位观测手段的使用、设站要求和检测也与其相同，如基准联测、测量期间基准的定期检查和仪器检核等。

4. 内陆非感潮内河基本水位站航行基准面确定方法

感潮水域的水位站深度基准面一般采用理论最低潮面，其确定方法与相应沿海验潮站深度基准面确定方法相同，这里不再赘述，可参阅上述各节内容。

非感潮内河基本水位站航行基准面的确定应根据连续 20 年以上并包括洪、中、枯水典型年的日平均水位资料，采用综合历时曲线法或保证率频率法计算。

1）历时曲线法

历时曲线法按资料统计的详细程度又分为平均历时曲线法和综合历时曲线法。

平均历时曲线法的基本步骤为：

（1）将基本水位站连续 20 年以上的日平均水位资料，根据其最高水位和最低水位，按 5～20 cm 差异水平分成若干级。

（2）根据不同的级，逐年统计每年内各水位出现的天数。

(3)将各级水位多年出现的总天数除以统计年总天数,得到各级水位相应的多年平均保证率。

(4)以水位为纵坐标、保证率为横坐标,绘制多年平均水位保证率曲线。

(5)设计最低航行水位保证率,查出其相应水位,求得基本水位站的航行基准面水位。

综合历时曲线法的计算与平均历时曲线法相同,仅在统计日平均水位时不对其进行分级,按照日平均水位大小次序排列即可。

2)保证率频率法

保证率频率法的基本步骤如下:

(1)收集水位站历年水位资料,根据不同航道等级设计最低水位通航保证率,选取各自相应水位,按递增次序排列。

(2)计算经验频率 p,即

$$p=\frac{m}{n+1}\times 100\% \tag{5.99}$$

式中,m 为水位顺序号,n 为观测年数。

(3)以水位 H 为纵坐标、经验频率 p 为横坐标,在概率纸(一种频率—水位高—重现期刻度纸)之上绘制经验频率曲线。

(4)根据航道等级选定的保证率和重现期,在曲线图上查找相应水位,即为航行基准面水位。

5. 内河基本水尺和临时站航行基准面确定方法

在河段内确定基本水位站的航行基准面后,推求内河基本水尺的航行基准面,再由内河基本水尺的航行基准面推求临时水尺(站)的航行基准面。内河基本水尺的航行基准面在枯水期或接近航行基准面时,与基本水位站进行同步水位观测,采用水位相关法求得;当上、下游附近都有基本水位站时,可采用水位复式相关法求得;临时水尺航行基准面应采用瞬时水位法求得,瞬时水位应在接近航行基准面且水位比较稳定时,与上、下游基本水位站或基本水尺同步观测。

1)水位相关法

水位相关法的基本原理是:取基本水位站接近航行基准面时水位记录及上(下)游站同期水位记录,绘制各相邻站的水位相关曲线。在水位相关曲线上即可找出所求站的航行基准面。

2)水位复式相关法

水位复式相关法是收集全线基本水位站水位资料,按同一保证率和统一计算方法计算各站航行基准面高,依比例绘制全线航行基准面图。基本水尺或临时水尺可根据距离比例从图上直接量取航行基准面或利用插值公式计算,即

$$W=W_{\mathrm{U}}-\left(\frac{W_{\mathrm{U}}-W_{\mathrm{D}}}{L}\right)l_1 \quad \text{或} \quad W=W_{\mathrm{D}}+\left(\frac{W_{\mathrm{U}}-W_{\mathrm{D}}}{L}\right)l_2 \tag{5.100}$$

式中，W 为待求水位站的航行基准面高，W_U 为上游站的航行基准面高，W_D 为下游站的航行基准面高，l_1 为待求站与上游站之间距离（以河道里程计算），l_2 为待求站与下游站之间距离（以河道里程计算），L 为上游站与下游站之间距离（以河道里程计算）。

3）瞬时水位法

瞬时水位法是水位接近航行基准面时，采用同步观测水位数据进行航行基准面确定的方法。其基本步骤如下：

(1)选择基本水位站的水位接近航行基准面的日期，水位平稳，同步观测时间长度为 3～5 天。

(2)水尺密度视河段的平缓和滩险情况而定，以能控制河流的纵、横向比降为原则，一般情况水尺间距为 1.5～2.0 km；在急滩区段，增加水尺数量，水尺间距为 0.3～0.5 km，需适当设立滩上、滩下水尺，以及横向水尺，控制水面横向比降。

(3)一般情况下一天内早、中、晚同步观测三次，水情变化大时应增加同步观测次数。

(4)根据观测得到的水位分别求取各站（点）平均同步水位高 Z 和基本水位站同步水位至其航行基准面差值 ΔZ。若待求水位站与一个基本水位站同步观测，则临时站航行基准面为

$$W = Z - \Delta Z \tag{5.101}$$

式中，W 为待求水位站的航行基准面高。若与两个基本站同步观测，则利用内插法求取待求水位站航行基准面，如图 5.35 所示，计算公式为

$$\Delta Z_x = \Delta Z_U - \frac{\Delta Z_U - \Delta Z_D}{Z_U - Z_D}(Z_U - Z_x) \tag{5.102}$$

式中，ΔZ_x 为待求水位站至其航行基准面差值，ΔZ_U 为上游水位站至其航行基准面差值，ΔZ_D 为下游水位站至其航行基准面差值，Z_U 为上游水位站基于同一基准面的瞬时水位高，Z_D 为下游水位站基于同一基准面的瞬时水位高，Z_x 为待求水位站基于同一基准面的瞬时水位高。

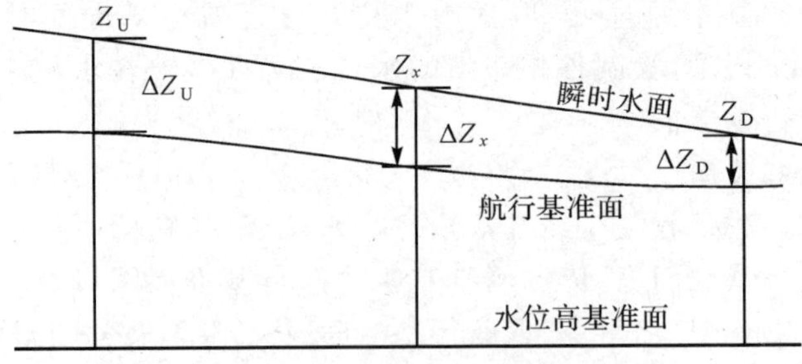

图 5.35 瞬时水面与航行基准面

通过计算各待求水位站的航行基准面，可以绘制测区内航行基准面曲线图。

6. 内河水面纵、横比降计算公式

内陆水域特别是内河宽阔水域，受到水流、河岸、内河沙洲和岛屿及水下地形的影响，内河两岸或河中与两岸之间的水位存在水位差，即存在纵、横比降，在实施水深测量时应进行纵、横比降测定。测定纵、横比降时，应设立纵、横比降尺或水面比降器，按 5 分钟间隔同步观测 0.5 小时或按 20 分钟间隔同步观测 1 小时，以算术平均值作为瞬时比降水位。具体实施参见相关手册，纵、横比降计算公式分别为

$$I_s=(G_U-G_D)/L \tag{5.103}$$

$$I_b=(G_L-G_R)/B \tag{5.104}$$

式中，I_s、I_b 分别为纵、横比降(‰)，G_U、G_D 分别为上、下游水尺的水位(m)，G_L、G_R 分别为左、右岸水尺的水位(m)，L 为上、下游水尺间距(m)，B 为左、右岸水尺间距(m)。

将各站点的比降点、高程、平面控制点、岸线、水面等高线等绘制成图，如图 5.36 所示。

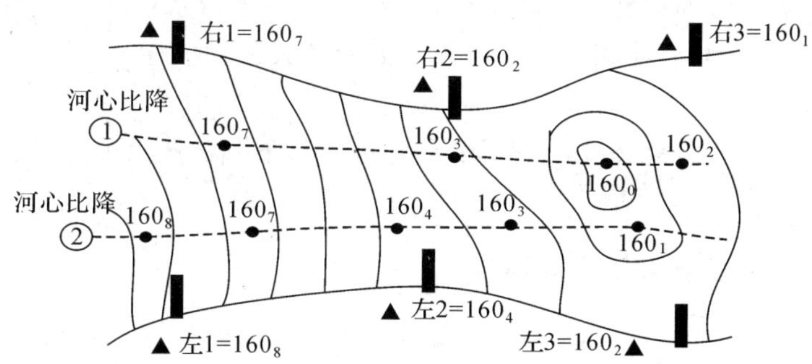

图 5.36　某河段比降等示意

第6章　潮汐资料应用

潮汐现象与人类活动密切相关，很早就引起沿海国家的重视并加以利用。特别是随着当今人类开发和利用海洋的步伐加快，潮汐现象规律的研究和利用已经在国防建设、海洋资源开发、可持续能源开发、航运和海岸工程建设等方面起到非常重要的作用。

对潮汐现象规律的研究是基于对过去潮汐资料的分析和归纳，而这种分析和归纳的目的是对将来可能发生潮汐现象的推估，为国防、海洋资源开发、可持续能源开发、航运和海岸工程建设等方面的需要提供较准确而详细的信息。例如，对高潮和低潮的潮时和潮高预报，可用于舰船的安全航行而避免搁浅和触礁，可以确定军事登陆作战的最佳时间，可以提高捕鱼产量等。对海道测量而言，可以确定海图深度基准面、平均海面等特征面及测区潮汐预报，并进行水位改正。总之，对潮汐资料的有效利用是与海洋相关的工作顺利开展的关键。

§6.1　中国《潮汐表》的使用

6.1.1　《潮汐表》的出版情况

我国出版发行的年度《潮汐表》是由海军参谋部航海保证局和国家海洋局海洋信息中心分别编制的。每年出版一次，下年度《潮汐表》均在本年度提前编制发行。

国家海洋局版《潮汐表》共六册，第一、二、三册覆盖中国沿岸，第四、五、六册覆盖世界大洋区域。各册范围划分如下：第一册，中国黄海和渤海沿岸主副港，从鸭绿江口至长江口；第二册，中国东海沿岸主副港，从长江口至台湾；第三册，中国南海沿岸主副港及诸群岛，包括广东、广西和南海诸岛；第四册，太平洋及邻近海域；第五册，印度洋沿岸(含地中海)及欧洲水域；第六册，大西洋沿岸及非洲东海岸。

海军参谋部航海保证局版《潮汐表》将各港按地理位置自北而南分成四个分册，各册范围划分如下：第一册，黄、渤海海区；第二册，东海海区；第三册，南海海区；第四册，太平洋北西部。

6.1.2　《潮汐表》的主要内容

(1)潮汐预报表。该表刊载了我国沿海各主要港口的每日高、低潮的潮时与潮高，以及部分主要港口(如大连、青岛、上海、厦门、高雄、永兴岛等)的每时潮高。

(2)潮流预报表。该表刊载了部分海峡、港湾、航道及渔场的潮流预报。

(3)差比数和潮信表。该表主要用于以其他港口(副港)和主港差比数推算副港潮汐,以及利用潮信资料推算潮汐。

另外,还刊有部分港口潮高订正值表、格林尼治月中天时刻表、东经 120°月中天时刻表、月赤纬(世界时 0 时)和梯形图卡,有的《潮汐表》上还直接有月相栏,其符号“●、☽、○、☾、S、N、E”分别表示月球的朔、上弦、望、下弦、赤纬最南、赤纬最北和赤纬最小(即在赤道上)。

6.1.3 《潮汐表》的编制情况

《潮汐表》是根据沿岸各验潮站几年(根据获得的潮汐资料的不同,分别选取 1 年、2 年、5 年甚至更长)的潮汐资料对下一年潮汐的潮高和潮时进行预报的结果。一般对获得的主要验潮站的长期潮汐资料进行潮汐分析,利用调和法对各主要港口进行下一年的潮汐预报,将成果编制成《潮汐表》。为提高预报精度,分潮的选取个数越来越多。例如,我国编制的《潮汐表》先后采用了 11 个主要分潮、60 多个分潮、167 个分潮及 360 个分潮进行潮汐预报,有效地提高了预报精度。国外主要港口的《潮汐表》主要根据收集到的水位观测资料编辑出版,其预报精度可能稍差一些,但仍可作为航行保证使用,也可作为海道测量的参考。

6.1.4 《潮汐表》使用注意事项

(1)各港所列时间均以各自所在地区的标准时为准。其中,中国沿海各港站采用北京标准时,即东 8 时区,其他地区为当地使用的标准时(时区时)。

(2)表中所列潮高和潮时为预报值,与实际值之间有差异,一般潮时差在 20~30 分钟以内,潮高之差在 30 cm 以内,都属正常。

(3)潮高基准面一般与海图深度基准面相同,单位为厘米。实际水深为海图上刊出的水深与该时的潮高值之和,即实际水深=海图水深+该时刻潮高。如图 6.1 所示,当潮高基准面与海图深度基准面不一致时(当表内所注潮高基准面在海图深度基准面以上或以下时),实际水深为

$$H_i = D + h_i + \Delta h \tag{6.1}$$

式中,H_i 为某地 i 时刻实际水深,D 为某地海图水深,h_i 为某地 i 时刻潮高,Δh 为某地潮高基准面与海图深度基准面高差。

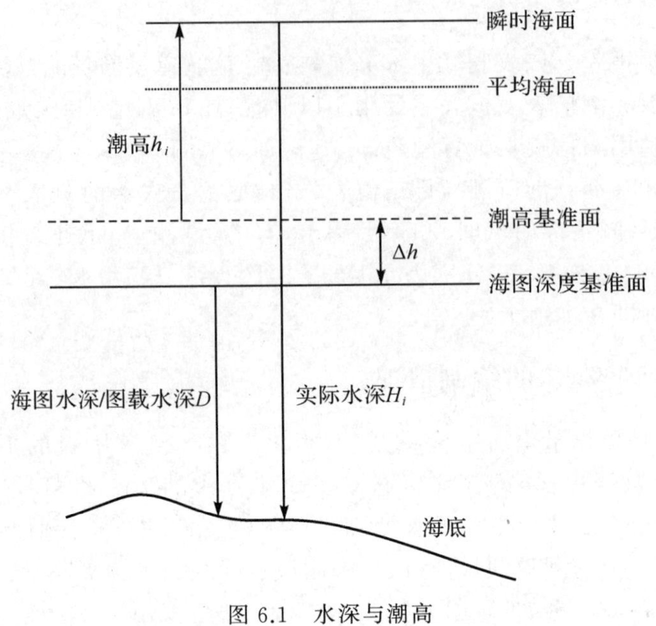

图 6.1 水深与潮高

(4)《潮汐表》中的潮汐值只反映了正常的潮汐变化状况，使用时应注意潮汐预报值是在一定精度下的当地潮高和潮时，并未完全反映潮汐变化。究其原因是《潮汐表》中的潮汐值没有包含气象等其他随机因素而引起的差异，而有时这些因素会造成较大差异。主要包括以下几方面：

——寒潮、风暴等强风及气压的急剧变化引起的水位的特殊变化，会使实际潮位和潮时与预报的差异很大。例如，在冬季寒潮作用下的渤海湾会出现“减水”现象，使实际水位低于预报水位；而莱州湾会出现“增水”现象，使实际水位高于预报水位；夏秋季的风暴会造成闽、浙、粤等沿海的“增水”现象，使实际水位高于预报水位。在下文将阐述其产生原因。理论上证明当气压增加 1 hPa 时，海面下凹约 1 cm，反之，海面上升。

——在江河口的预报点，汛期洪水的下泄会造成实际水位高出预报水位，如鸭绿江口、长江口、珠江口等，属季节性变化。

——南海的日潮混合港的预报潮时也会因平潮和停潮的时间太长而与预报有差异，但对潮高的预报值影响不大。

(5)潮流预报分为两种情况：一是往复流地点的逐日转流时间、最大潮流时刻及流速，二是发生转流地点的潮流回转一周的两个极大值和两个极小值及其对应时刻。值得注意的是，《潮汐表》和潮流表推算的时刻、潮高、流速都属于天文潮汐和潮流，在预报值中不包括由气象及其他随机因素引起的误差。针对特殊的外部环境条件应加以修正，如大风、强降雨等天气状况下，会与实际值产生很大差异，使用时应注意。

(6)《潮汐表》中的季节改正数。由于海面受到天文、气候、地球自转和海洋条件等因素的影响，故平均海面存在日变化、月变化、季节变化、年变化及多年（长周期）变化。在进行潮汐预报时，必须对平均海面加以订正，进而提高预报精度，即在潮汐预报时加入平均海面的季节变化——季节改正数。季节改正数的确定方法：一般用一个长周期（18.61 年）约 19 年的潮汐资料，求每年同一月份的月平均海面的平均值与该长期验潮站多年平均海面之差，作为该月份的季节改正数。在《潮汐表》附表中可以查阅到一些主要港口的季节改正数，呈现有规律的变化。如果季节改正数变化较大，就必须从《潮汐表》（附表）中查得某月临近月份的季节改正数后，用内插法确定预报日期（某月某日）的改正数；也可以在厘米方格纸上绘制曲线，从曲线上直接内插求得预报日期（某月某日）的改正数，如图 6.2 所示。

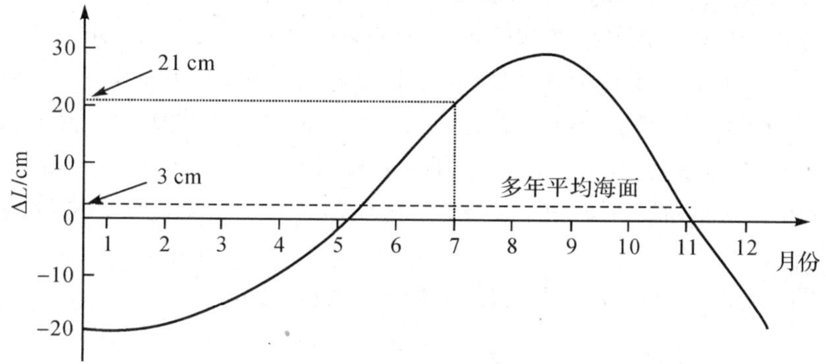

图 6.2　内插季节改正数示意

对于临时、定点验潮站而言，平均海面的订正值可采用与其临近的短期或长期沿岸验潮站的订正值来代替。这时的订正值 ΔL 等于测深期间短期或长期验潮站的日平均海面与多年平均海面之差。之所以能“代替”，是因为相邻验潮站的日平均海面、月平均海面及年平均海面具有一定的相关性，而且一般约定只有潮汐曲线的相关系数大于或等于 0.85 的验潮站（由同步观测数据计算求得）才能“代替”。

(7)对海道测量而言，在进行沿岸水深测量时，可用沿岸验潮站进行水位控制；当进行近海或远海水深测量时，仅用沿岸验潮站进行水位控制，无法保证水位改正的精度。因而，需要在海上增设验潮站（海上定点验潮站），至少进行 1 次或 3 次 24 小时水位观测，求得调和常数后进行潮汐预报，就能提供近海或远海水深测量的水位改正值。进行预报的分潮个数，有时选取 4 个主要分潮 M_2、S_2、K_1、O_1，有时选取 13 个主要分潮 M_2、N_2、S_2、K_2、K_1、O_1、P_1、Q_1、M_4、MS_4、M_6、S_a、S_{sa} 等。随着压力传感器技术和高精度卫星定位技术的发展，许多测量中已采用利用 GNSS 浮标或海底压力验潮仪的观测数据订正测区潮汐模型的方法来获取测区水位改正值,并取得较好的应用效果,也是远海或远离海岸(岛)验潮站进行水位改正较准确的方法。

6.1.5 主副港潮高、潮时推算

1. 主港 M 的高、低潮时推算

主港的高、低潮时和潮高都在《潮汐表》中列出,有的港口还给出逐时潮高,因此主港的潮时和潮高很容易从《潮汐表》中获得。

2. 副港 S 的高、低潮时推算

(1)当主、副港季节改正数大时,一般采用如下公式

$$\left.\begin{aligned} t_S &= t_M + \delta_{MS} \\ h_S &= \gamma_{SM}(h_M - MSL_M - C_M) + MSL_S + C_S \end{aligned}\right\} \tag{6.2}$$

式中,t_M 为主港高(低)潮时;t_S 为副港高(低)潮时;h_M 为主港高(低)潮高;h_S 为副港高(低)潮高;C_M 为主港季节改正数;C_S 为副港季节改正数;MSL_M 为主港平均海面;MSL_S 为副港平均海面高;γ_{SM} 为主副港潮差比,对半日潮港,潮差比为副港的平均潮差与主港的平均潮差之比,对日潮港,潮差比为副港回归潮的大潮潮差与主港回归潮的大潮潮差之比;δ_{MS} 为主副港高(低)潮时差,正号(+)表示副港高(低)潮时比主港高(低)潮时晚,负号(-)表示副港高(低)潮时比主港高(低)潮时早。

(2)当主副港季节改正数不大时,一般采用如下公式

$$\left.\begin{aligned} t_S &= t_M + \delta_{MS} \\ h_S &= \gamma_{SM} h_M + C_S \end{aligned}\right\} \tag{6.3}$$

式(6.3)一般适用于潮差比表中刊有常数项 C_S 的港口,且平均海面季节改正数绝对值小于 5 cm 的月份。

例如,求副港三亚港 1988 年 2 月 1 日高、低潮潮高。先从《潮汐表》(1988)第三分册查得榆林港 1988 年 2 月 1 日高、低潮高为 162 cm 和 15 cm;再从《潮汐表》(附表)第 84 页和 85 页查得潮差比和常数项分别为 1.10 和 -9,而平均海面季节改正数为 -4 cm,其绝对值小于 5 cm。于是,三亚港 1988 年 2 月 1 日高、低潮时的潮高为

$$高潮高 = 162 \times 1.10 + (-9) = 169.2(\text{cm})$$

$$低潮高 = 15 \times 1.10 + (-9) = 7.5(\text{cm})$$

3. 任意时潮高的计算

1)解析法

一个潮汐周期中,潮汐的涨落速度是变化的。在高、低潮的附近,潮汐涨落速度很小;而在高、低潮中间时刻,涨落速度最快。一般近似将潮汐变化曲线看作余弦曲线,如图 6.3 所示,纵坐标表示潮高,横坐标表示时间,同时代表潮高基准面。

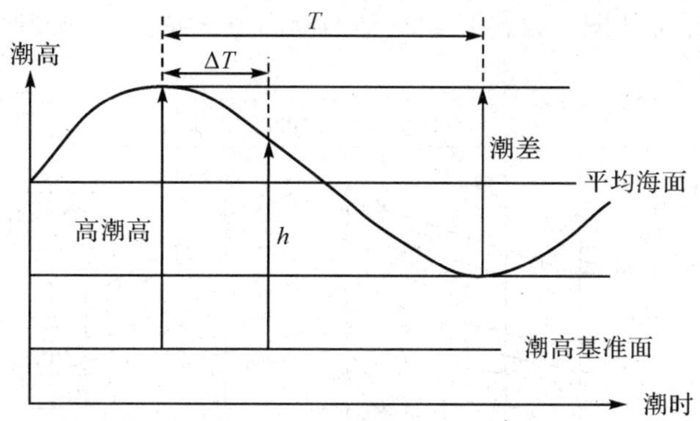

图 6.3　任意时刻潮高示意

设 T 为涨潮时间（或落潮时间）、ΔT 为高潮时到所求任意时刻的时间间隔，则求高潮后任意时刻的潮高为

$$h=h_{\mathrm{h}}-\frac{1}{2}R\left(1-\cos\left(\frac{\Delta T}{T}\times180^{\circ}\right)\right) \tag{6.4}$$

式中，h_{h} 为高潮高，R 为潮差。

同理可得，任意高潮后任意潮高 $h(t)$ 发生的时刻 t 为

$$t=t_{\mathrm{h}}\pm\frac{T}{180^{\circ}}\cos^{-1}\left(1-2\,\frac{h_{\mathrm{h}}-h(t)}{R}\right) \tag{6.5}$$

式中，h_{h} 为高潮高，R 为潮差，t_{h} 为高潮时。

2）图解法（等腰梯形图卡法）

利用上述简谐运动的规律，我国的龚天德设计了一种查算图，常称为“等腰梯形图卡”，从《潮汐表》中查得某日两相邻高、低潮的潮时和潮高，可以用“图卡”推算任意时刻的潮高，如图 6.4 所示。

“图卡”由主图、潮时尺、潮高尺三部分组成，三者缺一不可。

（1）主图：由左、右两个等腰梯形构成。左图指示潮时，右图指示潮高。

（2）潮时尺：分左、右两种读数，即落潮时尺和涨潮时尺。涨潮时用图中右边读数，落潮时将时尺转 180°用图中左边读数。尺的两头可以相接，使时间连续，以便查阅跨日的潮汐。

（3）潮高尺：分上、下两种刻度。上段刻度自 −1～8 m，适用于一般潮高；下段刻度自 −1～12 m，适用于潮高大于 8 m 或小于 1 m 者（小于 1 m 时，可将潮高扩大 10 倍，查后再缩小 10 倍）。

由某港的高（低）潮时及其对应潮高就可以从图上直接读出各个时刻对应的潮高及各个潮高对应的时刻。使用时，将潮时尺在左半图沿水平向移动，使尺上等于高潮时和低潮时的刻度分别对准左半图的上、下部边缘斜线；同样，将潮高尺在右半图沿水平向移动，使尺上等于对应高潮时和低潮时的潮高分别对准右半图的上、

下部边缘斜线,即可从图上读出任意时刻的潮高或任意潮高的潮时。

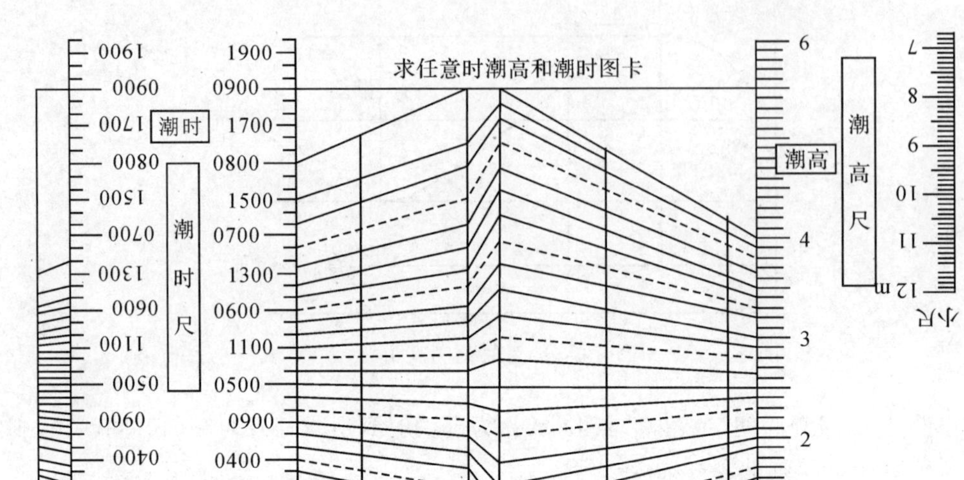

图 6.4　等腰梯形图卡

例如,已知某港某日低潮时为 0200,低潮高为 1.0 m,高潮时为 0800,高潮高为 4.0 m,求整点小时的潮高及每隔 0.5 m 潮高的潮时。

如图 6.4 所示,应使涨潮时尺向上并且使右边读数 0800 和 0200 分别与主图左侧上、下两斜边相接,使潮高尺读数为 4.0 m 和 1.0 m,分别与主图右侧上、下两斜边相接(潮时尺、潮高尺均应与主图的虚线平行放置)。然后通过主图中的放射线即可求得:0300 的潮高为 1.2 m,潮高为 1.5 m 的潮时是 0340;0400 的潮高为 1.7 m,潮高为 2.0 m 的潮时是 0420;0500 的潮高为 2.5 m。

一般情况下,在船上都配备计算机,故编程非常容易实现,计算速度快,所以解析法应用较为广泛。

4. 半日潮的概略算法

1)潮时推算

在半日潮海区,可用“八分算潮法”推算潮时。该法是根据月球每天的中天时刻平均推迟约 0.8 小时(50 分钟),再结合当地平均高(低)潮间隙进行计算的。由于月球每天的中天时刻不便利用,因此用农历日期进行计算更方便。之所以用农历，是因为初一或十六，月球的中天时刻近于 0 时或 12 时，往后每天落后约 50 分钟，即高潮时每天推迟 50 分钟。公式表示为

$$\left.\begin{aligned} T_0 &= \begin{cases} (t_1-1)\times 0.8+HWI \\ (t_2-16)\times 0.8+HWI \end{cases} \\ T_1 &= \begin{cases} (t_1-1)\times 0.8+LWI \\ (t_2-16)\times 0.8+LWI \end{cases} \end{aligned}\right\} \tag{6.6}$$

式中，T_0 为推算日的第一次高潮时，t_1 为农历上半月日数，t_2 为农历下半月日数，T_1 为推算日的第一次低潮时，HWI 为推算地点的高潮间隙，LWI 为推算地点的低潮间隙。当所推算日对应的农历日为农历上半月时，采用 t_1-1 推算高低潮时；当推算日对应的农历日为农历下半月时，采用 t_2-16 推算高低潮时。

例如，求大连附近海区 1990 年 10 月 1 日、14 日高、低潮时。从 1990 年日历上查得 10 月 1 日和 14 日的农历分别为八月十三和二十六，大连的平均高、低潮间隙分别为 10 时 19 分和 04 时 06 分，如表 6.1（《潮汐表》的附表）所示。

表 6.1　潮　信

地点	平均高潮间隙	大潮升/m	小潮升/m	平均海面 m	潮汐类型
海洋岛	09 时 07 分	3.8	3.1	2.2	正规半日潮
大连	10 时 19 分	2.8	2.3	1.6	正规半日潮
塘沽	03 时 15 分	4.0	3.3	2.4	不正规半日潮
青岛	04 时 19 分	4.1	3.3	2.4	正规半日潮
⋮	⋮	⋮	⋮	⋮	⋮

10 月 1 日的高、低潮时为

高潮时＝(13－1)×0.8＋10 时 19 分＝19 时 55 分

低潮时＝(13－1)×0.8＋04 时 06 分＝13 时 42 分

另一次高潮时＝19 时 55 分－12 时 25 分＝07 时 30 分

另一次低潮时＝13 时 42 分－12 时 25 分＝01 时 17 分

上述计算为概略算法，计算结果与真实情况有差别，使用时应注意。八分算潮法是推算潮时的最简单方法，航海人员以此法利用海图上刊载的潮信能快速推算概略潮时。

2）潮高推算

潮高推算是利用大潮升、小潮升推算潮高。在理论上，正规半日潮半个月内出现 1 次大潮、1 次小潮，其时间间隔为 7.5 天，且大潮应发生在朔（初一）、望（十五），但实际上潮汐受海洋形态等因素的影响，存在半日潮龄，一般为 2 天，则

大潮日＝朔（望）日＋2

小潮日＝大潮日±7.5

高潮高日差＝1/7.5（大潮升－小潮升）

则推算日的潮高公式为

$$\left.\begin{aligned}&H_h=S\bar{Z}_0-\frac{1}{7.5}(S\bar{Z}_0-N\bar{Z}_0)\times ST\\&(\text{或 } H_h=N\bar{Z}_0+\frac{1}{7.5}(S\bar{Z}_0-N\bar{Z}_0)\times NT)\\&H_l=H_h-Rt=2\times MSL-H_h\end{aligned}\right\}\tag{6.7}$$

式中，H_h 为推算日高潮高，$S\bar{Z}_0$ 为大潮升，$N\bar{Z}_0$ 为小潮升，ST 为推算日与大潮日间隔天数，NT 为推算日与小潮日间隔天数，H_l 为推算日低潮高，Rt 为当地潮差，MSL 为平均海面高。

例如，求大连附近海区 1990 年 10 月 14 日的高潮高和低潮高。由于从 1990 年日历上查得 10 月 14 日的农历为八月二十六，则望日（八月十五）为 10 月 3 日，大潮日为 5 日，从表查得大潮升为 2.8 m、小潮升为 2.3 m、平均海面为 1.6 m。则大连 1990 年 10 月 14 日的高潮高＝2.8－1/7.5×(2.8－2.3)×(14－5)＝2.2(m)，低潮高＝2×1.6－2.2＝1.0(m)。

§6.2 验潮站有效控制范围估计

海上不同地点的潮汐性质是不同的。在海道测量过程中，很难也不可能在测区每一点上进行潮汐水位观测。因此，在海道测量中一般采用以点代面的方式，即根据海上测区大小，以一个验潮站或多个验潮站的潮汐水位观测资料代表或约束测区的潮汐变化，进而实施对测区的水位垂直控制并获取测区内各点各时刻的水位改正值，即海道测量中的分带、分区潮汐数据的处理方法。如何合理地布设测区验潮站，从海道测量的角度来看，主要取决于验潮站在一定限差（潮高和潮时限差）内所能够代表的测区范围，即验潮站有效控制范围。在此范围内可以用此站的潮汐表示该区域的潮汐变化，验潮站有效范围在有的文献中称为验潮站有效作用距离。验潮站有效控制范围的确定是海道测量中的重要问题之一，直接涉及测区合理设计和测区有效垂直控制等关键问题。本节给出了几种验潮站有效控制范围的估计方法，供海道测量人员参考使用。

6.2.1 直线形态确定法

直线形态确定法的基本原理如图 6.5 所示，假定两验潮站之间的海面为直线形态，验潮站有效控制范围的计算公式为

$$D=\frac{\delta_z}{\Delta\zeta_{\max}}S\tag{6.8}$$

式中，D 为验潮站有效控制范围；δ_z 为要求的水位控制精度或根据需要给定的数

值，要求小于测深精度；S 为两验潮站之间的距离；$\Delta\zeta_{max}$ 为两验潮站之间从平均海面起算的瞬时海面的最大潮高差。

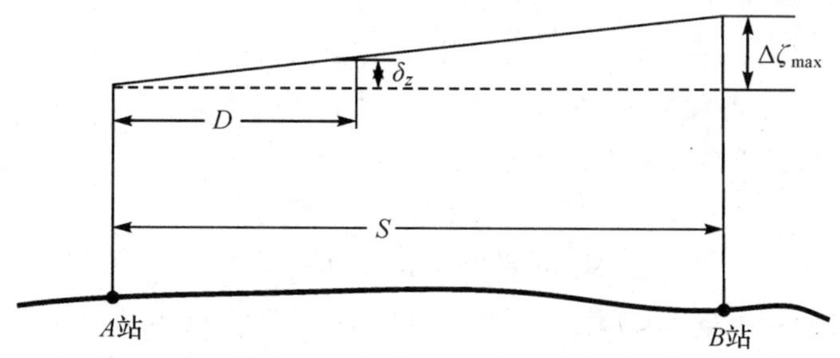

图 6.5　验潮站有效控制范围的直线形态法推算

利用式(6.8)计算时，关键是求出 $\Delta\zeta_{max}$，下面给出求 $\Delta\xi_{max}$ 的几种常用求定方法。

1. 同步观测比对法

根据两验潮站的同步观测资料，绘出大潮期间几天的水位变化曲线(从平均海面起算)，然后从图中找出最大潮高差 $\Delta\zeta_{max}$。

2. 解析计算法

利用两验潮站的四个主要分潮构成的准调和潮高模型，通过合并归算，求出极大值 $\Delta\zeta_{max}$。

3. 数值计算比对法

利用两验潮站 11 个分潮构成的调和常数潮高模型，用计算机逐点计算两验潮站一段时期的潮高值，从而选出最大潮高差 $\Delta\zeta_{max}$，基本公式为

$$\Delta\zeta(t)=\left[\sum_{i=1}^{m} f_i H_i \cos(q_i t+G_i(\nu_0+u)-g_i)\right]_A-\left[\sum_{i=1}^{m} f_i H_i \cos(q_i t+G_i(\nu_0+u)-g_i)\right]_B \tag{6.9}$$

利用计算机分别计算不同时刻 t 的 $\Delta\zeta(t)$ 值，从中选出绝对值最大者，即

$$\Delta\zeta_{max}=\max(|\Delta\zeta(t)|) \tag{6.10}$$

事实上，对有潮海域，式(6.8)未能顾及 A、B 两验潮站间的潮汐传播性质，而强制地归结为图 6.5 所示的直线形态情况。当两验潮站潮时差很小，且两验潮站间潮差按距离线性变化时，式(6.8)将给出正确的结果，否则将产生失真。经过分析研究后发现，用潮差和潮时这两个数量特征来描述两验潮站间的潮汐变化特性时，有几种情形：①潮差均匀变化，潮时也均匀变化；②潮差均匀变化，潮时非均匀变化；③潮差非均匀变化，潮时均匀变化；④潮差非均匀变化，潮时非均匀变化。要注意的是以上所谓均匀变化是指随距离线性变化。

6.2.2 调和常数模型估算法

苏联学者巴兰金提出了一种改进模型,该模型是用正余弦数学模型来体现海面的弯曲。刘雁春(1990)提出了调和常数模型估算法,该估算方法顾及了海面的弯曲形态,能适用于上述各种情况,而苏联学者所用正余弦模型仅是本方法的一个特例。

调和常数模型估算法基于如下假设

$$\left.\begin{aligned}\Delta H_{AX}&=\Delta H_{AB}R_{AX}/R_{AB}\\ \Delta g_{AX}&=\Delta g_{AB}R_{AX}/R_{AB}\end{aligned}\right\}\tag{6.11}$$

式中,$\Delta H_{AX}=H_X-H_A$;$\Delta H_{AB}=H_B-H_A$;$\Delta g_{AX}=g_X-g_A$;$\Delta g_{AB}=g_B-g_A$;R_{AX}为X点至验潮站的距离;H、g为分潮振幅及分潮专用迟角;下标A、B表示验潮站,X表示验潮站之间的某一点。

上述假设表明分潮调和常数H、g随距离均匀变化。在一定的区域,上述假设确实能反映(或近似逼近)实际海区的特点,我国沿岸调和常数资料及绘制的潮波图也表明了这一点。从潮汐动力学的角度来看,潮汐运动的海水作为一个整体,当分解出各种分振动时(分潮),由于海水的连续性及惯性等特性,故参数随地点的变化在一定范围内便体现为上述假设。当然,上述假设也可能与实际不符,这意味着不能从已知的两验潮站潮汐变化信息来推知两验潮站之间的潮汐变化情况,遇到这种情况,只能且必须在两验潮站之间加设验潮站以控制两验潮站之间的潮汐变化。

采用调和常数表达的潮位模型为

$$h(t)=\sum_{i=1}^{m}f_iH_i\cos(q_it+G_i(\nu_0+u)-g_i)\tag{6.12}$$

式中,$h(t)$为t时刻的潮位值(从平均海面MSL起算),f_i为分潮交点因子,H_i为分潮振幅,q_i为分潮角速率,$G_i(\nu_0+u)$为格林尼治零时天文相角,g_i为分潮专用迟角,m为分潮个数(一般取$m=11$)。

利用式(6.12)可得X处与A站的瞬时潮高差为

$$\begin{aligned}\Delta h_{AX}(t)&=h_X(t)-h_A(t)\\&=\sum_{i=1}^{m}[f_iH_{Xi}\cos(q_it+G_i(\nu_0+u)-g_{Xi})-f_iH_{Ai}\cos(q_it+\\&\quad G_i(\nu_0+u)-g_{Ai})]\\&=\sum_{i=1}^{m}[f_i(H_{Ai}+\Delta H_{AXi})\cos(q_it+G_i(\nu_0+u)-g_{Ai}-\Delta g_{AXi})-\\&\quad f_iH_{Ai}\cos(q_it+G_i(\nu_0+u)-g_{Ai})]\end{aligned}\tag{6.13}$$

将式(6.13)用泰勒级数展开,并顾及假设,最后整理可得

$$\Delta h_{AX}(t)=\Big[\sum_{i=1}^{m}K_{1i}\cos(q_it+G_i(\nu_0+u)-g_{Ai}-\theta_{1i})\Big]\frac{d}{R_{AB}}+$$

$$
\left[\sum_{i=1}^{m} K_{2i}\cos(q_i t + G_i(\nu_0 + u) - g_{Ai} - \theta_{2i})\right]\left(\frac{d}{R_{AB}}\right)^2 +
$$

$$
\left[\sum_{i=1}^{m} K_{3i}\cos(q_i t + G_i(\nu_0 + u) - g_{Ai} - \theta_{3i})\right]\left(\frac{d}{R_{AB}}\right)^3 \tag{6.14}
$$

式中，d 为 X 点至验潮站 A 的距离；以上取至三次项，Δg 取弧度单位；取分潮交点因子 $f_i=1$；其他参数为

$$
\left.\begin{aligned}
K_{1i} &= \sqrt{\Delta H_{ABi}^2 + (H_{Ai}\Delta g_{ABi})^2} \\
\theta_{1i} &= \tan^{-1}\left(\frac{H_{Ai}\Delta g_{ABi}}{\Delta H_{ABi}}\right) \\
K_{2i} &= \frac{1}{2}\left|\Delta g_{ABi}\right|\sqrt{4\Delta H_{ABi}^2 + (H_{Ai}\Delta g_{ABi})^2} \\
\theta_{2i} &= \tan^{-1}\left(\frac{2\Delta H_{ABi}}{-H_{Ai}\Delta g_{ABi}}\right) \\
K_{3i} &= \frac{1}{6}\Delta g_{ABi}^2\sqrt{9\Delta H_{ABi}^2 + (H_{Ai}\Delta g_{ABi})^2} \\
\theta_{3i} &= \tan^{-1}\left(\frac{-H_{Ai}\Delta g_{ABi}}{-3\Delta H_{ABi}}\right)
\end{aligned}\right\} \tag{6.15}
$$

从式(6.15)不难看出，非线性项（即体现海面弯曲形态）主要取决于分潮迟角差 Δg_{AB}，即取决于分潮的潮时差，这正体现出了潮波传播的特点。

令 $|\Delta h_{AX}(t)| = \delta_z$，代入式(6.14)可得

$$
\left[\sum_{i=1}^{m} K_{1i}\cos(q_i t + G_i(\nu_0 + u) - g_{Ai} - \theta_{1i})\right]\frac{d}{R_{AB}} +
$$

$$
\left[\sum_{i=1}^{m} K_{2i}\cos(q_i t + G_i(\nu_0 + u) - g_{Ai} - \theta_{2i})\right]\left(\frac{d}{R_{AB}}\right)^2 +
$$

$$
\left[\sum_{i=1}^{m} K_{3i}\cos(q_i t + G_i(\nu_0 + u) - g_{Ai} - \theta_{3i})\right]\left(\frac{d}{R_{AB}}\right)^3 \pm \delta_z = 0 \tag{6.16}
$$

反解上述方程便可求出验潮站有效控制范围 d，以上取至三次项，具体计算时，可根据各非线性项 K 的大小进行取舍。通常情况下，取至二次项即可。

需注意的是，利用式(6.16)可以求出 d 随时间的变化情况及范围，这比用式(6.8)只能提供一个值要优越得多，更便于海道测量工程师在进行海区技术设计、布设验潮站时参考和使用。

海区技术设计者可根据不同的目的最后选定如下一个综合指标：

(1)最小值为

$$
d_{\min} = \min(d(t)) \tag{6.17}
$$

(2)平均值为

$$
d_{\text{mean}} = \text{mean}(d(t)) \tag{6.18}
$$

(3)还可考察 $d=R_{AB}$ 出现的频率。确定验潮站有效控制范围的实质是确定在某一误差精度指标约束下验潮站水位资料的适用范围,从这个意义上来看,d 取多大是相对的,随 δ_z 而变,而 δ_z 通常为水位改正所需达到的精度指标。

上述各法中,直线形态法未顾及海面的弯曲形态,仅适用于潮差均匀变化且潮时差很小的情形;调和常数模型估算法顾及了海面的弯曲,估算结果更真实可靠,但如果两验潮站相距较远,其估算结果的可靠性受假设条件的影响而有所下降。

6.2.3 基于异常水位的验潮站有效控制范围扩大法

基于异常水位的验潮站有效控制范围扩大法的基本思想(暴景阳 等,2006)是将综合水位场分解为正常潮汐场与异常水位场的叠加,根据一定区域内异常水位(剩余水位)场的空间统计相关性特性(典型海域的试算表明,在无陆地阻隔的100 km 验潮站之间的异常水位的统计相关性都在 0.7 以上,绝大多数达到 0.9 以上),在更大距离上,以一站的异常水位恢复一定范围内的实际水位,使水位观测站(验潮站)的控制范围不取决于潮差的大小,而是由异常水位的量值和空间相关距离决定。从而,可增大验潮站的水位控制范围,减少设站数量,再现测区水位场的时空结构,提高水位改正的可靠性和精度,减少验潮站的数量。

海面随时间变化的部分由潮汐和异常水位构成,而潮位以参数表达时,观测水位又可表示为

$$h(x,y,t)=T(x,y,t)+S(x,y,t) \tag{6.19}$$

式中,$T(x,y,t)$是某地点(x,y)的正常潮汐水位序列;$S(x,y,t)$主要是短时气象因素引起的增水和减水,称增减水或气诱水位,与潮位不同,其过程不能由历史数据模拟计算或恢复,但在局部区域,不同地点的量值具有一定的空间统计规律性。

潮高以调和公式表示时,基于验潮站零点的水位表达式应为

$$h(t)=H_0+\sum_{i=1}^{m}f_iH_i\cos(q_it+G(\nu_{0i}+u_i)-g_i)+S+\varepsilon \tag{6.20}$$

式中,S 和 ε 分别是信号的异常水位和观测误差。在模型中,所选取的分潮个数 m 应尽量多,但对海道测量水位改正而言,取为 13 或 11 已足够,未顾及的小分潮本来贡献不大,可将其影响纳入异常水位中。

某点的实际水位为潮位与异常水位之和,若在测区中对某点 A 未进行直接的水位观测,其潮汐参数已知(通过以往观测或潮汐场模型得到),则可根据潮汐表达式计算潮高,根据气诱水位的空间分布近似一致性,通过一个或多个设站处的实测数据与预报数据的差表示所求点的异常水位。例如,在已知点 B 有

$$S_B(t)=h_B(t)-T_B(t) \tag{6.21}$$

根据强相关特性,令

$$S_A(t)=S_B(t) \tag{6.22}$$

则有

$$h_A(t)=T_A(t)+S_B(t) \tag{6.23}$$

使用时应注意异常水位的相关性，一般以异常水位相关系数大于 0.9 为最佳。此法经国内学者初步测算认为，将验潮站间距离限制在 100 km 以内，取得的效果最佳。

图 6.6 为大连与小长山岛 1982 年 8 月 1 日 0 时起一个月同步观测获得的异常水位，图中纵轴表示异常水位量值，横轴为时间序列号；两站距离为 94 km，异常水位相关系数为 0.905。经统计计算，两站异常水位最大差为 29.4 cm，差异的均方根差为 5.45 cm。图 6.7 为大万山岛与闸坡 1990 年 1 月的同步观测数据获得的异常水位，图中纵轴表示异常水位量值，横轴为时间（日期序号）；两站距离为 199 km，异常水位相关系数为 0.869。经统计计算，两站异常水位最大差为 18.4 cm，差异的均方根差为 6.69 cm。从两图可以看出，验潮站之间的异常水位存在很强的相关性，局部的不一致性是由一些局部因素造成的，如假潮等。

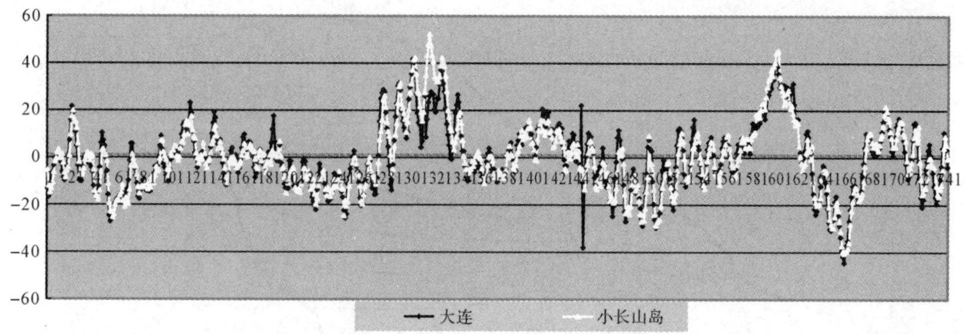

图 6.6　大连与小长山岛的异常水位及对比曲线

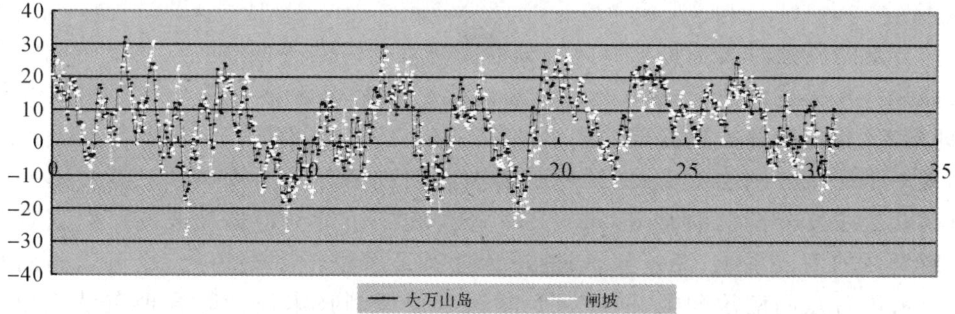

图 6.7　大万山岛与闸坡的异常水位及对比曲线

§6.3 潮波图及其绘制

1833年英国狄惠尔利用海岸上和海岛上的验潮站观测数据绘制了只限于朔、望日的半日潮波分量图。20世纪初,美国的哈里斯(Harris)注意到海水绕着一个节点的驻波振荡现象,绘制了潮汐图。1939年德国的普吕弗尔编制了印度洋上七种潮波分量的潮波图,他第一次采用了等潮差线和同潮时线来表达潮汐的变化。德国人底德律奇(1944)和法国人维莱因(1951)推算的分潮潮波图是现代潮波图出现以前比较可靠的潮波图。

6.3.1 潮波图及其绘制

分潮潮波图是潮汐分析结果的一种图解形式,主要由各分潮的同潮时线和等潮差线构成,一般由同潮时线和等潮差线汇聚或扩散的节点为无潮点,如图6.8所示。对每一个分潮而言,无潮点的潮高总是为零,不随时间上升或下降。

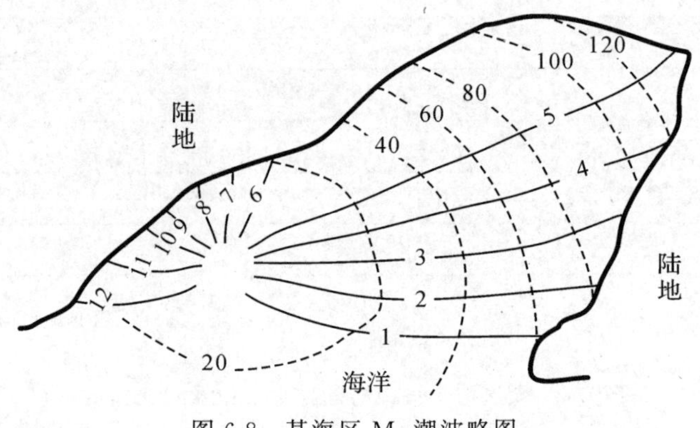

图6.8 某海区 M_2 潮波略图

分潮的同潮时线是将某海区某分潮同时发生高潮或低潮的点连接而成的光滑曲线。与描述潮波运动相关的等潮差线是将某海区某分潮平均振幅的2倍(即潮差)相等的各点连接成的光滑曲线。若将某海区的同潮时线与等潮差线绘制成一张图或分别绘制成图,则称其为潮波图或某分潮的潮波图。潮波图一般是指几个主要分潮的潮波图,如 K_1、O_1、S_2、M_2、K_2 等。根据潮波图可以直观地了解海区的潮波系统、潮差分布、潮波传播特征等潮汐基本情况,也可以利用其进行海区各点的潮汐预报,同时也是测区水位控制技术设计时合理布设验潮站的重要依据。

画潮波图值得注意的是同潮时求法。分潮假想天体在子午线(即区时子午线或格林尼治子午线)中天时刻至同潮时线的高潮时的时间间隔称为同潮时,以分潮时表示。若同潮时的起算点以区时子午线为标准，对于我国来说，是东经 120°，计算同潮时较方便。

(1)对半日分潮，以 M_2 分潮为例，在一个分潮内相角的变化为 30°，故半日潮同潮时为

$$\frac{g_{M_2}-\left(\frac{q_{M_2}}{15^\circ}-2\right)S}{30^\circ}$$

式中，$S=120^\circ$，即我国区时标准子午线经度。

在浅海分潮较明显的海区，还需进行订正，则为

$$\frac{1}{30^\circ}\left[g_{M_2}-\left(\frac{q_{M_2}}{15^\circ}-2\right)S-\frac{V+W}{2}\right]$$

式中，$V=\arctan\left(\frac{2H_{M_4}\sin\varphi_1+3H_{M_6}\sin\varphi_2}{4H_{M_4}\cos\varphi_1+9H_{M_6}\cos\varphi_2+H_{M_2}}\right)$，$W=\arctan\left(\frac{2H_{M_4}\sin\varphi_1-3H_{M_6}\sin\varphi_2}{4H_{M_4}\cos\varphi_1-9H_{M_6}\cos\varphi_2-H_{M_2}}\right)$，$\varphi_1=2K_{M_2}-K_{M_4}$，$\varphi_2=3K_{M_2}-K_{M_6}$，$K_i=g_i+P\lambda+\frac{S}{15}q_i$，$\lambda$ 为观测(计算)地点的经度，q_i 为 i 分潮的角速率，P 为分潮在一分潮日内的周期数。

(2)对日分潮，以 K_1 分潮为例，其同潮时为

$$\frac{g_{K_1}-\left(\frac{q_{K_1}}{15^\circ}-1\right)S}{15^\circ}$$

式中，$S=120^\circ$，即我国区时标准子午线经度。

(3)等潮差线和同潮时线的绘制，主要根据潮汐分析计算得到的区域内各点的分潮平均振幅的 2 倍(即潮差)和上述公式计算的各分潮同潮时线，对计算点的分潮潮差进行内插得到测区内其他点的分潮潮差和同潮时点，按一定潮差差值和时间间隔(一般以 1 个分潮时为间隔)绘制的光滑曲线(图 6.8 中虚线为等潮差线，实线为同潮时线)，完成区域同潮时线和等潮差线绘制。

例如，某分潮同潮时线的零时线，表示当某分潮假想天体位于东经 120°子午线上中天时，在这条线上的各地该分潮同时发生高潮；某分潮同潮时线的 7 时线，指的是从某分潮假想天体位于东经 120°子午线中天时刻起，经过 7 个分潮时，该线上各地该分潮同时到达高潮。若得到的同潮时为负的或大于 12 时，应加上或减去 12 小时。

现代潮波图利用潮波动力学理论，考虑了水深、海岸和海底形状等因素，利用大量的沿岸、岛屿及海上观测数据进行潮波数值计算，求解潮汐动力学方程得到海区各个方格点(如 1°×1°、2°×2°)的各分潮的调和常数，并求得各方格点的

高潮时和潮差，然后通过内插求得方格内各点的高潮时和潮差，将这些点用平滑曲线连接成同潮时线（实线）和等潮差线（虚线）或等振幅线，从而构成各分潮的潮波图。

6.3.2 区域潮汐图及其绘制

在英、美等国家实施海道测量过程中常常绘制测区潮差比和潮时差图，将其用于计算基于验潮站的测区内各点的水位改正值。基于测区至少三个验潮站水位观测数据而绘制的潮差比等值线和潮时差等值线，一般都是以测区内一个已知验潮站 A 为基准，通过已知验潮站 A 的时间序列水位观测数据和等值线推算测区内任一点的不同时刻的水位改正值。图 5.29、图 5.30（Jong，2002）为某测区的区域潮汐图，描述了测区内的各点潮差（或潮差比）和潮时差与已知验潮站 A 的关系。如图 5.29 所示，E 站潮时比 A 站早 12 分钟；如图 5.30 所示，E 站潮高为 A 站潮高的 0.93 倍。

在开阔水域，当没有有效的验潮站观测数据或验潮站时，常常采用历史数据绘制区域潮汐图，待获得一定数量的验潮站水位观测数据后，重新绘制潮汐图、分区和计算水位改正值。绘制区域潮汐图的一般步骤如下：

（1）至少需要知道三个验潮站之间的潮时差和潮差比。

（2）选择其中之一为基准验潮站。

（3）内插相对于基准验潮站的测区各点潮时差，一般以 1 分钟为间隔。在图 5.29 中，虚线为等潮差线，其间隔选取 5 分钟。

（4）内插相对于基准验潮站的测区各点潮差，一般以潮差比形式表示，如图 5.30 中实线。

（5）按一定时间间隔绘制潮时差等值线和按一定的比例间隔绘制潮差比等值线，可在一图中绘制，也可分别绘制。

从上述绘制过程可以看出，海域内验潮站的数量越多，绘制潮汐图的精度就越高，因此尽可能采用多个验潮站。绘制完区域潮汐图后，在此基础上进行潮汐分区，求得每个子区的水位变化时间序列，作为各子区的水位改正值。

第 7 章　非潮汐水位变化

海道测量中，测区的海面高度和水流除受到潮汐和潮流影响外，还受到非潮汐因素的影响。本章主要分析和阐述几种主要的影响水位和水流因素及其作用特点，最后介绍异常水位的一般分离方法和原理。

海水在天体引潮力作用下产生周期性海面的上升和下降，其周期和潮差的变化是规律性的，人们常称之为天文潮。而实际海洋水位的起伏除包含天文潮响应外，还受到其他非潮汐（或非天体作用）因素的影响，从而使实际海洋水位不完全是天体引力造成的，导致了天文潮位发生变形，如图 7.1 所示（图中，1 英寸＝2.54 cm）。这些非潮汐因素主要包括高频振动（如长周期涌浪、假潮等）和低频振动（如气压变化、风等）及海岸形状和海底地形，还包括海底地震、海底火山爆发、降雨、洋流、河水径流、海洋涡流等。例如，风的影响可以抬高水面约 1 m；海洋涡流可以抬高水面约 0.25 m；海水温度变化可以抬高水面约 0.35 m；洋流可以抬高水面约 1 m 等。这些影响因素可分为两类：一类如海岸形状和海底地形等属于长周期微弱变化（除非在大的人为或自然因素下造成剧烈变化），除自身对潮汐产生固定影响（如浅水分潮、无潮点等），其长周期变化对潮汐影响较小；另一类如气象、海底地震、海底火山爆发、降雨等短周期影响，这些因素的发生伴随着能量以不同时

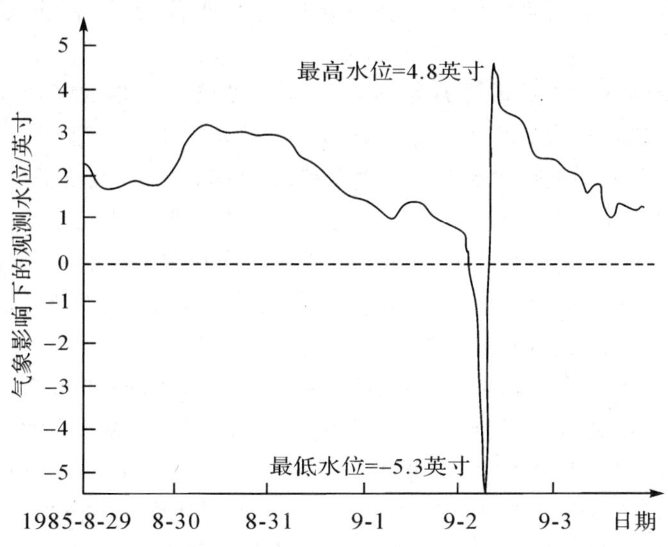

图 7.1　1985 年飓风埃琳娜期间密西西比的 Gulfport 验潮站观测到的水位变化

间和不同尺度在空气和海洋之间及海洋内部上下之间的转换，不断地在不同程度上或大或小地改变着天文潮运行规律，使水位和水流在短期内发生异常变化，造成了如增减水、风暴潮及季节性变化等现象。即使非常精密的潮汐预报计算，也会发现预报结果与实际观测结果有时相差较大，其中最主要因素就是气象因素的影响。故验潮站（或潮位站）观测到的水位是多种因素变化的综合影响结果（这也是有人常称潮汐水位观测为水位观测的主要原因）。对这些非潮汐因素特性的充分认识和了解，对海道测量实践和海道测量成果精度提高具有重要意义和作用。

实际观测水位的模型表示为

$$h(x,y,t)=T(x,y,t)+S(x,y,t) \tag{7.1}$$

式中，T 为正常天文潮，S 为非潮汐影响水位，(x,y)为观测地点，t 为时间变量。

§7.1 增减水与风暴潮

7.1.1 定 义

潮波传播过程中，往往受到风、气压等非周期性变化的气象因素影响，引起水位的非周期性升降，这种升降现象称为增减水。一般近似地取实测水位减去预报水位，剩余值为正，则称为增水；剩余值为负，则称为减水。

增减水是由于强烈的大气扰动、强风和气压骤变而导致的海面异常升降现象，又称为风暴潮。强烈的风暴潮是来自海上的一种巨大的自然灾害现象，当它与天文潮高潮阶段同时发生时，往往会使其影响海域水位暴涨，乃至海水浸溢、酿成巨灾。

产生风暴潮的大气扰动通常包括热带风暴（如台风、飓风等）、温带气旋、寒潮或冷空气等。热带风暴一般发生在夏秋季，其强大气扰动及带来的强降雨使其经过水域的水位暴涨，引起洪水，导致生命和粮食作物的巨大损失。例如，1900 年 9 月在美国田纳西州的加尔维斯敦（Galveston）港遭遇持续几个小时时速 50 m/s 的飓风，造成 4.5 m 高的水位和大约 6 000 人的伤亡；1970 年 10 月的孟加拉国灾难起因于时速 60 m/s 的飓风，造成估计 9 m 的异常水位，淹没大片的陆地和岛屿，死亡数万人；我国的温州湾区域是此类风暴潮的多发地段。温带气旋一般发生在秋末到初春，这类风暴潮产生的原因是西风带的大气扰动，如寒潮、气旋带来的强风引起海岸增减水。温带气旋有时也产生异常高的水位，导致海水倒灌，造成巨大的灾难。例如，在美国大西洋沿岸，1962 年 5 月 7 日的安斯文思德（Ash Wednesday）暴风导致洪水淹没岛屿，造成几百万美元的财物损失。尽管上述灾难和损失一般较少发生，但风暴潮对水位的影响却是最为直接的。寒潮在气象学上一般是指在 24 小时内下降 10°C 以上，且最低气温低于 5°C 的强冷空气侵袭过程。

在我国近海海域，寒潮可造成 8 级以上的偏北大风，阵风有时可达 11～12 级，可产生风暴潮，如我国渤海湾、莱州湾一带沿岸是此类风暴潮的多发地段。

任意两次风暴潮在同一地区的影响都是不同的，因为任何小的气象因素变化会对海区海水，特别是海区固有的共振和振动特性产生不同的响应。物理上，大气以两种途径作用于海水：一种是气压的变化直接改变大气在垂直方向上对海水的压力；另一种是气压变化产生的平行海面的风对海面的作用，其对整个水体的影响程度又取决于风的作用时间，也制约了海水的上下运动。一般情况下，在风暴潮期间很难分清是哪种因素作用的结果。

风暴潮的一个共同特征就是它们都以某种方式依赖于共振现象。已有人提出两种共振形式：一种是飓风的运动速度与大气压力差异所产生的浅水波波速相同而产生的耦合共振，当然这种现象发生的概率较低；另一种是在风作用下海水中假潮的固有周期与风向变换周期相一致时的共振。

7.1.2 风暴潮特点

不同类型的大气扰动所引起的风暴潮的特点也不一样。热带风暴产生于海洋，运动路径无法准确预测，移动较迅速并伴随较强降雨，在经过的区域内所产生的风暴潮有急剧的水位变化；温带气旋一般以低气压为中心覆盖范围几百千米，影响范围广，移动较慢，所引起的风暴潮的水位变化是持续的，相对不很急剧；由寒潮或冷空气所激发的风暴潮使水位变化持续，影响范围广且急剧。

风暴潮发生在不同类型的海区，具有不同的动力学特征，取决于海区的海底地形、海区尺度和风的作用时间长短。对于发生在封闭或半封闭海域的风暴潮，由于水域尺度较风场尺度小，故海域中水体几乎整体对大气扰动进行响应；当大气扰动在广阔的海域上移动时，由于大气扰动系统的范围小于海域的水平尺度，故产生前进波形式的风暴潮。因而，对于不同的海域，风暴潮的特征是不同的。

热带风暴在其所路经的沿岸带都可能引起风暴潮，大都发生在夏、秋两季。发生的区域大致为：北太平洋西部、南海、东海、北大西洋西部、墨西哥湾、孟加拉湾、阿拉伯海、南印度洋西部、南太平洋西部等沿岸及岛屿。例如，中国东南沿海频频遭受台风潮的侵袭；在墨西哥湾沿岸及美国东岸遭受由加勒比海附近发生的飓风的侵袭而酿成飓风潮；印度洋发生的热带风暴，通常称为旋风，旋风也诱发风暴潮。

一般由热带风暴引起的风暴潮传到大陆架或港湾中时大致可分为三个阶段：

(1)在风暴潮到来之前，在验潮曲线中往往已能观测到潮位的缓慢而异常的波动，称为先兆波。先兆波有时表现为海面的微微上升，有时也表现为海面的缓缓下降。当然，先兆波并非是必然呈现和存在的现象。

(2)风暴已逼近或过境时，该地区将产生急剧的水位升高，潮高能达到数米，称为主振阶段,风暴潮灾主要发生在这一阶段。

(3)当风暴过境以后,即主振阶段过去之后,往往仍然存在一系列的振动,即假潮或自由波,或称为余振,可达 2～3 天。这个余振阶段的最危险情形是其高峰恰巧与天文潮高潮相遇,此时实际水位(即余振曲线对应地叠加上潮汐预报曲线)完全有可能超出该地的警戒水位,从而再次泛滥成灾。

尽管对风暴潮一般关注的是其在海岸区域产生的异常高的水位变化,但也应注意在风暴潮发生期间也伴随产生异常大的水流变化,这对钻井平台、海底管线布设等近海水域的工程设计与建设影响巨大。另外,造成的异常低水位也会对近岸航行的超大型油船带来严重的航行隐患。

7.1.3 中国的风暴潮特点

中国沿岸常受到台风和寒潮大风的袭击,属于风暴潮危害严重的国家之一。中国风暴潮一般具有以下特点:①一年四季均有发生,夏季和秋季最为常见,台风多发区和严重区集中在东南沿海和华南沿海,冬季的寒潮大风、春秋季的冷空气与气旋配合的大风及气旋影响常发生在北部海区,尤其是渤海湾和莱州湾会产生强大的风暴潮;②发生的次数较多;③风暴潮位的高度较大;④风暴潮的规律比较复杂,特别是在潮差较大的浅水区,与天文潮的耦合效应,使风暴潮规律更复杂。

风暴潮能够淹没农田、码头,冲垮盐场,破坏沿岸建筑物等,给国家和人民带来很大的损失,因此对风暴潮的预报和防范具有迫切的现实意义。

7.1.4 风对水位与潮流影响

天气状况变化要比海洋水文状况变化快得多。例如风,其不仅逐日变化,而且有的在几个小时内无论是风速还是风向都会发生很大的变化。连续几个小时向某方向吹刮,可使海水发生相应的流动,造成局部水域的海水堆积,而另外区域则发生海水流失,最终导致短时间内海面的剧烈变化。因此,风是造成日平均海面不规则变化的一个重要原因,在河口、狭长海湾、河道等区域影响尤为突出。

鉴于气象变化对测区水位的短期而非周期性影响,不能利用潮汐调和分析获得,一般将其归于余水位、潮汐残差或噪声进行处理。无气象因素干扰的潮汐预报精度可以达到±3 cm 和±5 分钟的精度。而像台风的影响,可能产生几十厘米的水位差异和几十分钟的时间差,因而风对测区的影响会造成局部海域水位的异常变化。根据海洋学理论可知,长度为 L、深度为 D 的测区,在速度为 W 的风作用下产生的水位差 Δh 的经验计算公式为

$$\Delta h = 4.5 \times 10^{-7} \cdot WL^2 / D \tag{7.2}$$

表 7.1 为在伊利(Erié)湖和安大略(Ontario)湖观测到的不同风速产生的异常水位值,伊利湖 $L=390$ km、$D=17$ m,安大略湖 $L=275$ km、$D=170$ m。

表7.1　伊利湖和安大略湖观测到的不同风速产生的水位异常值

风速/(m/s)	伊利湖异常水位高/m	安大略湖异常水位高/m
2	0.04	0.00
5	0.26	0.02
10	1.03	0.07
15	2.32	0.16
20	4.13	0.29
25	6.45	0.45

在实际测量过程中，验潮站布设是在正常气象条件下进行的，但这些异常水位的局部影响会减小验潮站的有效控制范围，若继续按照原先设计的验潮站观测水位对测量数据进行水位改正可能会降低测量精度。如图7.2所示，对某狭长海湾，正常条件下，假设在上海岸或下海岸设立验潮站即可实现海上测量的水位控制，但是来自正北方向的强风作用于海面，会导致上海岸的海水向下海岸堆积，使上、下海岸的水位存在差异，随着风力强度的增大，差异也越大；若仅利用上海岸或下海岸的验潮站观测水位进行海湾内测量的水位控制，则必然引入水位控制代表性误差。另外，风的作用还会改变海水密度的分布(特别是河口地区)，这对压力验潮仪验潮而言，会引入一定的观测误差。

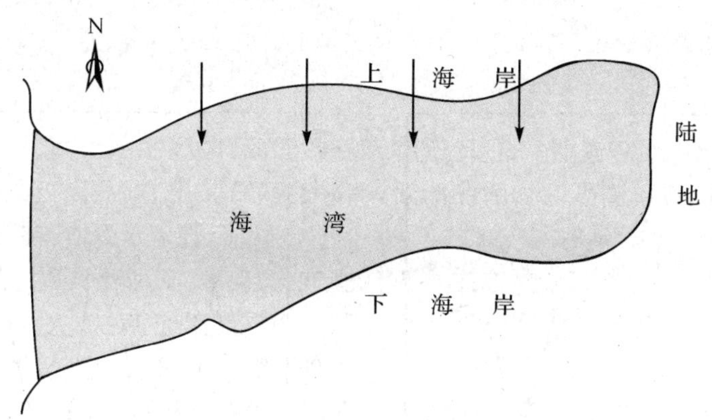

图7.2　强风作用海湾引起水位异常变化

气象因素对测区水位的影响也直接导致海区流场的变化，该变化表现在从水面至水下某一深度(称为风海流的摩擦深度)。在测区风的作用下生成的风生流或风海流改变了正常的潮流规律，其不但改变了转潮时间，而且改变了潮流流速和流向。风对测区的影响主要取决于风与海面作用产生的切向力的大小和作用时间，风越大影响的深度越深，特别在浅水地区的影响更明显。一个稳定水面是风切向力、海水重力、海底对海水的阻力和引潮力共同作用的结果。下面给出某海区的验流实例,从中可以看出风对潮流的影响。因此对潮流的观测应尽量选择在无风或弱风的时间进行。

表 7.2 为某测区 4 个验流点分布与潮流同步观测结果。同步观测时段为小潮期间 2015.06.25(8 时)—06.26(12 时)、大潮期间 2015.07.01(12 时)—07.02(16 时),各验流点观测了表层、$0.2H$、$0.4H$、$0.6H$、$0.8H$ 和底层的流速和流向,观测间隔为 30 分钟。在 $P2$ 点进行了 2 小时间隔的风速和风向观测(图 7.3、图 7.4),测区水深为 9.3～18.9 m,表中仅列出了表层、$0.6H$ 和底层三个层的水流流速和流向。

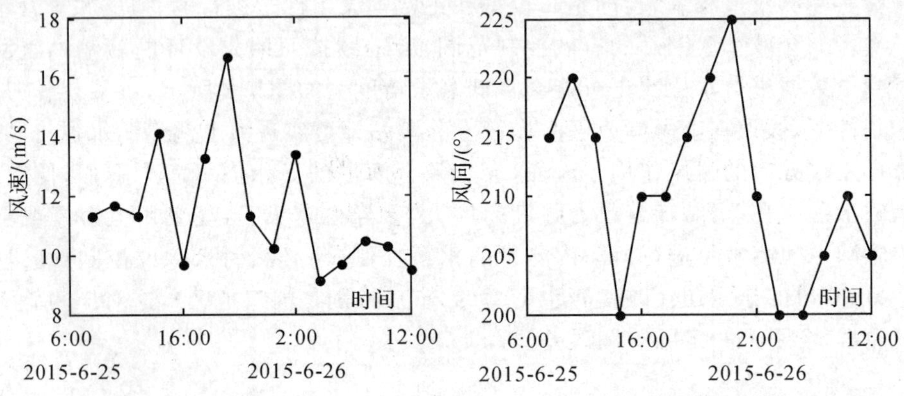

图 7.3 某地 $P2$ 点 2015 年 6 月 25 日 8 时至 6 月 26 日 12 时风速(左)与风向(右)折线

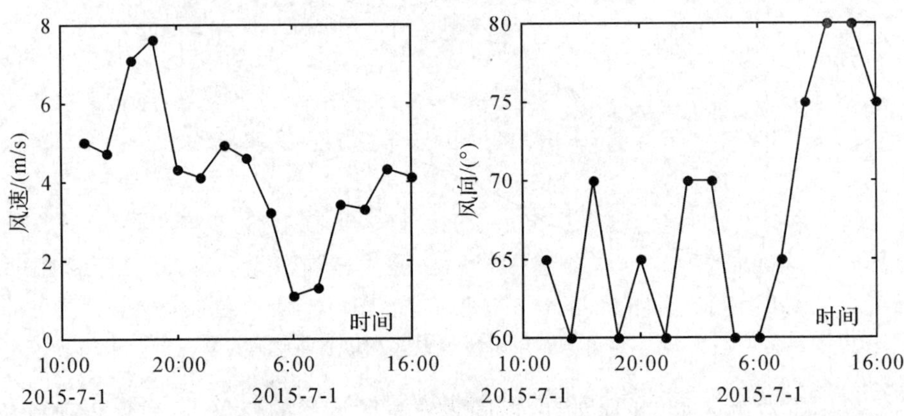

图 7.4 某地 $P2$ 点 2015 年 7 月 1 日 8 时至 7 月 2 日 12 时风速(左)与风向(右)折线

表 7.2　某测区定点实测海流矢量图统计

	小潮期间 2015.06.25—06.26	大潮期间 2015.07.01—07.02
表层		
0.6H		
底层		

从表 7.2 可以直观地反映出,该海区潮流流速大小符合一般的潮流规律,表层流速大,中间次之,底层最小;但流向变化似乎不太符合旋转潮流的玫瑰图样式,大多集中于某一方向范围,大潮与小潮不同。对比小潮期间和大潮期间的风向风速图(图 7.3、图 7.4),可以发现小潮期间的风速为 9.1～16.7 m/s、风向为200°～225°,这恰好与小潮期间的观测水流分布大体一致;同样,大潮期间的风速为 1.3～7.6 m/s、风向为 60°～80°,这恰好也与大潮期间的观测水流分布大体一致。因此,此例为明显的风海流影响的实例。可以看出该地水深较浅(10 m 左右),水面西南—东北向开阔,潮流受风的影响较大。

§7.2 非潮汐水位变化的其他影响因素

事实上,从物理学的角度来看,海面变化的波形包含着不计其数的简谐波(图 7.5),从毛细波到超长波,周期变化从 0.1 s 到亿万年,波高从几毫米到数十米,它们共同构成了变幻无穷的海面,而其中最直观的两种波动现象是波浪和潮汐。

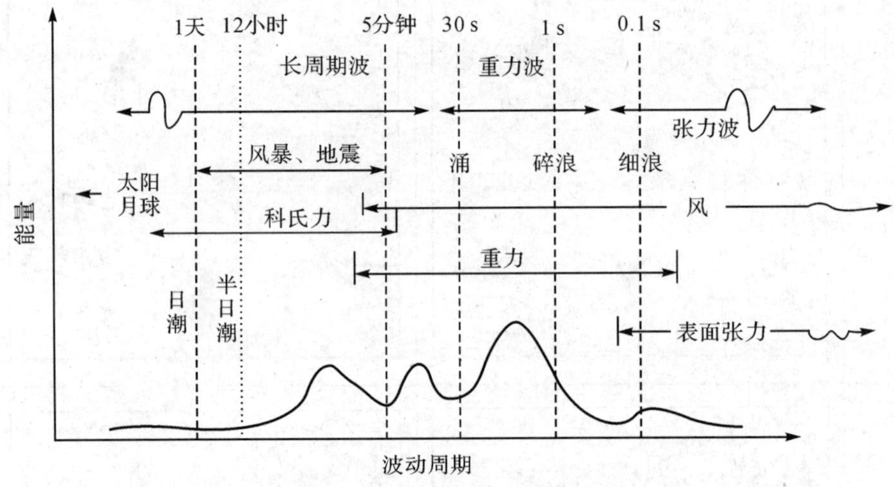

图 7.5 海面上相对波动周期的波动能量分布及各种波动的周期

在不同的时间尺度内,海面变化的形式不同,主导因素也不一样。在平均海面的长期变化、短期变化过程中,有着不同的主导影响因子。

影响海面变化的原因错综复杂。例如,从物质平衡的观点看,海面的变化是受海水体积和海盆容积制约的。海水来自地壳内部,它与地幔保持水分交流;海水通过蒸发、降水与大气层保持交换;陆地的冰雪和江河湖沼是通过河流与海洋循环。一旦海水与周围物质交流出现了异常,海水体积就会发生变化。例如,海水体积不变,而盛水的海盆(海底地壳表面)产生大的凹陷,如海底扩张、造山运动、火山爆发、地壳均衡作用等,改变了海盆形状,将最终改变海水在海盆中分布的位置。

若从能量的观点看,海面是一个等位面。它符合地球内部重力场和磁力场分布的平衡,同时符合地球和月球在行星轨道上运转的应力平衡。在海面附近,大气层的动力扰动、温度场的周期变化等,都将促使海面做出相应的平衡调整。从这一观点出发,影响海面分布变化因素可分为大地水准面海面变化、动力海面变化和潮汐海面变化。

7.2.1　大地水准面海面变化

1976 年,瑞典地质学家摩勒尔(Morner)提出"大地水准面轮廓不规则是地球质量、密度和流型不规则分布的结果"。作为一个引力势和离心力势的等势面,大地水准面会因这些势能的变化而产生相应的形变。影响大地水准面变化的因素很多,在不同的时间和空间是各不相同的。地球不同深度的质量重新分配过程将影响大地水准面海面的升降。地球旋转速度的变化可以在地核、地幔交界产生应力,从而改变有关的质量分布平衡。在地球表面,自转速度可以引起海水向两极流动,低纬度地区海面降低。地轴倾角变化,可引起地磁场的改变和重力场的变化,致使大地水准面形状变迁。大地水准面海面变化记录很多,距今约有 8 000 年,且全球性的变化差异很大。摩勒尔在西北欧和巴西分别获得一条区域的海面变化曲线,其已经消除了地壳和局部环境的影响。

7.2.2　海洋水文与气象因素影响

所谓动力海面变化是指大气压力、温度、海流速度、海水盐度、蒸发、降水、径流等因素引起的海面变动。

在稳定状态下,一个大气压等于 760 mm 高水银柱的重量,即

$$P_1=\rho_1 g h_1=13.6 g h_1 \tag{7.3}$$

式中,ρ_1 为水银密度,取 13.6 g/cm^3;h_1 是以 mm 表示的高度。

对于海水而言,其平均密度 $\rho_2=1.028$ g/cm^3,以 h_2 表示相应大气压力向反方向变化的水位高度,则

$$P_2=\rho_2 g h_2=1.028 g h_2 \tag{7.4}$$

当压力相同时,即 $P_1=P_2$,有

$$\rho_1 h_1=\rho_2 h_2 \tag{7.5}$$

当气压引起 1 mm 水银柱高度变化时,即 $h_1=1$ mm,则由式(7.5)可得水位相反方向变化量为

$$h_2=\frac{\rho_1 h_1}{\rho_2}=\frac{13.6}{1.028}=13.2(\text{mm}) \tag{7.6}$$

该比值称为气压系数。大气压通常以 Pa 为单位,1 hPa=100 Pa。而1 000 hPa的气压约合 750 mm 水银柱的重量,所以 1 hPa 的气压和 0.75 mm 的水银柱重量相

等。从上面讨论可知，水银柱变化 1 mm 时，相对应水位变化13.2 mm，当水银柱变化 0.75 mm 时，水位变化值为

$$h = 13.2 \times 0.75 \approx 1(\text{cm}) \tag{7.7}$$

计算结果表明，每当气压增加 1 hPa 时，海面下凹 1 cm；反之，海面大气压减小，海面上升。所以海面被称为反向气压计。在自然条件下，由于大气压的变化往往伴随风速和风向的变化，故很难找到海面分布和海面气压明显的对应。但海面气团的分布是相对稳定的，所以可取某验潮站附近气压的月平均值与整个海洋对应月份的气压平均值之差，再换算成水位变化，作为气压效应的水位值。对于特殊天气，如台风过境，则取过境前后的气压值之差，作为计算的依据。气压的剧烈变化，在利用自容式压力验潮仪进行水位观测时的影响最为明显，在海道测量中应特别注意，并做好定期气压观测和注记，用于事后进行必要的气压改正处理。

至于蒸发、降水、径流，对平均海面也有明显的影响，雨季的水位比枯水季的水位高。我国东南沿海 7、8、9 月的平均水位比 1、2 月的水位高。海水温度 t 和盐度 S 的变化，使海水比容 α 也随之而变，导致水位变化。由于 t 与 S 变化缓慢，取 $\Delta t = t - \bar{t}$、$\Delta S = S - \bar{S}$，其中 t 和 S 为某月份的海水温度和盐度值，而 $\bar{t}$ 和 $\bar{S}$ 为该月的平均值。对固定深度来说，比容的变化为

$$\Delta\alpha = \frac{\partial\alpha}{\partial t}\Delta t + \frac{\partial\alpha}{\partial S}\Delta S \tag{7.8}$$

若计算到没有季节变化或变化很小的水深 Z 处为止，则由比容变化引起的水位差为

$$\Delta Z = \frac{1}{g}\int_{p_0}^{p_1} \Delta\alpha \, \mathrm{d}p \tag{7.9}$$

式中，p_0 为大气压力，p_1 为季节变化很小的深度的压力。对浅海来说，p_1 为海底的压力。经计算估计，东海年较差为 17 cm，台湾东侧年较差为 10.6 cm，南乔治亚岛年较差为 1.7 cm，日本海年较差为 26.6 cm。内陆海和边缘海的海水温、盐度季节变化大，故 ΔZ 值也大，而外海或大洋中 ΔZ 值要小得多。

我国学者王海瑛等(2000)对中国近海 1992—1998 年海面变化的研究表明：中国近海不同海域的海面变化是不同的，但东海和黄海无论在各个周期项上都有着大致相同的振幅和相位；各海区的年周期项是相当稳定的，贡献也是最大的；各海区的半周年、季节和两个月周期项并不稳定，存在着时间漂移，且其贡献也不相同，按其贡献大小排列分别为黄海是季节→两个月→半周年、东海是两个月→半周年→季节、南海是半周年→季节→两个月，可以看出黄海海面变化受四季变化影响最大，而南海海面变化受太阳一年两次跨越赤道影响最大；1997—1998 年由于厄尔尼诺(ElNino)持续时间较长，对半年周期项影响最大，且其超长时间尺度甚至造成了年周期项的漂移和减弱，而 1993 年和 1994 年厄尔尼诺持续时间较短，对季节

项影响较大，造成了季节项的漂移、减弱甚至消失；1992—1998 年中国近海海面的年上升率分别为黄海每年（＋3.44±0.61）mm、东海每年（＋3.12±0.47）mm、南海每年（－1.41±0.48）mm。

7.2.3　风生波浪

当风吹过海面时，摩擦作用使海水表面发生周期性起伏，形成波浪。波浪的大小取决于风速、风时、风区范围及海水深度。当波浪离开风区后，波形变缓，波高降低，周期增长，此时的波浪称为涌浪。波浪传到浅水区，由于海底的摩擦作用，波能损耗，波高和波长减少。当水深减少到一定程度，由于波能的重新分布，故又出现波长缩短、波高增长的趋势。波浪传到岸边时，波峰前倾破碎形成破浪，同时动能把海水涌高到岸坡上，称为波浪增水。有关试验证实，在风暴条件下，破浪带内侧的平均海面可比外侧高约 1 m 以上。图 7.6 清晰地显示出在北海的卡莫（Comer）海洋站观测到的连续几天大风造成的涌浪对水位产生的影响，特别是 27、28、29 日 3 天的大潮期间，对高、低潮水位产生明显的影响。图 7.7 为美国某验潮站在大风期间的预报潮位与观测潮位的比较，其中粗线为观测潮位，细线为预报潮位，可以看出风对潮位的显著影响。风生波浪的影响在特殊情况下表现更突出，如热带风暴、寒流等，其发生时期若加之天文大潮期间，则会产生局部地区的异常高水位，直接带来沿岸地区的水灾，可能带来极大的人员和财产损失。例如，我国 2008 年在山东半岛无棣县因寒流造成了强增减水，导致海水倒灌和船舶上岸，淹没部分良田；2006 年，台风造成温州灾害等。

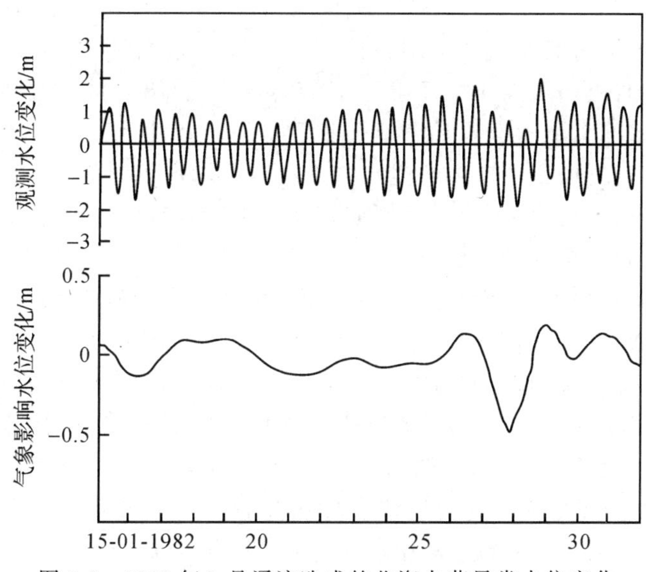

图 7.6　1982 年 1 月涌浪造成的北海卡莫异常水位变化

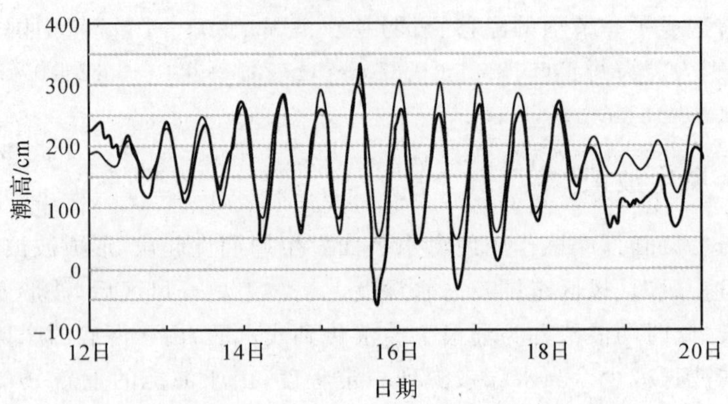

图 7.7 美国某验潮站预报潮位与观测潮位的比较

风生波浪引起海面的垂直升降和水平分布变化，具有周期小、波长短、作用时间相对较短的特点，对海道测量水位观测造成直接影响。一般情况下，在水位观测或水位观测数据后处理过程中采用适当的滤波手段和方法减小风生波浪的影响，提高水位观测精度和平均海面推算精度。

7.2.4 津 波

“津波”一词来源于日语名词，它原指海港内的波浪。受防波堤的保护，海港内通常受不到风生波浪的影响，只是在水下地震波的激荡下才出现较大的波浪。除地震外，海底火山爆发、海岸大规模岩石崩坍等作用也可以产生津波，又称海啸。

津波是一种长周期波，它的波长可达 160 km，在大洋中的传播速度可达每小时 1 000 km，并且具有长距离内不受阻尼的特点，可以将震源的能量传播到很远，该特点常为沿海国家用于地震和海啸预报和监测。震中水位变化很小，在深水的波高也只有 0.5～1.0 m，一旦到达浅水区及狭窄海湾区域，因海岸和海底地形的限制，津波的波速和波长迅速减少，而周期不变，波高则明显增加，有时可以涌集起十几米高的波浪，冲向海岸，给沿岸区域造成巨大损失。

从验潮资料研究表明，津波通常是叠加在当地正常的半日潮波上，津波的大浪到达之前当地的平均海面存在一个迅速下降的过程。例如，2004 年 12 月 26 日印度尼西亚沿岸浅层海底地震就造成印度尼西亚海岸海面的海退现象；2011 年 3 月 11 日发生在日本宫城县以东海域的里氏 9.0 级地震引起的海啸最高达到23 m，造成死亡与失踪人数达 2 万多人，特别是直接造成日本核电站的瘫痪、爆炸和核污染；1946 年 4 月 1 日在夏威夷群岛津波冲击过程中海底珊瑚礁大片裸露，海面一度下降 6 m 以上。津波造成的大波浪周期为几分钟到几十分钟，可能延续数小时到 1 天。

7.2.5　假潮

假潮是指在封闭或半封闭的湖泊、海湾或海港中，水位周期性地垂直升降运动。在自然条件下，假潮产生于海面气压梯度引起的风速和风向的突变，或者毗邻水域的共振作用。大的假潮大多是由地震和台风作用造成的。

假潮表现为整个水域的水体围绕一个或几个节点的摆动。在每一封闭或半封闭的海盆或湖泊中具有自由振荡的自然周期，它就是假潮的振动周期。这个周期取决于湖泊和海区的长度、深度、假潮节点的数量及岸边地形等条件。一般在浅水区域的假潮，其周期较长，潮差较大。假潮的持续时间与风的作用时间密切相关，一般在几十分钟到几小时不等，海面变化很少超过 50 cm。对海上测量而言，当验潮站发现假潮现象时应通知水上测量船，最好停止作业。假潮现象最早记录是 1869 年瑞士物理学家福勒尔在日内瓦湖发现的。20 世纪初在欧洲沿海的许多海盆中也观测到假潮。例如，得里雅斯特(Trieste)海的假潮平均周期为 3.2 小时，假潮引起的海面变化平均达 75 cm；1946 年 7 月 3 日，在英格兰南岸的一个海湾里出现了假潮，海面在几分钟内下降了 1.25 m，然后又迅速上升了 2.5 m。图 7.8 为 1977 年 4 月 26 日法国布雷斯特附近的一个半封闭港口观测到的潮汐变化曲线，其中在低潮期间明显显示出一个周期约为 20 分钟、振幅约为 10 cm 的假潮。

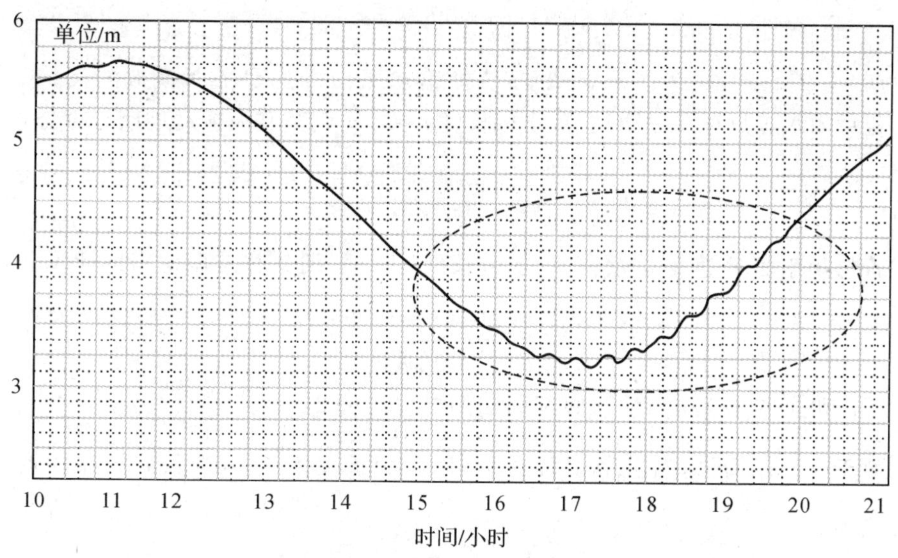

图 7.8　法国布雷斯特附近某港口受假潮影响的潮汐变化曲线

设一长方形盆底，假定它深度 h 和宽度 b 为恒量，取长轴方向为 X 轴，两端为 $x=0$ 和 $x=l$，如图 7.9 所示。

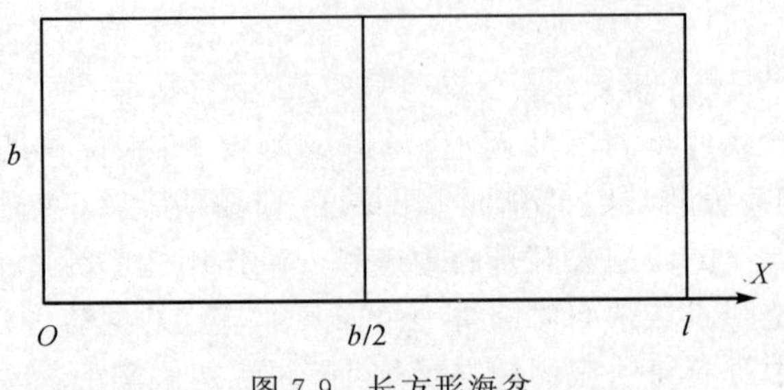

图 7.9 长方形海盆

不考虑科氏力，假定流速 $v=0$，由潮波运动方程得

$$\left.\begin{aligned}\frac{\partial u}{\partial t}=-g\frac{\partial \zeta}{\partial x}\\ \frac{\partial \zeta}{\partial t}+h\frac{\partial u}{\partial x}=0\end{aligned}\right\} \tag{7.10}$$

式中，u 为 x 方向流速分量，ζ 表示基于海面的动力潮高。考虑在 $x=0$ 和 $x=l$ 处 $u=0$ 这一边界条件，其驻波解得表达式为

$$\zeta=R\cos\beta x\cos\sigma t \tag{7.11}$$

代入式(7.10)，得

$$u=\frac{CR}{h}\sin\beta x\sin\sigma t \tag{7.12}$$

式中，$\beta=\sigma/C$；$\sigma=2\pi/T$；$C=\sqrt{gh}$，h 为海盆水深；$T=\lambda/C$，λ 为潮波波长。

若封闭水域只存在一个波节，水域长度 $l=\lambda/2$，则其驻波振动周期计算公式为

$$T=\frac{2l}{\sqrt{gh}} \tag{7.13}$$

若封闭水域只存在 n 个波节，水域长度 $l=\frac{n\lambda}{2}$，则其驻波振动周期计算公式为

$$T=\frac{2l}{n\sqrt{gh}} \tag{7.14}$$

式(7.13)和式(7.14)称为估计假潮周期的梅立恩公式。

对于半封闭海湾，若波节出现在湾口，水域长度 $l=\frac{\lambda}{4}$，则其驻波振动周期计算公式为

$$T=\frac{4l}{\sqrt{gh}} \tag{7.15}$$

实际计算时，海区实际形状与长方形差别较大，故式(7.15)仅是对假潮周期的近似估计。例如，新南威尔的乔治湖，$l\approx30$ km，$h\approx5.5$ m，其估计周期为 136 分钟，实际观测周期为 131 分钟；在西伯利亚的贝加尔湖，$l\approx655$ km，$h\approx680$ m，其

估计周期为 4.5 小时，实际观测周期为 4.64 小时；瑞士的日内瓦湖，$l \approx 70$ km，$h \approx 160$ m，其估计周期为 59 分钟，实际观测周期为73.5 分钟。当外海传入潮波的周期与海湾中固有振动周期接近时，可能产生共振现象。利用式(7.15)估计的周期近似值可以解释为什么某型的潮波振动在该区域占优势。

对上述非潮汐水位的影响，海道测量人员应正确地区分验潮站观测到的水位异常是仪器故障等机械和人为原因造成的，还是非潮汐水位原因造成的，且在进行海区技术设计和海上测量时应该有充分的认识和了解。

特别注意的是，在实施无潮水域(无潮河流或湖泊)海道测量时，上述因素(风、气压变化、河水径流、水域内水的流入和流出不等、降雨等)的影响会引起水位的异常变化。因此，在实施无潮水域的海道测量时，仍然需要设立验潮站进行水位观测，以监测水位的变化。当水位变化超过相应测量限差时，需对测深数据进行水位改正。

§7.3　异常水位分离

在沿岸和近海，水位不仅仅是潮汐水位，根据驱动机制的不同，水位包含潮高和异常水位(又称气诱水位，主要由气象等因素引起的海面变化)两部分。从验潮曲线中消除异常水位，即把天文潮和异常水位分离是首要的任务。但是，从动力学的观点看来，在天文引潮力和气象强迫力共同作用下的海水运动是一种非线性的现象，这种非线性的相互耦合使从验潮曲线中把二者分离非常困难。一般要消除或分离异常水位，首先必须增加水位观测的采样间隔，根据频谱分析原理，一个周期为 T 的波动要分离，其数据采样间隔不能大于 $T/2$；其次，对于短周期(如小于 2 小时周期的假潮)可以直接通过数据平滑方法消除，而周期较长的异常水位变化则在一定采样间隔基础上，采用一定的数值计算方法进行异常水位分离，如差值法、低通滤波法等。

7.3.1　差值法

差值法通常是基于线性叠加原则的分离方法，将潮波面视为趋势面，把异常水位作为信号场，按配置思想利用已知验潮站的水位预报残差和海域内潮汐信息进行天文潮和异常水位分离，即由验潮曲线减去潮汐预报曲线。当然，该方法是根据异常水位的空间相关性，在已知潮汐场规律和基于气象过程对区域海面作用一致或近似一致的假设前提下才成立。

此法在实例计算中得到很好的验证(翟国君 等，2002)。由于测深作业通常在较好的天气状况下进行，所以天气因素造成的增减水在不太大(一般 100 km 范围内)的测区其差别很小，可以采用基本相同或至少具有较平缓变化的数值表示；当测区有多个监测验潮站时，可以利用这些验潮站监测到的异常水位的适当组合方式表示。因此，在满足一定精度条件下分离异常水位，对海道测量而言可以增大验潮站的水位控制范围，减少设站数量，利用邻近验潮站的监测残差恢复综合水位及提高作业效率。但在某些情况下，上述差值曲线因天文潮预报的误差和潮汐水位观测技术的不足存在明显的缺陷。

另外，风暴潮分离一般也采用差值法（于千龙 等，1999），但分离的风暴潮曲线常常出现与潮汐周期相同的振动现象（图 7.10）。究其原因：一是天文潮与风暴潮的非线性耦合，其水深越浅非线性效应越强，周期性越明显；二是潮时预报误差，预报值与实测值存在一定的潮时差和潮高差。

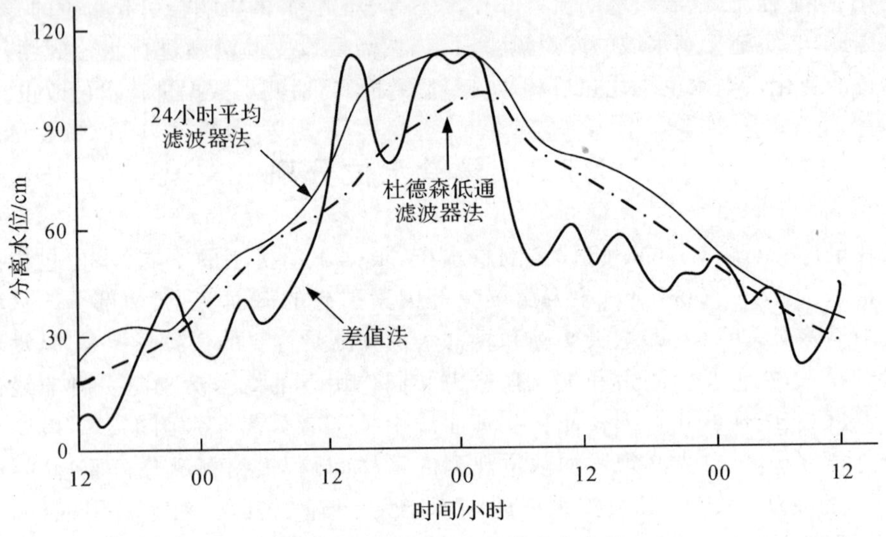

图 7.10 风暴潮异常水位分离曲线

7.3.2 低通滤波法

低通滤波法主要针对风暴潮和天文潮之间的非线性耦合效应随水越浅而增强的特点，基于研究逐时的平均海面变化，采用低通滤波器滤除周期小于 1 天的主要天文分潮而保留长周期天文分潮，从而达到分离的目的，主要有 24 小时平均滤波器法和杜德森低通滤波器法。

1. 24 小时平均滤波器法

24 小时平均滤波器的滤波算子为

$$Z_0 = \sum_{i=0}^{23} H_i(t)/24 \tag{7.16}$$

采样间隔取 1 小时，在一个风暴潮过程中，采用移动平均的方法，从起算时刻前 12 小时至后 11 小时，取逐时水位值 $H(t)$，推算计算时刻的平均海面 Z_0，最后得到整个过程的逐时平均海面。这个随时间变化的平均海面与长期平均海面的差值即为风暴潮过程的异常水位。本法适合于移动速度较快的台风过程的异常水位分离。

2. 低通滤波器法

杜德森低通滤波器法基本原理为：取采样间隔为 1 小时，采用数据的时间段为计算时刻前 1.5 天至后 1.5 天，取逐时的潮位资料以 3 天为一组，即 $H(1)$、$H(2)$、…、$H(72)$。其计算步骤为：

(1)计算序列$\{x_i\}$，即

$$x_i = \sum_{k=0}^{24} H(k+i) \tag{7.17}$$

式中，$i=1$、2、…、48。

(2)计算序列$\{y_j\}$，即

$$y_j = \sum_{k=0}^{24} x(k+j) \tag{7.18}$$

式中，$j=1$、2、…、24。

(3)计算观测中间时刻的平均海面，即

$$Z = \sum_{k=1}^{24} y(k) \tag{7.19}$$

如此逐时后推，求得整个过程的逐时平均海面，这个随时间变化的平均海面与长期平均海面的差值即为风暴潮过程的异常水位。该法适合于移动速度较慢的台风过程的异常水位分离。

图 7.10 为某港风暴潮期间三种方法的分离曲线。

当然要将风暴潮和天文潮之间关系视为非线性耦合进行分离的方法还有很多，如来源于经济统计学的半参数法有待进一步研究。其他因素如降水、坝水调度或河流、湖泊引起的潮位变化异常水位，与正常水位变化具有明显时间短和水位变化快等特性，比较容易与正常潮位或正常水位进行分离。

第 8 章　海道测量中相关潮汐特征值计算

对一定时间长度的水位观测数据，通过潮汐分析计算得到各分潮的调和常数后，有时往往根据不同的需要利用分潮的调和常数信息计算潮汐的特征水位值，这些特征水位值称为潮汐特征值，有的书籍中又称为非调和常数。潮汐特征值在港口、码头、航道设计、航运、防波堤设计与建设、海上平台设计与建设等与海洋潮汐有关的人类生产活动中应用广泛，因此有必要介绍潮汐特征值的计算。

特别应当指出的是，通过长期水位观测数据统计计算得到的潮汐特征值通常是最可靠而稳定的值，因而长期验潮站的潮汐特征值应利用统计计算方法求解。相对漫长的海岸线，长期验潮站的数量总是有限的；而实际海道测量过程中，对于大部分地点则通常需要利用调和常数间接计算其潮汐特征值。因此，本章主要针对不同潮汐类型分别简述利用调和常数间接计算潮汐特征值的方法和基本公式。

§8.1　正规半日潮

在正规半日潮地区，在每日（一太阴日）能见到两次高潮和两次低潮，且相邻的高潮（低潮）的潮高差别最小，涨潮时间和落潮时间大致相等，其潮汐性质具有明显的对称性质。此类潮汐可以计算下列特征值，并用于描述该类型潮汐的特征。

1. 半日潮龄

大潮和小潮一般都发生在初一（朔）、十五（望）的后几天，这几天的时间在潮汐学中就称为半日潮龄。从微观角度分析，决定半日潮的两个主要分潮是 M_2、S_2，它们的相位从理论发生大潮的时刻——$G\ (\nu_0+u)_{M_2}=G\ (\nu_0+u)_{S_2}$ 起，到实际发生大潮的时刻——$q_{M_2}t+G\ (\nu_0+u)_{M_2}-g_{M_2}=q_{S_2}t+G\ (\nu_0+u)_{S_2}-g_{S_2}$ 的时间差 t 为半日潮龄，得

$$t=\frac{g_{S_2}-g_{M_2}}{q_{S_2}-q_{M_2}} \tag{8.1}$$

式中，g_i 分别表示 M_2、S_2 分潮的专用迟角，q_i 分别表示 M_2、S_2 分潮的角速度。计算时应注意，分潮区时专用迟角 g 在 0°～360°之间，而理论上，必须有 $g_{S_2}>g_{M_2}$，所以当 $g_{S_2}<g_{M_2}$ 时，应将 g_{S_2} 再加上 360°，而后求半日潮龄。此时修正后的 g_{S_2} 应作为该地潮汐下一步计算其他特征值的专用迟角使用，即总取 $g_{S_2}-g_{M_2}>0$。

2. 日潮龄

另一个比较重要的潮龄是日潮龄，它是月球赤纬最大到发生大潮的时间间隔。

选取影响较大的两个日分潮 K_1、O_1，类似求半日潮龄的方法，得

$$t=\frac{g_{K_1}-g_{O_1}}{q_{K_1}-q_{O_1}} \tag{8.2}$$

同样的，这里也需要使 $g_{K_1}>g_{O_1}$ 始终成立，否则日潮龄将出现负值。

以上日潮龄和半日潮龄的计算方法适用于任何潮汐类型，因此在其他潮汐类型的潮汐特征值计算时将不再重复叙述。

3. 平均高潮面

在正规半日潮地区，M_2 分潮是主要分潮，它决定了潮汐变化的主要特征，因此对正规半日潮的研究也主要是对 M_2 分潮进行分析研究。首先列出潮高表达式，并将 M_2 分潮单独列出

$$\xi(t)=M_2\cos(q_{M_2}t+\nu_{M_2}-g_{M_2})+\sum_{i=1}H_i(q_it+\nu_i-g_i) \tag{8.3}$$

式中，潮位 ξ 从平均海面算起；M_2 代表 M_2 分潮的调和常数 H_{M_2}；ν_{M_2} 和 ν_i 分别是 M_2 分潮和第 i 个分潮的天文初相角，即 $G(\nu_0+u)_{M_2}$、$G(\nu_0+u)_i$；H_i、g_i 为第i 个分潮的调和常数。令 $q_{M_2}t+\nu_{M_2}-g_{M_2}=q_{M_2}t_0$，即把 M_2 的高潮时刻作为时间原点，并进行时间系统变换 $t_0=t+(\nu_{M_2}-g_{M_2})/q_{M_2}$（$t_0=0$ 时，M_2 分潮发生高潮），则

$$\xi(t_0)=M_2\cos(q_{M_2}t_0)+\sum_{i=1}H_i(q_it_0-\varphi_i) \tag{8.4}$$

式中，$\varphi_i=\dfrac{q_i}{q_{M_2}}(\nu_{M_2}-g_{M_2})-\nu_i+g_i$。

由式(8.4)可以看出，由于 M_2 分潮是影响最大的分潮，因此可以判断 $\xi(t)$将在 $t_0=0$ 附近发生高潮。假设发生高潮的时刻为 T_0，$\xi(T_0)$为潮位极大值，因此有 T_0-t_0 近似为 0，即 T_0 近似等于 0。因此有三角函数近似关系式 $\cos q_iT_0\approx1$ 和 $\sin q_iT_0\approx q_iT_0$，而后将 M_2 分潮潮高表达式在 T_0 时刻按泰勒级数展开，取至二次项，将其余 i 个潮高式进行三角函数展开，得高潮位 Z_0 表达式为

$$Z_0=M_2\left(1-\frac{1}{2}q_{M_2}^2T_0^2\right)+\sum_iA_i+\sum_iB_iq_iT_0 \tag{8.5}$$

式中，$A_i=H_i\cos\varphi_i$，$B_i=H_i\sin\varphi_i$。

同时，当 $\mathrm{d}\xi(t_0)/\mathrm{d}t=0$ 时，$\xi(t_0)$取得极值，于是由式(8.4)得

$$\left.\frac{\mathrm{d}\xi(t_0)}{\mathrm{d}t}\right|_{t_0=T_0}=-q_{M_2}M_2\sin q_{M_2}T_0-\sum_iq_iH_i\sin(q_iT_0-\varphi_i)=0$$

近似表达为

$$-q_{M_2}^2M_2T_0-\sum_iA_iq_i^2T_0+\sum_iB_iq_i=0$$

上式变形即可得高潮时刻的表达式为

$$T_0=\frac{\sum_i B_i q_i}{M_2 q_{\mathrm{M}_2}^2+\sum_i A_i q_i^2} \tag{8.6}$$

又因为在半日潮地区内，M_2 分潮影响较大，从而有 $M_2 q_{\mathrm{M}_2}^2$ 远大于 $\sum A_i q_i^2$，所以式(8.6)可化简为

$$T_0=\frac{\sum_i B_i q_i}{M_2 q_{\mathrm{M}_2}^2} \tag{8.7}$$

将式(8.7)代入式(8.5)得

$$Z_0=M_2+\sum_i A_i+\frac{\left(\sum B_i q_i\right)^2}{2M_2 q_{\mathrm{M}_2}^2} \tag{8.8}$$

下面分别在有、无浅水分潮影响的两种条件下讨论式(8.8)中等号右边第二项与第三项的推导过程。

首先在忽略浅水分潮的情况下分析 $\sum A_i$。因为对于 M_2 的倍潮 M_4、M_6 等分潮有如下关系表达式

$$\nu_{\mathrm{M}_2}/\nu_{\mathrm{M}_4}=q_{\mathrm{M}_2}/q_{\mathrm{M}_4}$$

$$\nu_{\mathrm{M}_2}/\nu_{\mathrm{M}_6}=q_{\mathrm{M}_2}/q_{\mathrm{M}_6}$$

所以对于 M_2 倍潮的 φ_i 可表示为 $\varphi_i=-q_i g_{\mathrm{M}_2}/q_{\mathrm{M}_2}+g_i$，即其 φ 值为常量。因此，浅水分潮的影响将对潮汐性质产生一种类似于系统误差的固定影响，而其他分潮的 φ 值则不是固定不变的，其变化范围在 $0\sim2\pi$ 之间，所以对 A_i 按积分取平均值为 0，则

$$\overline{A}=\frac{1}{2\pi}\int_0^{2\pi} H\cos\varphi\,\mathrm{d}\varphi=0$$

$$\sum A_i=n\overline{A}=0$$

式中，n 为其余分潮个数。对于式(8.8)右边第三项中，将和的平方项化为平方和，得

$$\left(\sum_i B_i q_i\right)^2=\sum_i B_i^2 q_i^2+2\sum_{j>i} B_i B_j q_i q_j$$

式中，B^2 的平均值为

$$B^2=\frac{1}{2\pi}\int_0^{2\pi} H^2\sin^2\varphi\,\mathrm{d}\varphi=\frac{1}{2}H^2$$

所以

$$\sum_i B_i^2 q_i^2=\frac{1}{2}\sum H_i^2 q_i^2 \tag{8.9}$$

又有

$$\sum_{j>i} B_i B_j q_i q_j=\frac{1}{2}\sum_{j>i} H_i H_j q_i q_j\left(\cos(\varphi_i-\varphi_j)-\cos(\varphi_i+\varphi_j)\right)$$

式中，$\cos(\varphi_i-\varphi_j)$在 $0\sim2\pi$ 之间取平均值为 0；当 $\nu_{M_2}(q_i+q_j)/q_{M_2}-(\nu_i+\nu_j)=0$ 时，$\cos(\varphi_i+\varphi_j)$为常数，其他情况为 0。在实际情况中，主要有 O_1 和 K_1、Q_1 和 J_1 分潮满足以上条件，因此可取得平均值

$$\begin{aligned}2\sum_{j>i}B_iB_jq_iq_j&=-K_1O_1q_{O_1}q_{K_1}\cos(g_{K_1}+g_{O_1}-g_{M_2})\\&=-J_1Q_1q_{J_1}q_{Q_1}\cos(g_{J_1}+g_{Q_1}-g_{M_2})\\&\approx-0.064\,6K_1O_1\cos(g_{K_1}+g_{O_1}-g_{M_2})\end{aligned}\tag{8.10}$$

以上等式推导引入假定 $g_{J_1}+g_{Q_1}=g_{K_1}+g_{O_1}$，$Q_1=0.194O_1$，$J_1=0.056K_1$。

将式(8.10)和式(8.9)代入式(8.8)，即得平均高潮面为

$$\overline{Z}_0=M_2+\frac{1}{4}\frac{\sum H_i^2q_i^2}{M_2q_{M_2}^2}-0.126\frac{K_1O_1}{M_2}\cos(g_{K_1}+g_{O_1}-g_{M_2})\tag{8.11}$$

式中，第二项的 i 分潮为除 M_2 分潮以外的所有纯调和分潮。为方便起见，在不考虑浅水潮和气象潮，并在天文潮中略去与地月及地日距离四次方有关的项之后，可以把它分成四个分潮群，各分潮群的主要分潮分别是 O_1、K_1、M_2 和 S_2。假定每组分潮群的振幅与其中主要分潮的振幅比等于理论比值，注意到 M_2 分潮不包括在括号内，近似有

$$\frac{1}{4}\frac{\sum H_i^2q_i^2}{M_2q_{M_2}^2}=0.01M_2+0.29\frac{S_2^2}{M_2}+\frac{1}{4M_2}(0.25O_1^2+0.31K_1^2)$$

令 $a=\dfrac{0.25O_1^2+0.31K_1^2}{(O_1+K_1)^2}$、$b=\dfrac{O_1K_1}{(O_1+K_1)^2}$，并假定 $O_1=0.711K_1$（理论比值），则 $a=0.149$、$b=0.243$，则式(8.11)可简化为

$$\overline{Z}_0=1.01M_2+0.29\frac{S_2^2}{M_2}+0.04\frac{(K_1+O_1)^2}{M_2}-0.03\frac{(K_1+O_1)^2}{M_2}\cos(g_{K_1}+g_{O_1}-g_{M_2})\tag{8.12}$$

以上推导是在不考虑浅水分潮影响的条件下进行的。如果潮汐有明显的浅水潮贡献，即呈不规则浅水半日潮性质时，就不能取 $\sum A_i=0$，而应取

$$\sum A_i=M_4\cos\varphi_4+M_6\cos\varphi_6=M_4\cos(g_{M_4}-2g_{M_2})+M_6\cos(g_{M_6}-3g_{M_2})$$

对于式(8.8)右边第三项，根据实际数据解算可得，浅水分潮影响可忽略不计。因而在考虑浅水分潮影响后，平均高潮面表达式变为

$$\begin{aligned}\overline{Z}_0=&1.01M_2+0.29\frac{S_2^2}{M_2}+0.04\frac{(K_1+O_1)^2}{M_2}-0.03\frac{(K_1+O_1)^2}{M_2}\cos(g_{K_1}+g_{O_1}-g_{M_2})+\\&M_4\cos(g_{M_4}-2g_{M_2})+M_6\cos(g_{M_6}-3g_{M_2})\end{aligned}\tag{8.13}$$

4. 平均低潮面

同理，对于平均低潮面 $\overline{Z}_1$，可令式(8.3)中 $q_{M_2}t+\nu_{M_2}-g_{M_2}=q_{M_2}t_1+\pi$，即把

时间原点移至 M_2 分潮的低潮时刻处，得

$$\xi(t_1) = -M_2\cos(q_{M_2}t_1) + \sum_{i=1} H_i(q_i t_1 - \psi_i) \tag{8.14}$$

式中，$\psi_i = \frac{q_i}{q_{M_2}}(\nu_{M_2} - g_{M_2}) - \nu_i + g_i - \frac{q_i}{q_{M_2}}\pi$。

可得低潮时刻为

$$T_1 = \frac{\sum_i H_i q_i \sin\psi_i}{M_2 q_{M_2}^2} \tag{8.15}$$

平均低潮面为

$$\bar{Z}_1 = -1.01M_2 - 0.29\frac{S_2^2}{M_2} - 0.04\frac{(K_1+O_1)^2}{M_2} - 0.03\frac{(K_1+O_1)^2}{M_2}\cos(g_{K_1}+g_{O_1}-g_{M_2}) + M_4\cos(g_{M_4}-2g_{M_2}) - M_6\cos(g_{M_6}-3g_{M_2}) \tag{8.16}$$

5. 平均半潮面

取平均高潮面和平均低潮面的平均值为平均半潮面，用符号 MHTL 表示，即

$$\begin{aligned} MHTL &= \frac{1}{2}(\bar{Z}_0 + \bar{Z}_1) \\ &= S_0 + M_4\cos(g_{M_4}-2g_{M_2}) - 0.03\frac{(K_1+O_1)^2}{M_2}\cos(g_{K_1}+g_{O_1}-g_{M_2}) \end{aligned} \tag{8.17}$$

6. 平均潮差

取平均高潮面与平均低潮面之差为平均潮差，即

$$\begin{aligned} Mn &= \bar{Z}_0 - \bar{Z}_1 \\ &= 2.02M_2 + 0.58\frac{S_2^2}{M_2} + 0.08\frac{(K_1+O_1)^2}{M_2} + 2M_6\cos(g_{M_6}-3g_{M_2}) \end{aligned} \tag{8.18}$$

7. 平均大潮高潮面

首先在大潮期间，日、月、地三点近似成一条直线或共面，因此可以认为分别由月球和太阳引起的 M_2 和 S_2 分潮同时发生高潮，这时 S_2 分潮也作为主要分潮。从式(8.3)的 i 个分潮中将 S_2 分潮分离出来，得潮高表达式为

$$\xi(t_0) = M_2\cos q_{M_2}t_0 + S_2\cos q_{S_2}t_0 + \sum_{i=1} H_i(q_i t_0 - \varphi_i)$$

同理推得大潮高潮位的近似表达式为

$$SZ_0 \approx M_2\left(1 - \frac{1}{2}q_{M_2}^2 T_0^2\right) + S_2\left(1 - \frac{1}{2}q_{S_2}^2 T_0^2\right) + \sum_i A_i + \sum_i B_i q_i T_0 \tag{8.19}$$

大潮高潮时为

$$T_0=\frac{\sum_i B_i q_i}{M_2 q_{M_2}^2+S_2 q_{S_2}^2}$$

将 T_0 代入式(8.19)得

$$SZ_0=(M_2+S_2)+\sum_i A_i+\frac{1}{2}\frac{\left(\sum_i B_i q_i\right)^2}{M_2 q_{M_2}^2+S_2 q_{S_2}^2}$$

同样,在考虑浅水分潮影响之后,对 A_i、$B_i^2 q_i^2$、$B_i B_j q_i q_j$ 取平均值。此外,在浅水分潮影响中,除考虑 M_4、M_6 外,还要考虑 MS_4 和 MS_6 的影响。一般直接通过观测资料经调和分析获得 MS_4 和 MS_6 的情况不是很普遍,因此根据潮汐浅海波动理论计算,可近似地用 M_2、M_4、M_6、S_2、g_{M4}、g_{M6} 来表示 MS_4、MS_6、g_{MS_4}、g_{MS_6}。这样平均大潮高潮面(又称为大潮升)为

$$S\bar{Z}_0=1.007(M_2+S_2)+0.025\frac{(K_1+O_1)^2}{M_2}-0.020\frac{(K_1+O_1)^2}{M_2}\cos(g_{K_1}+g_{O_1}-g_{M_2})+M_4\left(1+2\frac{S_2}{M_2}\right)\cos(g_{M_4}-2g_{M_2})+M_6\left(1+3\frac{S_2}{M_2}\right)\cos(g_{M_6}-3g_{M_2}) \tag{8.20}$$

8. 平均大潮低潮面

同理,得平均大潮低潮面为

$$S\bar{Z}_1=-1.007(M_2+S_2)-0.025\frac{(K_1+O_1)^2}{M_2}-0.020\frac{(K_1+O_1)^2}{M_2}\cos(g_{K_1}+g_{O_1}-g_{M_2})+M_4\left(1+2\frac{S_2}{M_2}\right)\cos(g_{M_4}-2g_{M_2})-M_6\left(1+3\frac{S_2}{M_2}\right)\cos(g_{M_6}-3g_{M_2}) \tag{8.21}$$

9. 平均大潮差

平均大潮差为

$$Sg=2.014(M_2+S_2)+0.050\frac{(K_1+O_1)^2}{M_2}+2M_6\left(1+3\frac{S_2}{M_2}\right)\cos(g_{M_6}-3g_{M_2}) \tag{8.22}$$

10. 大潮平均半潮面

大潮平均半潮面为

$$Sh=M_4\left(1+2\frac{S_2}{M_2}\right)\cos(g_{M_4}-2g_{M_2})-0.020\frac{(K_1+O_1)^2}{M_2}\cos(g_{K_1}+g_{O_1}-g_{M_2}) \tag{8.23}$$

11. 平均小潮高潮面

在小潮期间,M_2 发生高潮,S_2 发生低潮,因此取 $\varphi_{S2}=\pi$,则潮高表达式为

$$\xi(t_0)=M_2\cos q_{M_2}t_0+S_2\cos(q_{S_2}t_0-\pi)+\sum_{i=1}H_i(q_i t_0-\varphi_i)$$

类似大潮推导过程,可以导出平均小潮高潮面(又称为小潮升)

$$N\bar{Z}_0=1.057(M_2-S_2)+0.074\frac{(K_1+O_1)^2}{M_2}-0.061\frac{(K_1+O_1)^2}{M_2}\cos(g_{K_1}+g_{O_1}-g_{M_2})+$$
$$M_4\left(1-2\frac{S_2}{M_2}\right)\cos(g_{M_4}-2g_{M_2})+M_6\left(1-3\frac{S_2}{M_2}\right)\cos(g_{M_6}-3g_{M_2}) \quad (8.24)$$

12. 平均小潮低潮面

平均小潮低潮面为

$$N\bar{Z}_1=-1.057(M_2-S_2)-0.074\frac{(K_1+O_1)^2}{M_2}-0.061\frac{(K_1+O_1)^2}{M_2}\cos(g_{K_1}+g_{O_1}-g_{M_2})+$$
$$M_4\left(1-2\frac{S_2}{M_2}\right)\cos(g_{M_4}-2g_{M_2})-M_6\left(1-3\frac{S_2}{M_2}\right)\cos(g_{M_6}-3g_{M_2}) \quad (8.25)$$

13. 平均小潮差

平均小潮差为

$$Np=2.114(M_2-S_2)+0.148\frac{(K_1+O_1)^2}{M_2}+2M_6\left(1-3\frac{S_2}{M_2}\right)\cos(g_{M_6}-3g_{M_2}) \quad (8.26)$$

14. 小潮平均半潮面

小潮平均半潮面为

$$Nh=S_0-M_4\left(1-2\frac{S_2}{M_2}\right)\cos(g_{M_4}-2g_{M_2})-0.061\frac{(K_1+O_1)^2}{M_2}\cos(g_{K_1}+g_{O_1}-g_{M_2}) \quad (8.27)$$

15. 没有浅水分潮影响的平均高、低潮间隙

平均高、低潮间隙是通过高、低潮时刻 T_0 和 T_1 计算的。从式(8.7)和式(8.15)可知,以半日潮为主的港口,只有 $\mathrm{M_4}$、$\mathrm{M_6}$ 等这些 $\mathrm{M_2}$ 分潮的倍潮对 T_0 和 T_1 的平均值有影响。换句话说,如果不存在浅水分潮影响,T_0 和 T_1 的平均值将等于 0,即平均高、低潮间隙将等于 $\mathrm{M_2}$ 分潮的高、低潮间隙。基于此理论,在求解平均高、低潮间隙时,分为有浅水分潮影响和无浅水分潮影响两种情况,分别对应不规则半日潮和正规半日潮。

在没有浅水分潮影响且忽略海底摩擦、海水惯性等因素的影响时,月中天时刻就应发生高潮,对应 $\mathrm{M_2}$ 分潮表达式为 $M_2\cos(q_{M_2}t+\nu_{M_2})$。但实际上,月中天时刻和高潮时刻存在一个时间差,即高潮间隙,对应的相角的符号表示就是 g_{M_2}。因此,$\mathrm{M_2}$ 分潮的高潮间隙也就是近似的平均高潮间隙,即

$$MHWI=\frac{g_{M_2}}{q_{M_2}} \quad (8.28)$$

近似的平均低潮间隙为

$$MLWI=\frac{g_{M_2}+\pi}{q_{M_2}} \quad (8.29)$$

16. 有浅水分潮影响的平均高、低潮间隙

存在浅水分潮影响时，在 T_0 表达式 $\sum B_i q_i$ 中，非浅水分潮项的和可取为 0，因而可得

$$\sum B_i q_i = M_4 q_{M_4} \cos(g_{M_4} - 2g_{M_2}) - M_6 q_{M_6} \cos(g_{M_6} - 3g_{M_2})$$

考虑存在上式的影响，求此时的高潮间隙应在无浅水分潮影响时的高潮间隙基础上加上浅水分潮所造成的时间差，即

$$T_0 = \frac{\sum B_i q_i}{M_2 q_{M_2}^2} = \frac{M_4 q_{M_4}}{M_2 q_{M_2}^2} \sin(g_{M_4} - 2g_{M_2}) + \frac{M_6 q_{M_6}}{M_2 q_{M_2}^2} \sin(g_{M_6} - 3g_{M_2})$$

顾及 $q_{M_4} = 2q_{M_2}$、$q_{M_6} = 3q_{M_2}$，从而推得浅水分潮影响的平均高潮间隙为

$$\begin{aligned} MHWI &= \frac{g_{M_2}}{q_{M_2}} + T_0 = \frac{g_{M_2}}{q_{M_2}} + \frac{M_4 q_{M_4}}{M_2 q_{M_2}^2} \sin(g_{M_4} - 2g_{M_2}) + \frac{M_6 q_{M_6}}{M_2 q_{M_2}^2} \sin(g_{M_6} - 3g_{M_2}) \\ &= \frac{1}{q_{M_2}} \left(g_{M_2} + \frac{2M_4}{M_2} \sin(g_{M_4} - 2g_{M_2}) + \frac{3M_6}{M_2} \sin(g_{M_6} - 3g_{M_2}) \right) \end{aligned} \tag{8.30}$$

同理，平均低潮间隙为

$$MLWI = \frac{1}{q_{M_2}} \left(g_{M_2} + \pi - \frac{2M_4}{M_2} \sin(g_{M_4} - 2g_{M_2}) + \frac{3M_6}{M_2} \sin(g_{M_6} - 3g_{M_2}) \right) \tag{8.31}$$

式(8.30)与式(8.31)在计算时应注意，后两项单位为弧度，g_{M_2} 为角度值，计算时应统一化为角度值。

对于任一潮汐，式(8.30)和式(8.31)主要是从理论角度出发计算高、低潮间隙，与实际高、低潮间隙可能存在偏差，这主要是由于其他分潮的影响。例如，S_2 分潮对平均高潮间隙的影响可达±75 分钟，N_2 分潮影响为±23 分钟，K_2 分潮影响为±15 分钟。根据实际计算，S_2 分潮的最大差值将发生在大潮后的 4.83 天和小潮后的 2.56 天。在推得某一潮汐的以上数据后，应当在采集原始数据的同时，记录采样时刻与大(小)潮时刻之差，从而便于准确地由模型计算法求出平均高、低潮间隙，详细参阅相关文献(方国洪 等，1986)。

这里还需说明的是，在利用模型计算求取平均高、低潮间隙时，还应注意实际间隙值不应超过 M_2 分潮的一个周期，即在 0～12.42 小时。对于不在此范围的数值应加上或减去 12.42 小时用以修正。

17. 平均高低潮不等

正规半日潮另一个重要的特征值之一就是平均高高潮(高低潮)与平均低高潮(低低潮)之差，称为平均高低潮不等，它能够概略反映半日潮性质的大小。其产生原因主要是存在日潮(K_1、O_1 为主的日分潮)对潮位的影响。当日潮发生高潮，并与半日潮波峰叠加时，发生高高潮；当日潮发生低潮，并与半日潮另一波峰叠加时，

发生低高潮。因此,假设日潮潮高表达式为

$$B\cos(q_1 t+\beta)$$

式中,B 为日潮振幅,q_1 为日潮角速率,t 为以半日潮高潮时刻为时间原点的时间变量,β 为日潮与半日潮位相差。可得高潮不等(HWQ)为 2 倍日潮影响,即

$$HWQ=|2B\cos\beta|$$

又由于近似有 $q_1=\frac{1}{2}q_2$,所以低潮不等(LWQ)又可表示为

$$LWQ=\left|2B\cos\left(\beta+\frac{\pi}{2}\right)\right|=|2B\sin\beta| \tag{8.32}$$

将式(8.32)中 B 值换为日潮平均振幅 B_0,得平均高潮不等、平均低潮不等分别为

$$MHWQ=|2B_0\cos\beta| \tag{8.33}$$

$$MLWQ=|2B_0\sin\beta| \tag{8.34}$$

将 B_0 值换为回归潮时日潮振幅 B_{Tp},得回归潮高潮不等和回归潮低潮不等分别为

$$TpHWQ=|2B_{Tp}\cos\beta| \tag{8.35}$$

$$TpLWQ=|2B_{Tp}\sin\beta| \tag{8.36}$$

以上各式具体每一项的由来和定义将在不正规半日潮部分详细论述。由各高低潮不等及平均高低潮,又可进行下一步计算得出以下各潮:

(1)平均高高潮为

$$MHHW=\bar{Z}_0+\frac{1}{2}MHWQ \tag{8.37}$$

(2)平均低高潮为

$$MLHW=\bar{Z}_0-\frac{1}{2}MHWQ \tag{8.38}$$

(3)平均低低潮为

$$MLLW=\bar{Z}_1-\frac{1}{2}MLWQ \tag{8.39}$$

(4)平均高低潮为

$$MHLW=\bar{Z}_1+\frac{1}{2}MLWQ \tag{8.40}$$

(5)回归潮平均高高潮为

$$TpMHHW=\bar{Z}_0+\frac{1}{2}TpHWQ \tag{8.41}$$

(6)回归潮平均低高潮为

$$TpMLHW=\bar{Z}_0-\frac{1}{2}TpHWQ \tag{8.42}$$

(7)回归潮平均低低潮为

$$TpMLLW=\bar{Z}_1-\frac{1}{2}TpLWQ \tag{8.43}$$

(8)回归潮平均高低潮为

$$TpMHLW=\bar{Z}_1+\frac{1}{2}TpLWQ \tag{8.44}$$

对于回归潮的平均高高潮间隙(mean higher high water interval,MHHWI)、平均低高潮间隙(mean lower high water interval,MLHWI)、平均低低潮间隙(mean lower low water interval,MLLWI)、平均高低潮间隙(mean higher low water interval,MHLWI)的计算,就要引入对月上中天或月下中天的判断。其主要依据 β 值($0°\leqslant\beta<360°$,且位于北半球)的大小,分为 4 种情况,如表 8.1 所示。

表 8.1　β 值的分类

β 的范围	结论
$\beta<90°$ 或 $\beta\geqslant270°$	高高潮时为月上中天、低高潮时为月下中天
$90°\leqslant\beta<270°$	高高潮时为月下中天、低高潮时为月上中天
$0°\leqslant\beta<180°$	低低潮时为月上中天、高低潮时为月下中天
$180°\leqslant\beta<360°$	低低潮时为月下中天、高低潮时为月上中天

当 $\beta>90°$ 或 $\beta\geqslant270°$ 时,月上中天时为高高潮,其间隙即回归潮平均高潮间隙,即

$$TpMHHWI=MHWI \tag{8.45}$$

而回归潮平均低高潮间隙就是加上或减去月上中天到月下中天的时间差值 12.42 小时,即

$$TpMLHWI=MHWI\pm12.42 \tag{8.46}$$

当 $90°\leqslant\beta<270°$时,月上中天时为低高潮,其间隙等于回归潮平均高潮间隙,即

$$TpMLHWI=MHWI \tag{8.47a}$$

而回归潮平均高高潮间隙为

$$TpMHHWI=MHWI\pm12.42 \tag{8.47b}$$

同上,当 $0°\leqslant\beta<180°$或 $180°\leqslant\beta<360°$时,可分别得回归潮平均高低潮间隙及回归潮平均低低潮间隙与回归潮平均低潮间隙(TpMLWI)的关系。

以上介绍的各潮面、潮差、四个间隙值,以及主要日分潮与主要半日分潮振幅之比、主要半日分潮振幅比和主要日分潮振幅比,即构成正规半日潮的主要特征值。需要指出的是,以上所求的半潮面及潮位值均是以平均海面为起算基准的,在实际计算中往往还要加上平均海面到深度基准面的距离。

下面给出正规半日潮地区的潮汐特征值计算实例(表 8.2)(方国洪 等,1986),其中一些主要特征值的编程计算结果如表 8.3 所示。

表 8.2 *A* 港分潮的调和常数(平均海面 $S_0=170$ cm,在海图基准面上)

分潮	O_1	K_1	M_2	S_2
H/cm	17	25	94	29
g/(°)	320	1	289	341

表 8.3 *A* 港潮汐主要特征值计算结果

特征值	计算结果	特征值	计算结果
半日潮龄	51 小时 11 分钟	平均高潮不等	55.67 cm
日潮龄	37 小时 20 分钟	平均低潮不等	15.96 cm
平均潮差	196.570 cm	回归潮高潮不等	83.01 cm
平均半潮面	169.523 cm	回归潮低潮不等	23.80 cm
平均高潮面	267.808 cm	平均高高潮	295.645 cm
平均低潮面	71.237 cm	平均低高潮	239.971 cm
平均大潮差	248.660 cm	平均低低潮	63.255 cm
大潮平均半潮面	169.682 cm	平均高低潮	79.219 cm
平均大潮高潮面	294.012 cm	回归潮平均高高潮	309.311 cm
平均大潮低潮面	45.352 cm	回归潮平均低高潮	226.304 cm
平均小潮差	140.187 cm	回归潮平均低低潮	59.336 cm
小潮平均半潮面	169.029 cm	回归潮平均高低潮	83.138 cm
平均小潮高潮面	239.123 cm	回归潮平均高高潮间隙	22 小时 23 分钟
平均小潮低潮面	98.936 cm	回归潮平均低高潮间隙	9 小时 58 分钟
平均高潮间隙	9 小时 56 分钟	回归潮平均低低潮间隙	16 小时 10 分钟
平均低潮间隙	3 小时 20 分钟	回归潮平均高低潮间隙	3 小时 45 分钟

§8.2 不正规半日潮

不正规半日潮是日潮作用加大所产生的一种潮汐现象,其特征值也要考虑日潮的影响。因此,潮高的变化主要受 M_2、O_1、K_1 分潮的影响,其余分潮可忽略,可表示为

$$\xi(t)=A\cos(q_{M_2}t+\nu_{M_2}-g_{M_2})+B_{K_1}\cos(q_{K_1}t+\nu_{K_1}-g_{K_1})+B_{O_1}\cos(q_{O_1}t+\nu_{O_1}-g_{O_1}) \tag{8.48}$$

式中,A、B_{K_1}、B_{O_1} 分别是半日潮族、K_1 分潮群和 O_1 分潮群的平均振幅。为方便计算,将日潮族采用统一角速率 q_1、天文相位角 ν_1 和迟角 g_1,且有

$$q_1=\frac{1}{2}(q_{K_1}+q_{O_1})$$

$$\nu_1=\frac{1}{2}(\nu_{K_1}+\nu_{O_1})$$

$$g_1=\frac{1}{2}(g_{K_1}+g_{O_1})$$

用下标 2 替代 M_2，将式(8.48)展开并化简为

$$\xi(t)=A\cos(q_2 t+\nu_2-g_2)+B\cos(q_1 t+\nu_1-g_1+b) \tag{8.49}$$

式中

$$B=[B_{K_1}^2+B_{O_1}^2+2B_{K_1}B_{O_1}(\cos^2 r-\sin^2 r)]^{\frac{1}{2}}$$

$$r=\frac{1}{2}(q_{K_1}-q_{O_1})t-\frac{1}{2}(\nu_{K_1}-\nu_{O_1})-\frac{1}{2}(g_{K_1}-g_{O_1})$$

$$B\cos b=(B_{K_1}+B_{O_1})\cos r$$

$$B\sin b=(B_{K_1}-B_{O_1})\sin r$$

B 的意义可理解为日潮综合影响所产生的振幅，可以看出 $r=0$ 时，$B=B_{K_1}+B_{O_1}$ 达到理论最大值，即发生回归潮；当 $r=\pm\pi/2$ 时，$B=|B_{K_1}-B_{O_1}|$ 为理论最小值，即日潮影响最小，为分点潮时刻。这两个条件在计算回归潮和分点潮时是很重要的条件，它们是确定日潮族平均振幅的依据。

为了求得日潮处于平均状态时的振幅(B_0)，实际上应对 r 的所有值求出高低潮时间，然后对这些时间的 B 值进行积分平均，且近似认为这些时间在$(0,2\pi)$区间内均匀分布，于是有

$$B_0=\int_0^{2\pi}[B_{K_1}^2+B_{O_1}^2+2B_{K_1}B_{O_1}(\cos^2 r-\sin^2 r)]^{\frac{1}{2}}\mathrm{d}r=\frac{2}{\pi}(B_{K_1}+B_{O_1})Q$$

式中，$Q=\int_0^{\frac{\pi}{2}}\sqrt{1-k^2\sin^2 r}\,\mathrm{d}r$，$k^2=\dfrac{4B_{K_1}B_{O_1}}{(B_{K_1}+B_{O_1})^2}\leqslant 1$。

关于 Q 值，在过去手工计算中，往往通过假设辅助量并以此查找人工编制的表格获得。而现阶段在计算机较为普及之后，对于定积分有了多种多样的算法。鉴于潮汐计算中精度要求较低，该积分计算可用较简便的分块矩阵法求得。

这里还需注意 B_{K_1} 与 B_{O_1} 并不能简单地用 K_1、O_1 分潮的调和常数 H_{K_1} 和 H_{O_1} 代替。因为这里的 K_1、O_1 均指的是一个分潮群，而 K_1、O_1 分别为其主要分潮，所以通过查表得的理论 B 值用分潮调和常数表示为

$$\left.\begin{aligned}B_{K_1}&=1.035K_1\\B_{O_1}&=1.019O_1\end{aligned}\right\} \tag{8.50}$$

因此，B_0 的计算公式将改为

$$B_0=\frac{2}{\pi}(1.035K_1+1.019O_1)Q \tag{8.51}$$

至此，已求出日分潮平均振幅，而半日潮平均振幅 A_0 由式(8.13)可得，在忽略浅水分潮影响及不考虑日分潮影响时，有

$$A_0=1.01M_2+0.29\frac{S_2^2}{M_2} \tag{8.52}$$

下面对式(8.49)中相位进行讨论。由式(8.49)可知，由于近似有 $B_{K_1}=B_{O_1}$，

所以 b 值是一个很小的量值，在考虑位相时可忽略。将时间原点移到半日潮高潮时刻，即令

$$t=\frac{1}{q_2}(g_2-\nu_2)+t'$$

考虑近似有 $q_2=2q_1$ 和 $\nu_2=2\nu_1$，得

$$\xi(t')=A_0\cos(q_2t')+B_0\cos(q_1t'+\beta) \tag{8.53}$$

式中，$\beta=\frac{1}{2}g_2-g_1$。

在实际观测中，$\xi(t')$ 分别要在 0～24.84 小时以内出现 4 次极值（如果日潮较大，可只有 2 次极值），即高高潮、高低潮、低高潮、低低潮，同时也可由极值条件求得平均高、低潮间隙。首先假设辅助量 ε 为 $\xi(t')$ 发生高潮时的相位，即 $q_2t'=\varepsilon$，则 $q_1t'=\varepsilon/2$，所以有

$$[\xi(t')]'|_{q_2t'=\varepsilon}=-A_0\sin\varepsilon-B_0\cos\left(\frac{\varepsilon}{2}+\beta\right)=0$$

上式变形为 $\sin\varepsilon=-0.5C\cos\left(\frac{\varepsilon}{2}+\beta\right)$，$C=\frac{B_0}{A_0}$。

同理，当分别对应半日潮发生极值的其他位相 π、2π 和 3π 时，设 $\xi(t')$ 发生高潮时的位相为 $\varepsilon_k(k=1,2,3)$，同时，由 β 又可得日潮相位 $\beta+\pi/2$、$\beta+\pi$、$\beta+3\pi/2$。这样上式中，日月相位差 β 对应不同的半日潮极值就可取为 $\beta-\pi/2$、$\beta-\pi$、$\beta-3\pi/2$。为表示方便，设此三项再加上 β 表示为 $c_k=\beta-k\pi/2(k=0,1,2,3)$。因此 ε_k 的计算式可表示为

$$\sin\varepsilon_k=-0.5C\cos\left(\frac{\varepsilon_k}{2}+c_k+\frac{k\pi}{2}\right) \tag{8.54}$$

式(8.54)为理论计算式，若使用计算机程序求解，可用迭代的方法求得近似 ε_k 值；若是手工计算法，则由 C 及 c_k 查表求得。求得 ε_k 后，将 ε_k 值代入潮高表达式，并引入辅助量 m_k，即

$$m_k=\frac{\xi(t)}{A_0}=\cos\varepsilon_k+C\cos\left(\frac{\varepsilon_k}{2}+c_k\right) \tag{8.55}$$

这里的 m_k 的具体意义为高（低）潮位与半日潮振幅之比。由于所用的基准是平均海面，因此当发生低潮时，即 $k=1$ 或 3 时，m_k 应取为负值。这一点在手工计算与程序算法中都要注意进行判断。另外，在手工查表算法中，表中所列 ε_k 值均为正，对应 c_k 值也在 180°～360°之间；若 c_k 值为 0°～180°之间，则必须按 $360°-c_k$ 的数值进行查表，并对 ε_k 值加负号，再进行下一步计算。

在求得 m_k 之后，易得半日潮的 4 个潮位值（潮位值为哪种潮位的具体判断参见 8.1 节 β 值的判断）为

$$Z_k=m_kA_0$$

式中，$k=0、1、2、3$。4 个平均间隙值为

$$I_k=\begin{cases}\dfrac{g_2+\varepsilon_k}{q_2}\\ \dfrac{g_2+\varepsilon_k+\pi}{q_2}\end{cases} \tag{8.56}$$

式中，高潮时，$k=0、2$；低潮时，$k=1、3$。求得 4 个潮位之后，得到平均大的潮差（平均高高潮与平均低低潮之差，M_g）和平均小的潮差（平均低高潮与平均高低潮之差，M_s），这两个值也作为描述潮汐的特征值处理。

以上所求的 4 个潮位值及其间隙的算法，具有一定的典型性，即当 $0.5<C<2.0$时均可使用。而 C 值除取日、月分潮平均振幅比外，还可以取为回归潮时日、月分潮平均振幅比 B_{Tp}/A_{Tp} 或分点潮时日、月分潮平均振幅比 B_e/A_e，对应能够求得回归潮时和分点潮时的高高潮位、高低潮位、低高潮位、低低潮位及各潮位的间隙值。此外，当 $0.5<C<4.0$ 时，该算法也可使用，但此时低高潮位与高低潮位往往相近，所以不考虑在潮汐特征值范围之内，特征值仅取高高潮位和低低潮位。

总之，以上 4 个潮位的算法适用于 $0.5<C<4.0$ 中的任何情况，在程序算法中，要编制一个专用的函数，为混合潮甚至正规日潮计算时所使用。

以下讨论不正规半日潮在产生回归潮时的特征值的计算过程。

不正规半日潮在产生回归潮时，K_1、O_1 分潮同时发生高潮，由式(8.49)可得，发生回归潮即 $r=0$ 时，就平均而言，潮位可表达为

$$\xi_{Tp}(t)=A_{Tp}\cos q_2 t+B_{Tp}\cos(q_1 t+\beta)$$

注意，在发生回归潮时，半日潮 K_2 与 M_2 分潮位相相反，故半日潮在回归潮时的平均振幅为

$$A_{Tp}=M_2-K_2+\frac{0.042q_{M_2}^2M_2^2+1.01q_{S_2}^2S_2^2}{4(M_2q_{M_2}^2-K_2q_{K_2}^2)}=0.89M_2+0.31\frac{S_2^2}{M_2} \tag{8.57}$$

关于日潮的平均振幅，由式(8.49)及假设条件 $O_1=0.711K_1$，得

$$B_{Tp}=B_{K_1}+B_{O_1}=1.028(K_1+O_1) \tag{8.58}$$

这样在已知 β、A_{Tp}、B_{Tp} 等回归潮相关信息后，就可以根据前述求 4 个潮位及间隙的方法，求出回归潮的 4 个或 2 个潮位值（$TpMHHW$、$TpMLHW$、$TpMLLW$、$TpMHLW$）及间隙值（$TpMHHWI$、$TpMLHWI$、$TpMLLWI$、$TpMHLWI$）、回归潮平均大的潮差（G_c）及回归潮平均小的潮差（S_c）。

在不正规半日潮地区内，半日潮影响相当于正规半日潮，虽然有所减弱，但仍起决定性作用，在总体平均信息中，该地区的高潮时刻仍然十分接近半日潮高潮时刻。因此，对于平均半潮面、平均大潮差、平均小潮差的计算，仍然可以按照正规半日潮的计算方法计算。

1. 平均潮差

平均潮差为

$$Mn=2.02M_2+0.58\frac{S_2^2}{M_2}+0.08\frac{(K_1+O_1)^2}{M_2}+2M_6\cos(g_{M_6}-3g_{M_2}) \tag{8.59}$$

式中,后两项为浅水分潮影响。

2. 平均半潮面

平均半潮面为

$$MHTL=S_0+M_4\cos(g_{M_4}-2g_{M_2})-0.03\frac{(K_1+O_1)^2}{M_2}\cos(g_{K_1}+g_{O_1}-g_{M_2}) \tag{8.60}$$

式中,第二项为浅水分潮影响。

3. 平均高潮面

平均高潮面为

$$\overline{Z}_0=MHTL+\frac{1}{2}Mn \tag{8.61}$$

4. 平均低潮面

平均低潮面为

$$\overline{Z}_1=MHTL-\frac{1}{2}Mn \tag{8.62}$$

5. 平均大潮差

平均大潮差为

$$Sg=2.014(M_2+S_2)+0.050\frac{(K_1+O_1)^2}{M_2}+2M_6\left(1+3\frac{S_2}{M_2}\right)\cos(g_{M_6}-3g_{M_2}) \tag{8.63}$$

式中,最后一项为浅水分潮影响。

6. 大潮平均半潮面

大潮平均半潮面为

$$Sh=S_0+M_4\left(1+2\frac{S_2}{M_2}\right)\cos(g_{M_4}-2g_{M_2})-0.020M_6\frac{(K_1+O_1)^2}{M_2}\cos(g_{K_1}+g_{O_1}-g_{M_2}) \tag{8.64}$$

式中,第二项为浅水分潮影响。

7. 平均大潮高潮面

平均大潮高潮面为

$$S\overline{Z}_0=Sh+\frac{1}{2}Sg \tag{8.65}$$

8. 平均大潮低潮面

平均大潮低潮面为

$$S\bar{Z}_1 = Sh - \frac{1}{2}Sg \tag{8.66}$$

9. 平均小潮差

平均小潮差为

$$Np = 2.114(M_2 - S_2) + 0.148\,\frac{(K_1 + O_1)^2}{M_2} + 2M_6\left(1 - 3\,\frac{S_2}{M_2}\right)\cos(g_{M_6} - 3g_{M_2}) \tag{8.67}$$

式中,最后一项为浅水分潮影响。

10. 小潮平均半潮面

小潮平均半潮面为

$$Nh = S_0 + M_4\left(1 - 2\,\frac{S_2}{M_2}\right)\cos(g_{M_4} - 2g_{M_2}) - 0.061\,\frac{(K_1 + O_1)^2}{M_2}\cos(g_{K_1} + g_{O_1} - g_{M_2}) \tag{8.68}$$

式中,第二项为浅水分潮影响。

11. 平均小潮高潮面

平均小潮高潮面为

$$N\bar{Z}_0 = Nh + \frac{1}{2}Np \tag{8.69}$$

12. 平均小潮低潮面

平均小潮低潮面为

$$N\bar{Z}_1 = Nh - \frac{1}{2}Np \tag{8.70}$$

以上 12 项、日潮龄、半日潮龄、平均的与回归潮的 4 个潮位和 4 个间隙及大小潮差,以及主要日分潮与主要半日分潮振幅之比、主要半日分潮振幅比和主要日分潮振幅比,即构成不正规半日潮的主要特征值。与正规半日潮一样,这里的半潮面值和潮位值均是以平均海面为起算基准的,在实际计算中,要加上平均海面到深度基准面的距离。

下面给出不正规半日潮地区的潮汐特征值计算实例(表 8.4)(方国洪 等,1986),其中一些主要特征值的编程计算结果如表 8.5 所示。

表 8.4　*B* 港主要分潮的调和常数(平均海面 $S_0 = 285$ cm,在海图基准面上)

分潮	O_1	K_1	M_2	S_2
H/cm	35	52	122	45
g/(°)	203	218	226	288

表 8.5 **B** 港潮汐主要特征值计算结果

特征值	计算结果	特征值	计算结果
半日潮龄	61 小时 1 分钟	平均高低潮	216.483 cm
日潮龄	13 小时 39 分钟	平均高高潮间隙	19 小时 45 分钟
平均潮差	261.030 cm	平均低高潮间隙	8 小时 15 分钟
平均半潮面	286.798 cm	平均低低潮间隙	1 小时 38 分钟
平均高潮面	417.313 cm	平均高低潮间隙	13 小时 56 分钟
平均低潮面	156.283 cm	平均大的潮差	326.963 cm
平均大潮差	339.440 cm	平均小的潮差	192.227 cm
大潮平均半潮面	286.199 cm	回归潮平均高高潮	418.823 cm
平均大潮高潮面	449.680 cm	回归潮平均低高潮	395.924 cm
平均大潮低潮面	122.717 cm	回归潮平均低低潮	82.478 cm
平均小潮差	171.960 cm	回归潮平均高低潮	259.759 cm
小潮平均半潮面	288.626 cm	回归潮平均高高潮间隙	19 小时 27 分钟
平均小潮高潮面	384.769 cm	回归潮平均低高潮间隙	8 小时 35 分钟
平均小潮低潮面	192.542 cm	回归潮平均低低潮间隙	1 小时 40 分钟
平均高高潮	424.292 cm	回归潮平均高低潮间隙	13 小时 52 分钟
平均低高潮	408.709 cm	回归潮平均大的潮差	336.345 cm
平均低低潮	97.328 cm	回顾潮平均小的潮差	136.164 cm

§8.3 不正规日潮

不正规日潮地区的各项潮汐特征值计算原理与不正规半日潮计算原理相同。首先求出半日潮与日潮的平均振幅 A_0 和 B_0 及半日潮与日潮的相位差 β，而后按下式计算

$$C_0=\frac{A_0}{B_0}$$

$$c_k=\beta-\frac{\pi}{2}k$$

式中，$k=0$、1、2、3。求出 C_0 与 c_k 值，按 8.2 节所述的方法查表或进行迭代计算即可求得平均高高潮及平均高高潮间隙（*MHHW*、*MHHWI*）、平均高低潮及平均高低潮间隙（*MHLW*、*MHLWI*）、平均低高潮及平均低高潮间隙（*MLHW*、*MLHWI*）、平均低低潮及平均低低潮间隙（*MLLW*、*MLLWI*）、平均大的及小的潮差（*Mg*、*Ms*）。同理也可得回归潮时相应量的数值，但往往不正规日潮在产生回归

潮时，$2.0<C_{Tp}<4.0$，即日潮影响相对较大，低高潮与高低潮相差无几，因此在求特征值时仅考虑回归潮平均高高潮及间隙（$TpMHHW$、$TpMHHWI$）、回归潮平均低低潮及间隙（$TpMLLW$、$TpMLLWI$）、回归潮平均大的潮差（G_c）。

下面说明分点潮时刻潮位等其他特征值的具体算法。

由式(8.49)可知，在分点潮时刻，$r=\pm\pi/2$，因此潮高表达式可表示为

$$\xi_e(t)=A_e\cos q_2 t+B_e\cos\left(q_1 t+\beta\pm\frac{\pi}{2}\right) \tag{8.71}$$

注意，在分点潮时 K_2 与 M_2 分潮的位相相合，分点潮时的半日潮平均振幅（方国洪 等，1986）为

$$\begin{aligned}A_e&=M_2+K_2+\frac{0.042q_{M_2}^2M_2^2+1.01q_{S_2}^2S_2^2}{4(M_2q_{M_2}^2+K_2q_{K_2}^2)}\\&\approx 1.14M_2+0.24\frac{S_2^2}{M_2}\end{aligned} \tag{8.72}$$

同时又由式(8.49)及假设 $O_1=0.711K_1$ 通过查表可得日潮平均振幅为

$$B_e=|B_{K_1}-B_{O_1}|\approx 1.073|K_1-O_1| \tag{8.73}$$

在实际潮汐现象中，呈不正规日潮性质的地区，在分点潮时刻，其日潮相对于半日潮影响很小，因此在分点潮时刻的特征值可按正规半日潮计算方法计算。将式(8.49)中三角函数在半日潮高潮时展开为泰勒级数的展开式并取至二次项，即得 ξ_e 的高潮位为

$$EZ_0=A_e\pm B_e\sin\beta+\frac{B_e^2}{8A_e}\cos^2\beta \tag{8.74}$$

取其平均值即得分点潮平均高潮面，即

$$E\bar{Z}_0=A_e+\frac{B_e^2}{8A_e}\cos^2\beta \tag{8.75}$$

同理可得分点潮平均低潮面，即

$$E\bar{Z}_1=-A_e-\frac{B_e^2}{8A_e}\sin^2\beta \tag{8.76}$$

由此得分点潮平均潮差（M_e）和分点潮平均半潮面（Eh）分别为

$$M_e=2A_e+\frac{B_e^2}{8A_e} \tag{8.77}$$

$$Eh=\frac{B_e^2}{16A_e}\cos 2\beta \tag{8.78}$$

至于分点潮的平均高、低潮间隙，由于高、低潮时间近似为半日潮发生高、低潮的时间，因此不正规日潮地区分点潮的高、低潮间隙均可按正规半日潮的高、低潮间隙计算方法计算。分点潮平均高潮间隙、分点潮平均低潮间隙分别为

$$EMHWI=0.034\,5g_{M_2} \tag{8.79}$$

$$EMLWI = 0.034\,5(g_{M_2} - 180°) \tag{8.80}$$

虽然大部分不正规(半)日潮港在发生分点潮时半日潮影响远大于日潮影响，但理论上假如日分潮相对于半日潮不可忽略，则应根据 $C_e = B_e/A_e$ 和 $c_k = \beta + \pi(1-k)/2(k=0,1,2,3)$进行查表或迭代计算(同 8.2 节计算潮位和间隙的方法)，从而求得分点潮的平均高高潮、平均高低潮、平均低高潮、平均低低潮及间隙。然后分别计算两个高潮位和两个低潮位的平均值，即得平均高潮面和平均低潮面。但是如果存在明显的日潮不等，则应根据情况对计算结果予以说明。

以上介绍的各潮面、潮差、间隙等加上半日潮龄和日潮龄，以及主要日分潮与主要半日分潮振幅之比、主要半日分潮振幅比和主要日分潮振幅比即构成不正规日潮的主要特征值。

下面给出不正规日潮地区的潮汐特征值计算实例(表 8.6)(方国洪 等，1986)，其中一些主要特征值的编程计算结果如表 8.7 所示。

表 8.6 *C* 港分潮的调和常数表(平均海面 $S_0 = 100$ cm，在海图基准面上)

分潮	O_1	K_1	M_2	S_2
H/cm	25.7	30.8	27.5	10.4
g/(°)	250.7	293.8	251.2	279.6

表 8.7 *C* 港潮汐主要特征值计算结果

特征值	计算结果	特征值	计算结果
半日潮龄	27 小时 57 分钟	回归潮平均高高潮	177.569 cm
日潮龄	39 小时 15 分钟	回归潮平均低低潮	33.707 cm
平均高高潮	161.890 cm	回归潮平均大的潮差	143.862 cm
平均低高潮	99.972 cm	回归潮平均高高潮间隙	20 小时 15 分钟
平均低低潮	46.711 cm	回归潮平均低低潮间隙	3 小时 53 分钟
平均高低潮	86.559 cm	分点潮平均潮差	64.70 cm
平均大的潮差	115.179 cm	分点潮平均半潮面	100.098 cm
平均小的潮差	13.413 cm	分点潮平均高潮面	132.450 cm
平均高高潮间隙	20 小时 31 分钟	分点潮平均低潮面	67.747 cm
平均低高潮间隙	9 小时 39 分钟	分点潮平均高潮间隙	8 小时 39 分钟
平均低低潮间隙	3 小时 22 分钟	分点潮平均低潮间隙	2 小时 27 分钟
平均高低潮间隙	13 小时 31 分钟		

§8.4 正规日潮

在正规日潮地区，日潮已成为潮位变化的主导因素，这时式(8.49)的极值将发生在日潮极值的附近。因此，为了计算极值出现的时刻及潮位值，应将时间原点置于日潮的极值时刻处，对于日潮处于平均状态的情况，式(8.53)应改为

$$\xi(t)=A_0\cos(q_2t+\eta)+B_0\cos(q_1t) \tag{8.81}$$

式中，类似 β 取值的含义，有 $\eta=2g_1-g_2=g_{K_1}+g_{O_1}-g_{M_2}$，即日潮在极值时刻是半日潮的相位。

对式(8.81)求导数，且假设高潮时为 T_0(以日潮高潮时为时间原点)，得

$$\xi'(t)=-2A_0q_2\sin(q_2T_0+\eta)-B_0q_1\sin(q_1T_0)=0$$

变形简化得

$$\sin q_2T_0(4A_0\cos(q_1T_0+\eta)+B_0)=2A_0\sin\eta$$

由于 T_0 是个小量，故又可计算 T_0 的第一近似值

$$\sin q_1T_0^{(0)}=\frac{-\sin\eta}{2\left(\dfrac{B_0}{4A_0}+\cos\eta\right)}$$

而后按式

$$\sin q_1T_0^{(n)}=\frac{-\sin\eta}{2\left(\dfrac{B_0}{4A_0}+\cos(q_1T_0^{(n-1)}+\eta)\right)} \tag{8.82}$$

进行迭代计算，得出满足一定精度要求的 T_0 值。解出 T_0 之后，即可求得平均高高潮及其间隙，即

$$MHHW=A_0\cos(2q_1T_0+\eta)+B_0\cos q_1T_0 \tag{8.83}$$

$$MHHWI=\frac{g_1}{q_1}+T_0 \tag{8.84}$$

对于低潮，若是将时间原点置于日潮的低潮时刻，则类似地可用

$$\sin q_1T_0^{(0)}=\frac{\sin\eta}{2\left(\dfrac{B_0}{4A_0}-\cos\eta\right)}$$

$$\sin q_1T_0^{(n)}=\frac{\sin\eta}{2\left(\dfrac{B_0}{4A_0}-\cos(q_1T_0^{(n-1)}+\eta)\right)} \tag{8.85}$$

求得低潮时 T_1，然后得平均低低潮及其间隙，即

$$MLLW=A_0\cos(2q_1T_1+\eta)-B_0\cos q_1T_1 \tag{8.86}$$

$$MLLWI=\frac{g_1+\pi}{q_1}+T_1 \tag{8.87}$$

平均大的潮差为

$$Mg=MHHW-MLLW \tag{8.88}$$

对于回归潮，只需将以上各式中的 A_0 和 B_0 换成 A_{Tp} 和 B_{Tp}，即可用同样的方

法计算回归潮的上述特征值，分别记为 $TpMHHW$、$TpMHHWI$、$TpMLLW$、$TpMLLWI$、G_c。

需要指出的是，仅仅为了与不正规半日潮一致，才将这里的高潮和低潮称作高高潮和低低潮。实际上当 $C>4.0$ 时，在一个太阴日内只存在一个高潮和低潮，因而并不存在日潮不等现象。由于高高潮和低低潮总是发生在日潮的高潮和低潮附近，所以平均高高潮间隙和平均低低潮间隙，也总是对应着月上中天和北赤纬（海区位于北半球）。

另外，以上这种算法只适用于 $C>4.0$ 的情况。这一点可以从式(8.82)和式(8.85)中看出，因为当 $C\leqslant 4.0$ 时，不能保证满足 $|\sin qT|\leqslant 1$。按照划分潮港类型的标准，凡是 $(K_1+O_1)/M_2$ 大于 4.0 的潮港即定为正规日潮港。显然，满足这个条件的港口并不一定能满足 $C>4.0$，因此在计算正规日潮港的潮汐特征值时，有时还必须用到 8.2 节中的方法。正规日潮地区中的分点潮时刻就是一个典型的例子。

在分点潮时，通过实际观测资料证明，半日潮影响和日潮影响相差不多。因而，在正规日潮地区中，求分点潮时的潮位和间隙不能按照求回归潮的方法计算，而应由 $C_e=B_e/A_e$、$c_k=\beta+\pi(1-k)/2(k=0,1,2,3)$ 查表或进行迭代计算求得，而后取高高潮和低低潮的平均值为分点潮高潮平均高、低潮。

(1)分点潮平均高潮面为

$$E\bar{Z}_{e_0}=\frac{1}{2}(HHW+LHW) \tag{8.89}$$

(2)分点潮平均低潮面为

$$E\bar{Z}_{e_1}=\frac{1}{2}(LLW+HLW) \tag{8.90}$$

(3)分点潮平均潮差为

$$M_e=E\bar{Z}_{e_0}-E\bar{Z}_{e_1} \tag{8.91}$$

(4)分点潮大的潮差为

$$Eg=HHW-LLW \tag{8.92}$$

(5)分点潮小的潮差为

$$Es=LHW-LLW \tag{8.93}$$

(6)分点潮平均高潮间隙为

$$EMHWI=0.034\,5g_{M_2} \tag{8.94}$$

(7)分点潮平均低潮间隙为

$$EMLWI=0.034\,5(g_{M_2}\pm 180°) \tag{8.95}$$

以上介绍的各潮面、潮差、间隙等加上半日潮龄和日潮龄，以及主要日分潮与主要半日分潮振幅之比、主要半日分潮振幅比和主要日分潮振幅比，即构成正规日潮的主要特征值。

下面给出不正规日潮地区的潮汐特征值计算实例(表 8.8)(方国洪 等,1986),其中一些主要特征值的编程计算结果如表 8.9 所示。

表 8.8　*D* 港分潮的调和常数表(平均海面 $S_0 = 244$ cm,在海图基准面上)

分潮	O_1	K_1	M_2	S_2
H/cm	17	25	94	29
g/(°)	320	1	289	341

表 8.9　*D* 港潮汐主要特征值计算结果

特征值	计算结果	特征值	计算结果
半日潮龄	219 小时 30 分钟	回归潮平均低低潮间隙	3 小时 18 分钟
日潮龄	30 小时 9 分钟	回归潮平均大的潮差	423.55 cm
平均高高潮	412.737 cm	分点潮平均高潮面	273.882 cm
平均高高潮间隙	15 小时 53 分钟	分点潮平均低潮面	206.48 cm
平均低低潮	128.054 cm	分点潮平均潮差	67.45 cm
平均低低潮间隙	3 小时 01 分钟	分点潮大的潮差	111.74 cm
平均大的潮差	284.68 cm	分点潮小的潮差	23.17 cm
回归潮平均高高潮	479.122 cm	分点潮平均高潮间隙	3 小时 33 分钟
回归潮平均高高潮间隙	15 小时 56 分钟	分点潮平均低潮间隙	9 小时 45 分钟
回归潮平均低低潮	55.568 cm		

§8.5　海洋工程水位计算

在海港工程设计及海上建筑设计中往往还需要三种基本水位资料作为重要的设计依据:设计高(低)水位、校核高(低)水位和乘潮水位。

8.5.1　设计高(低)水位

设计高(低)水位是海洋工程设计的重要参数,是指港工建筑物在正常使用条件下的高(低)水位。设计高(低)水位是由工程结构、使用要求、潮位情况等多个方面的因素综合确定的。对码头而言,设计高水位是码头高的重要参考依据;设计低水位又是港池深度和航道设计的水深基准,在该水位下按设计的最大船舶满载吃水加预留深度确定。既保证设计中考虑的最大船舶在各种载重情况下能够安全靠泊并进行装卸作业,又保证在各种设计荷载下满足码头结构、地基强度和稳定性的要求,以及在最大船舶满载情况下在港池内和航道上的安全航行要求。因此,设计高(低)水位的确定与深度基准面类似。

欧美和日本等国家和地区常采用平均大潮高、低潮面作为海港的设计高、低水位;俄罗斯通常采用潮位历时累计频率(一般称为保证率)1%和99%的水位作为设计高、低水位;有的国家还采用高潮累计频率10%和低潮累计频率90%的水位作为设计高、低水位。

根据海洋工程设计能够采用的潮位观测数据的长短,可采用不同的方法计算得到设计高(低)水位。一般情况下,对拥有一年以上连续水位观测资料的地区,其设计高(低)水位计算采用潮位频率统计法求得;对靠近长期验潮站的地区而无长期水位观测数据的情况下,往往采用同步潮差比传递法推求。

1. 频率统计法

频率统计法适用于具有长期水位观测资料的港口。我国的《港口与航道水文规范》(JTS 145—2015)中规定,对于海岸港和潮汐作用明显的河口港,设计高水位采用高潮累计频率10%的潮位,简称高潮10%;设计低水位采用低潮累计频率90%的潮位,简称低潮90%。也可采用历时累计频率1%的潮位作为设计高水位,历时累计频率98%的潮位作为设计低水位,统计和绘制高、低潮及历时累计频率曲线。

频率统计法与内陆水域测量中深度基准面确定的综合历时曲线法相似,历时累计频率曲线对半日潮港至少需要一年以上或多年的潮位观测资料;对日潮较大或以日潮为主的港口,观测资料应更长。下面以一年水位观测数据为例,其基本步骤如下:

(1)根据获得的实测高低水位分级统计不同水位级高(低)潮出现次数。水位级的划分从水位零点开始,按一定间隔(通常采用10 cm)分级,如0~9 cm为一级、10~19 cm为一级、−10~−1 cm为一级、−20~−11 cm为一级等。

(2)统计全年各水位级或不同区间内高(低)潮水位出现的次数。

(3)由高至低将出现的水位次数累加,得全年由高至低对应各水位级的累计次数。

(4)将各水位级的累计次数除以参加统计的高(低)潮水位的总次数得各水位级的累计频率,以%表示。

(5)将统计结果利用厘米方格纸绘制高(低)潮累计频率曲线。一般以横坐标为累计频率值,纵坐标为水位值。每一累计频率值对应相应水位级的中点进行展点(累计频率点),将各累计频率点连接而成的光滑曲线即为高(低)潮累计频率曲线。从高(低)潮累计频率曲线和高(低)潮水位统计表内插可以获得《港口与航道水文规范》中规定频率的设计高(低)潮水位值。

表8.10为某港某年部分高潮水位统计表,低潮水位统计表与高潮水位统计表类似,统计表有时按月进行统计;图8.1为某港的高(低)潮累计频率曲线。实际上,也可利用计算机和数理统计学中计算分位数的方法,编程统计和绘制累计频率曲线和计算设计高(低)水位。

表 8.10　某港某年高潮水位频率统计

水位级/cm	高潮次数	累计次数	累计频率/(%)
370～379	8	8	1.13
360～369	18	26	3.69
350～359	19	45	6.38
⋮	⋮	⋮	⋮
160～169	2	705	100.00

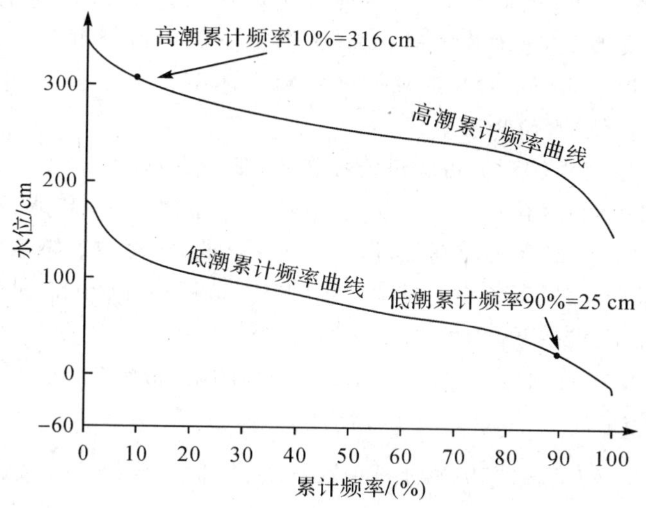

图 8.1　某港高(低)潮累计频率曲线

2. 同步潮差比传递法

同步潮差比传递法与深度基准面的潮差比传递法相同。新建港口因缺乏长期水位观测资料,不能采用频率统计法获得设计高(低)水位,一般与邻近潮汐性质相似的长期验潮站进行至少一个月的同步水位观测,根据同步观测期间的长期验潮站和短期验潮站(新建港)的平均潮差,求取短期验潮站(新建港)的设计高(低)水位。其基本数学模型为

$$h_{sy}=A_{Ny}+\frac{R_y}{R_x}(h_{sx}-A_{Nx}) \tag{8.96}$$

式中,h_{sx}、h_{sy} 分别为长期验潮站和短期验潮站的设计高(低)水位,R_x、R_y 分别为长期验潮站和短期验潮站同步观测期间的平均潮差,A_{Nx}、A_{Ny} 分别为长期验潮站和短期验潮站年平均海面。因两验潮站距离和气象水文环境相似,假定两验潮站的年平均海面及同步观测期间的平均海面一致,则

$$A_{Ny}=A_y+\Delta A_x \tag{8.97}$$

式中,A_y 为短期验潮站同步观测期间的平均海面,ΔA_x 为长期验潮站年平均海面

与同步期间平均海面之差。

8.5.2 校核高(低)水位

校核高(低)水位是指港口在非正常气象条件下的特殊高(低)潮位。虽然在这些特殊高(低)潮位下,港口、码头等并不需要正常使用或进行作业任务,但仍要求保证码头不能被海水淹没,避免码头上堆积的货物和设施浸泡在海水中而造成不必要的损失;同时也应保证在各种载荷下,码头的结构和地基有必要的安全度。

在海港工程中,校核高(低)水位一般采用重现期为 50 年一遇的高(低)水位。《港口与航道水文规范》考虑我国拥有 30 年以上连续水位观测资料的港口并不是太多,故在计算校核高(低)水位时所需的资料一般不少于连续 20 年,当然资料越长计算的校核高(低)水位越准确。

1. 对 20 年以上水位观测资料进行校核高(低)水位计算

计算校核高(低)水位一般采用第Ⅰ型极值分布律,由 n 年水位观测资料,每年选取一个最高(低)的高(低)潮位,即 n 个最高(低)潮潮位。陈宗镛(1980)利用式(8.98)查表求取 λ_{pn} 计算多年一遇高(低)水位;黄祖珂等(2005)从累计分布函数推导 λ_{pn} 出发,利用式(8.98)计算多年一遇高(低)水位。

n 年的年最高(低)潮位值为 h_i,则多年一遇的高(低)水位为

$$h_p=\bar{h}\pm\lambda_{pn}S \tag{8.98}$$

式中,$\bar{h}$ 为 n 年 h_i 的平均值,n 为资料年数,i 为高(低)潮位值 h_i 按递减(低潮按递增)次序排列的序号,$\bar{h}=\frac{1}{n}\sum_{i=1}^{n}h_i$;$S$ 为 n 年 h_i 的标准差,$S=\sqrt{\frac{1}{n}\sum_{i=1}^{n}h_i^2-\bar{h}^2}$;$\lambda_{pn}$ 为与经验频率 p 及 n 相关的系数,$\lambda_{pn}=\frac{1}{\sigma_n}\{-\ln[\ln(1-p)]-\bar{y}_n\}$,$p$ 为第 i 项经验频率,$p=\frac{i}{n+1}\times100\%$,$\bar{y}_n=\frac{1}{n}\sum_{i=1}^{n}y_i$,$y_i=-\ln\left[-\ln\left(1-\frac{i}{n+i}\right)\right](i=1,2,\cdots,n)$,$\sigma_n=\sqrt{\frac{1}{n}\sum_{i=1}^{n}y_i^2-\bar{y}_n^2}$;$h_p$ 为与经验频率 p 对应的高(低)水位值;符号"±"中高水位计算采用"+",低水位计算采用"-"。

在海港工程中常用到极端高水位和极端低水位,这涉及重现期。重现期以 T_R 表示,单位为年,其与经验频率的关系为 $T_R=\frac{1}{p}$。例如,50 年一遇高(低)水位,$T_R=50$,$p=2\%$;100 年一遇高(低)水位,$T_R=100$,$p=1\%$。

在概率格纸上绘出高(低)潮水位的理论频率曲线和经验频率点,以检验理论频率曲线和经验频率点的符合程度。图 8.2 为陈宗镛(1980)给出的 22 年的该港(1956—1977 年)低潮重现期曲线图,表 8.11 为图 8.2 中该港 22 年低水位观测数

据及其经验频率，其中第 4 列是第 5 列按水位值从小到大出现年份的顺序排列。

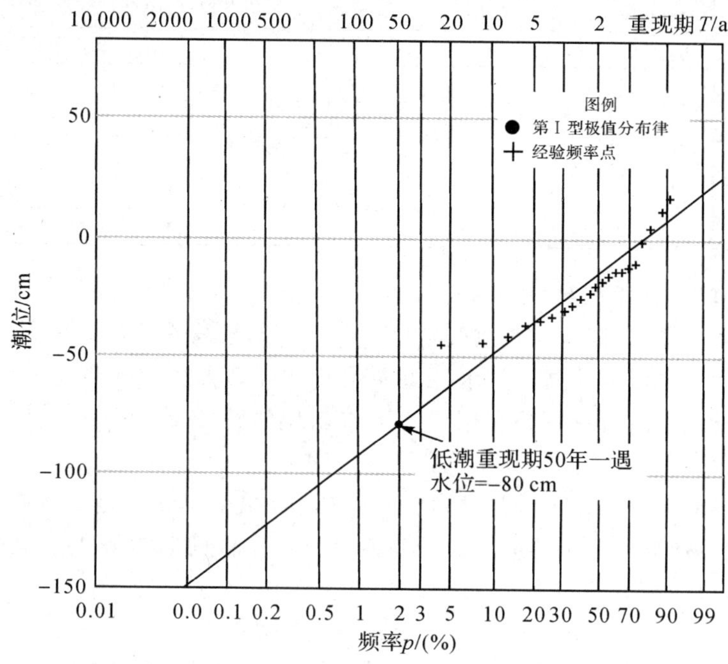

图 8.2　某港（1956—1977 年）低潮重现期曲线

表 8.11　某港 22 年低水位观测数据及其经验频率

年份	h/cm	顺序	年份	h_i/cm	经验频率 p/(%)
1956	−46	1	1956	−46	4.4
1957	−32	2	1961	−46	8.7
1958	−20	3	1966	−44	13.0
1959	−14	4	1970	−39	17.4
1960	30	5	1974	−37	21.7
1961	−46	6	1962	−36	26.1
1962	−36	7	1957	−32	30.4
1963	−22	8	1967	−30	34.8
1964	−15	9	1971	−26	39.1
1965	15	10	1975	−25	43.5
1966	−44	11	1963	−22	47.8
1967	−30	12	1958	−20	52.2
1968	−18	13	1968	−18	56.5
1969	−3	14	1972	−16	60.9
1970	−39	15	1976	−16	65.2
1971	−26	16	1964	−15	69.6

续表

年份	h/cm	顺序	年份	h_i/cm	经验频率 p/(%)
1972	−16	17	1959	−14	73.9
1973	3	18	1969	−3	78.3
1974	−37	19	1973	3	82.6
1975	−25	20	1977	10	87.0
1976	−16	21	1965	15	91.3
1977	10	22	1960	30	95.6

2. 短期验潮站校核高(低)水位计算

若缺乏必要的长期水位观测资料(小于20年),校核水位的计算方法一般有两种:一种是利用类似设计高(低)水位短期验潮站计算方法的同步潮差比传递法计算校核高(低)水位;另一种是利用历史上曾出现的特殊高(低)水位 h_N 和短期资料计算校核高(低)水位。

(1)对某港已有数年记录最高(低)水位资料(小于20年)进行调查可知,该港某年曾出现特殊高(低)水位 h_N,出现特殊高(低)水位周期约为 N 年,则多年一遇的高(低)水位的计算公式为

$$h_p = \bar{h} \pm \lambda_{pN} S \tag{8.99}$$

式中,$\bar{h} = \dfrac{1}{N}\left(h_N + \dfrac{N-1}{n}\sum_{i=1}^{n} h_i\right)$,$S = \sqrt{\dfrac{1}{N}\left(h_N^2 + \dfrac{N-1}{n}\sum_{i=1}^{n} h_i^2\right) - \bar{h}^2}$,特大值 h_N 的经验频率为 $p = \dfrac{1}{N+1} \times 100\%$,其他经验点按式(8.98)中 p 的计算公式计算。

(2)某港有不少于5年的水位观测资料,且其附近有长期验潮站,当该港的潮汐特性及气象环境状况与长期验潮站相似时,可以采用同步潮差比传递法计算校核高(低)水位,其计算公式为

$$h_{jy} = A_{Ny} + \frac{R_y}{R_x}(h_{jx} - A_{Nx}) \tag{8.100}$$

式中,h_{jx}、h_{jy} 分别为长期验潮站和短期验潮站的多年一遇高(低)水位,A_{Nx}、A_{Ny} 分别为长期验潮站和短期验潮站的年平均海面,R_x、R_y 分别为长期验潮站和短期验潮站同步观测期间最高(低)水位平均值与各站年平均海面之差。

对水位资料特别短的拟建港口的多年一遇高(低)水位的计算,黄祖珂等(2005)建议采用设计高(低)水位附加某一参数的方法进行估算,此参数一般取临近长期验潮站的设计高(低)水位与多年一遇高(低)水位的差值。

8.5.3 乘潮水位

乘潮水位分乘高潮水位和乘低潮水位两种。两种水位在航运、港工及其他海

洋工程中具有重要的用途。例如，由于航道淤积、航道疏浚、海底地质、经济效益等原因，航道水深并不能全天候满足船舶的进出港需求。船舶一般是乘高潮进出港口，因而必须保证在船只通过航道的一段时间里，潮位不低于某个预定的高度 Z，乘高潮水工作业也同样。与之相反，在水下施工的构件混凝土浇筑中，需要在低潮前后施工部分露出水面时进行浇注，因此必须保证在一段时间(即乘低潮作业持续时间)内，潮位不高于某个预定的高度 Z。

陈宗镛等(1988)、方国洪等(1986)分别给出了乘潮水位的统计和计算两种方法，这里仅简要介绍统计法。进行高(低)潮乘潮水位统计，首先确定乘高(低)潮作业的持续时间 Δt，一般选取 $\Delta t=1$、2、3、4 小时(可根据施工或实际要求确定)；然后在年水位变化曲线上量取各次高(低)潮前后 Δt 内对应的水位值，统计在不同水位级内出现的次数(参见 8.5.1 节频率统计法)，按频率统计法的步骤绘制乘潮作业的累计频率曲线，根据实际需要选取与累计频率相应的乘潮高(低)水位，如图 8.3 所示。

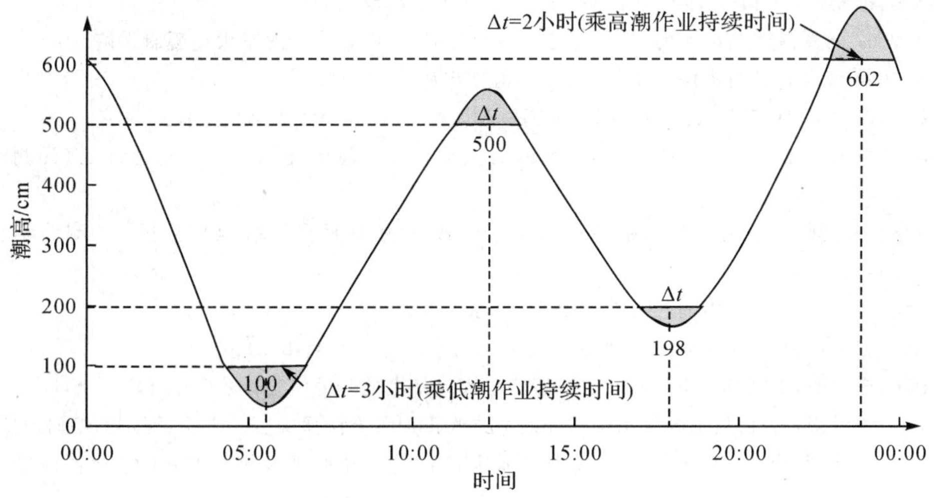

图 8.3　从潮汐变化曲线量取乘潮水位

利用逐时水位资料人工统计乘潮水位频率分布的工作量十分庞大。为了利用电子计算机进行统计，国家海洋局科技情报研究所张锦文提出了用三次样条函数法对潮位时间历程曲线进行拟合，大大减少了手工工作量。在曲线拟合时应注意，实际中的乘潮时间长度一般不超过 4 小时，所以通常只计算对应 Δt 为 1、2、3、4 小时时的乘潮水位。在这种情况下，应对高潮前后 7 小时的潮位进行曲线拟合。

参考文献

暴景阳,刘雁春,2006.海道测量水位控制方法研究[J].测绘科学,31(6):49-51.

陈宗镛,1980.潮汐学[M].北京:科学出版社.

陈宗镛,周天华,于宜法,等,1988.1985 国家高程基准的研究[J].青岛海洋大学学报,18(1):9-13.

方国洪,郑文振,陈宗镛,等,1986.潮汐和潮流的分析和预报[M].北京:海洋出版社.

方英,李禹谟,张冀平,等,1986.航海学[M].北京:海军出版社.

冯士筰,李凤岐,李少菁,1999.海洋科学导论[M].北京:高等教育出版社.

黄祖珂,黄磊,2005.潮汐原理与计算[M].青岛:中国海洋大学出版社.

刘雁春,2002.海洋测深空间结构及其数据处理[M].北京:测绘出版社.

刘雁春,暴景阳,1992.海道测量基准面传递转换技术[J].军事测绘(专辑 31):32-36.

吕忠琨,2014.潮汐日不等显著区域深度基准面的确定研究[J].海洋测绘,34(6):46-48.

孟德润,田光耀,刘雁春,1993.海洋潮汐学[M].北京:海潮出版社.

齐珺,2007.海图深度基准面的定义、算法及可靠性研究[D].大连:海军大连舰艇学院.

秦臻,1984.海洋开发与水声技术[M].北京:海洋出版社.

侍茂崇,高郭平,鲍献文,2000.海洋调查方法[M].青岛:青岛海洋大学出版社.

孙昊,黄辰虎,蒋红燕,等,2014.涨落潮历时时间不等显著海区的水位改正问题[J].海洋测绘,34(6):17-20.

王海英,许厚泽,王广运,2000.中国近海 1992—1998 海平面变化监测与分析[J].测绘学报,29(Z1):32-37.

肖付民,2007.海洋测深中的各种效应研究[D].武汉:武汉大学.

谢锡君,翟国君,黄谟涛,等,1988.时差法水位改正[J].海洋测绘,8(3):22-26.

于千龙,曹永明,王江伟,1999.低通滤波器法分离风暴潮的研究[J].南海研究与开发(1):45-49.

翟国君,暴景阳,2002.基于异常水位特征的水位改正配置方法研究[R].天津:海军测绘研究所.

张正惕,吴辰,霍艳红,1999.SLC9-2 型直读式海流计的工作原理及维护使用[J].海洋测绘,19(1):46-48.

赵明才,韩晓宏,1990.中国近海海面地形及青岛站高程基准差距[J].海洋通报,9(2):15-22.

郑文振,1959.实用潮汐学[M].北京:中国人民解放军海军司令部海道测量部.

中华人民共和国交通运输部,2012.水运工程测量手册[M].北京:人民交通出版社.

BERNARD S, 1990. Calculation of the tide offshore for sounding reduction [J]. International Hydrographic Review, LXVII (2):149-164.

DE JONG C D, LACHAPELLE G, SKONE S, et al, 2002. Hydrography [M]. The Netherlands: Delft University Press.

EVANS D, LAUTENBACHER C C, SPINRAD R W, et al, 2003. Computational techniques for tidal datums handbook[C] // USA: Maryland, Silver Spring, http: // www.co-ops.nos.noaa.gov/publications/ 2 Computational_Techniques_for_Tidal_Datums_handbook.pdf.

GRANT S T,1986.A new look at tidal datum transfers[R].Canada: The Canadian Survey.

IHO,2008.IHO Standards for hydrographic surveys,special publication 44,5th Edition[S].

IHO,2011a.Manual on hydrography [M].MONACO: International Hydrographic Bureau.

IHO,2011b.Standards of competence for hydrographic surveyors[S].MONACO: International Hydrographic Bureau.

IOC,2006.Manual on sea level measurement and interpretation Vol.IV [M].Paris: The United Nations Educational,Science and Cultural Organization.

Lachapelle,1996.Hydrographic surveying [M].Canada: The University of Calgary.

NOAA,2007.Standing project instructions for coastal and great lakes water level stations[R]. http://www.co-ops.nos.noaa.gov/publications/2007_Standing_Project_Instructions_updated_March _2007.pdf.

NOAA,2016.Hydrographic surveys specifications and deliverables[S]. http://nauticalcharts.noaa.gov/ hsd/specs/specs.htm.

附录A 国际海道测量组织第11版《国际海道测量师资格标准》中“海洋潮汐”要求

项目与题目	等级A	A、B等级共同要求	A等级要求
必修课2：水位与水流			
E2.1 潮汐基础	实践	描述引潮力及潮汐静力学、动力学理论，描述主要的调和分潮，识别并判明不同的潮汐类型，解释无潮点、同潮时线图的概念，定义不同的潮位(特征面)	划分潮汐范围
E2.2 潮汐测量	详细	解释各种类型的验潮仪(水位计)及验潮尺(测杆)的原理，描述河流、海岸、近海验潮仪的特点，安装并操作验潮仪(水位计)及验潮尺(测杆)	评估并选择合适的仪器和场所进行水位监测，校准验潮仪(水位计)模拟或数字记录，估算误差源，进行适当的改正
E2.3 潮流与海流	详细	描述潮流与潮汐之间的关系，定义往复流和旋转流及相关因素，描述测量潮流和海流的方法，包括LOG SHIP、测杆和海流计	选择观测潮流与海流的深度地点，使用适当的方法测量潮流与海流
E2.4 潮汐分析与预报	实践		根据观测水位确定一个初步的测深基准
E2.5 潮汐资料			
(a)《潮汐表》使用	实践	使用《潮汐表》对主港及副港预报(潮)水位，对给定的时间计算其潮位，或者计算一个给定的高度所发生的时刻	
(b)等潮图	实践	能利用等潮位线图资料	绘制等潮位线图
(c)数字潮汐模型使用	实践	使用数字模型进行潮汐预报	
E2.6 非潮汐水位变化	详细	描述暂时由大气层压力、风、假潮及降雨对潮位的影响，识别由坝水调度或河流、湖泊引起的潮位变化	有特殊应用时，在河流、湖泊或水坝附近评估并选择适当的地点进行水位观测

附录B　中国近海沿岸潮汐类型分布略图

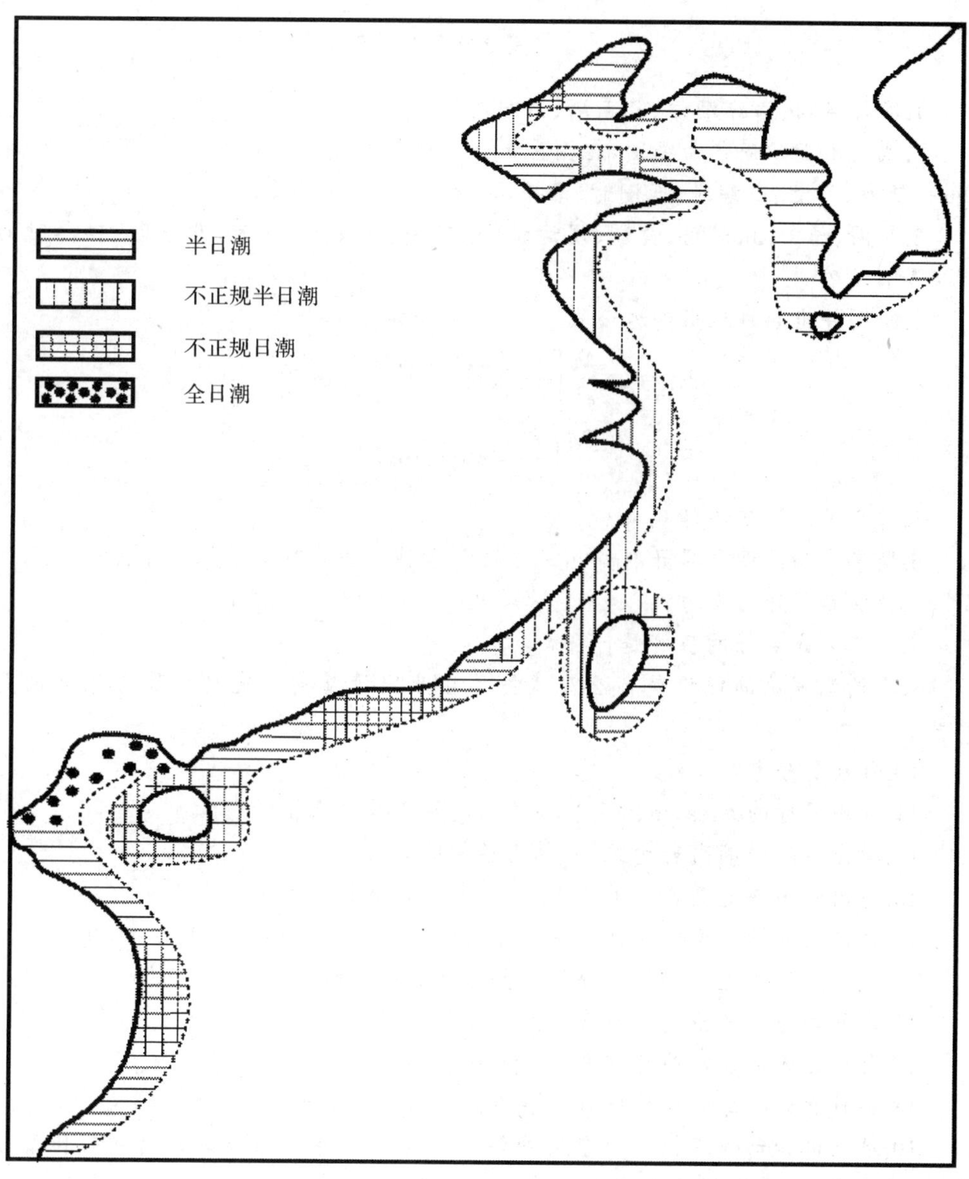

附录C　思考题

第2章

1.解释名词:海洋潮汐、分点潮、回归潮。

2.试绘出潮汐变化曲线图,在图上标注并解释名词:潮高、月中天、涨潮、落潮、高潮、低潮、平潮、高潮时、低潮时、潮差、周期、高(低)潮间隙。

3.时圈、子午圈、时角、黄道、视运动、月赤纬、升交点、区时、北京时、世界时的定义是什么?

4.绘图并推导月球引潮力公式

$$F_V=\mu_0\frac{M}{r^2}\left[\frac{r^3}{D^3}\left(\cos\theta-\frac{\rho}{r}\right)-\cos\theta\right]$$

$$F_H=\mu_0\frac{M}{r^2}\left(\frac{r^3}{D^3}\sin\theta-\sin s\theta\right)$$

5.什么是潮汐日不等现象?

6.引潮力势的调和展开有哪几种方法?各种方法的基本思想是什么?

7.什么是月球引潮力?

8.引潮力式展开的目的是什么?

9.平衡潮理论的假设是什么?试推导在此假设基础上引潮力势与潮高的关系式。

10.什么是分潮?

11.分潮下标的a、sa、m、f、1、2、3、4、6的意义是什么?

12.写出实际的潮高表达式,并说明各量的含义。

13.写出我国海道测量常用的13个分潮的英文符号和中文含义。

14.试画图并计算说明为什么半日潮高(低)潮每日比前一日退后约50分钟。

15.我国潮汐类型是如何划分的?并简述其基本特点。

16.潮汐动力学理论的基本思想是什么?

17.什么是无潮点?简述其产生的原因。

18.为什么北半球潮波传播方向上右岸潮差比左岸大?

19.试从潮汐动力理论的角度出发解释两种特殊海区海洋潮波的一般传播规律:①狭长沟渠潮波;②变形海湾中的自由潮波。

20.试论述中国海的潮汐特征。

21.潮汐分潮的主要类型有哪些?

22.浅海分潮的产生原因是什么?

第3章

1.水位观测的目的是什么?

2.海道测量采用的验潮站分为哪几类?简要说明各类验潮站的水位观测时间要求及用途。

3.验潮站的布设密度有哪些要求?

4.验潮站站址选择的原则是什么?

5.常用的潮汐水位观测手段有哪些?其基本工作原理是什么?

6.简要比较分析各类潮汐水位观测仪器的滤波性能。

7.设立一测量验潮站的一般步骤是什么?

8.如何进行验潮站与水准点之间的联测?基本要求是什么?

9.设立验潮站时对水尺设立的垂直位置有什么要求?在实施观测过程中,应注意什么问题?

10.设立主要水准点和工作水准点的目的是什么?

11.试绘图说明在海道测量中有确定(或可传递)基准和无确定(或不可传递)基准情况下,验潮站垂直基准确定的方法。

12.什么是验潮站零点?如何确定?

13.试分析水位观测的主要误差源。

14.水准点、水尺零点、验潮站零点之间有什么关系?试绘图说明。

第4章

1.什么是潮流?潮汐与潮流的区别与联系是什么?

2.潮流按流向划分为哪两种?它们各自的形成原因及特点是什么?

3.什么是海流?海流是如何划分的?

4.潮流与海流的区别是什么?

5.海流是怎样形成的?

6.试绘图说明如何在海图上表示潮流和海流。

7.潮流观测的目的是什么?

8.验流的时间、地点选择的原则是什么?

9.验流的基本要求是什么?

10.目前我国常用的潮流观测方法有哪几种?分别简要说明其工作原理。

11.多普勒剖面测流仪的验流原理是什么?

第5章

1.什么是潮汐调和分析?潮汐调和分析的原理与目的是什么?

2.写出潮高表达式,并进行解释说明。

3.达尔文分析法、杜德森分析法、潮汐最小二乘分析法的基本原理是什么?

4.分析比较目前常用的潮汐分析方法的异同及优缺点。

5.$\Delta t=2$ 小时,截止频率 f_c 是多少?

6.潮汐分析标准的分析长度是多长时间?

7.潮汐预报的原理是什么?

8.我国的高程基准是如何确定的?

9.1985 国家高程基准与 1956 黄海高程系的关系是什么?

10.什么是平均海面?

11.在海道测量中平均海面是如何划分的?

12.短期验潮站多年平均海面确定的方法有哪些?试绘图进行解释与说明。

13.海面水准的联测方法有哪些?

14.什么是深度基准面?深度基准面确定的原则是什么?深度基准面有什么特点?

15.我国采用的深度基准面是如何确定的?

16.什么是潮汐基准面的历元?

17.临时验潮站深度基准面的传递方法有哪些?分别说明各种方法的原理。

18.什么是海道测量水位改正?我国采用的水位改正方法有哪些?说明各种方法的原理。

19.画图说明 1985 国家高程基准、深度基准面、潮高基准面和筑港零点之间的关系。

20.内陆水域深度基准面的确定原则是什么?

21.列举几种内陆水域深度基准面。

22.什么是横、纵比降?

第 6 章

1.《潮汐表》包括哪些主要内容?

2.《潮汐表》的使用过程中应注意什么?

3.主副潮港潮高、潮时是如何推算的?

4.任意时刻潮高的计算方法有哪些?试绘图说明。

5.八分算潮法推算潮时的原理是什么?

6.潮高推算的方法有哪些?说明推算的原理。

7.什么是验潮站的有效范围?

8.验潮站有效范围直线确定法的基本原理是什么?简述最大潮高差的确定方法。

9.什么是同潮时线、等潮差线、潮波图？

10.分潮潮波图是如何绘制的？

11.区域潮波图是如何绘制的？

第7章

1.什么是天文潮、风暴潮、增减水？它们的区别是什么？

2.风暴潮是如何分类的？

3.中国风暴潮的特点是什么？

4.影响海面变化的原因有哪些？

5.什么是动力海面变化、潮汐海面变化、津波、假潮？

6.异常水位分离的方法有哪些？分别说明其原理。

7.简述产生异常水位的原因？

第8章

1.什么是设计高(低)水位？

2.设计高(低)水位的计算方法是什么？

3.什么是校核高(低)水位？

4.校核高(低)水位的计算方法是什么？

5.什么是乘潮水位？

索引　主要缩写词

中文	缩写	英文
测深基准	SD	sounding datum
潮高基准面	TD	tidal datum
潮汐分潮与残差内插法	TCARI	tidal constituent and residual interpolation
大潮升	SR	spring rise
低潮间隙	LWI	low water interal
低低潮	LLW	lower low water
低高潮	LHW	lower high water
动态后处理定位	PPK	post-processed kinematic
法国空间研究中心	CNES	Centre National d'Etudes Spatiales
高潮间隙	HWI	high water interval
高低潮	HLW	higher low water
高高潮	HHW	higher high water
国际测量师联合会	FIG	Federation Internationale des Geometres
国际海道测量局	IHB	International Hydrographic Bureau
国际海道测量组织	IHO	International Hydrographic Organization
国际制图协会	ICA	International Cartographic Association
国家潮汐基准历元	NTDE	national tidal datum epoch
国家海洋服务中心(美)	NOS	National Ocean Service
国家海洋与大气局(美)	NOAA	National Oceanic and Atmospheric Administration
国家水位观测网(美)	NWLON	National Water Level Observation Network
海图深度基准面	CD	chart datum
基本水准点	PBM	primary bench mark
精密单点定位	PPP	precise point positioning
可能最低低潮面	LPLW	lowest possible low water
理论最低潮面	LNLW	lowest normal low water
美国国家航空航天局	NASA	National Aeronautics and Space Administration
年积日	DOY	day of year
欧洲空间局	ESA	European Space Agency
平均半潮面	MHTL	mean half-tide level
平均大潮低潮面	MLWS	mean low water springs
平均大潮高潮面	MHWS	mean high water springs
平均低潮间隙	MLWI	mean low water interval
平均低潮面	MLW	mean low water
平均低低潮	MLLW	mean lower low water
平均低低潮间隙	MLLWI	mean lower low water interval
平均低高潮间隙	MLHWI	mean lower high water interval

平均高潮间隙	MHWI	mean high water interval
平均高潮面	MHW	mean high water
平均高低潮间隙	MHLWI	mean higher low water interval
平均高度线	MHWL	mean high water line
平均高高潮	MHHW	mean higher high water
平均高高潮间隙	MHHWI	mean higher high water interval
平均海面	MSL	mean sea level
平均小潮低潮面	MLWN	mean low water neaps
平均小潮高潮面	MHWN	mean high water neaps
全球导航卫星系统	GNSS	global navigation satellite system
全球海面观测系统	GLOSS	global sea level observing system
世界时	UT	universal time
实时动态定位	RTK	real-time kinematic
水准点	BM	bench mark
小潮升	NR	neap rise
协调世界时	UTC	coordinated universal time
印度大潮低潮面	ISLW	Indian spring low water
英国海洋数据中心	BODC	British Oceanographic Data Centre
政府间海洋学委员会	IOC	Intergovernmental Oceanographic Commission
最低天文潮面	LAT	lowest astronomical tide